Sistemas de Comunicaciones y Navegación en las Aeronaves (VOL1)

(Colección Mantenimiento de Aeronaves)

Boomset Sigtronics compuesto por auriculares ("phones") y micrófono ("mic") con control de volumen incorporado y posibilidad de PTT ("Press To Talk"). Jacks de conexión de phones y mic independientes

Dedicado a mi hermano Luis.

Septiembre de 2013

<u>Portada</u>: "Cajas de distribución de audio Sigtronics TranscommII acopladas a Boomset". Utilizadas en aviación ligera como sistema de integración de audio (AIS) económico.
<u>Contraportada</u>: "Transceptor NAV/COMM SP200 económico para aviación ligera: permite comunicaciones VHF y navegación VHF (VOR y LOC)".

Javier Joglar Alcubilla © 2014 2ª Edición

Se ha tratado de cubrir el vacío existente en la Formación Básica para el *Mantenimiento en Sistemas de Comunicaciones y Navegación en las Aeronaves*. En particular, va a ser ésta la documentación perfecta para Formación sobre el Conocimiento en comunicaciones (ATA23) y Sistemas de Navegación Aérea (ATA34, necesario para acceder a algunos de los módulos exigidos por la EASA Part66, para la obtención de las Licencias B1 o B2, además de a módulos específicos de los Ciclos de Grado Superior en Mantenimiento de Aviónica y Mantenimiento Aeromecánico.

La diferencia con respecto de otros libros sobre Comunicaciones y Navegación Aérea está en que éste no se centra en el uso de los Sistemas de Comm y Nav, sino en su funcionalidad y, en particular, va dirigido a la Formación Básica para el Mantenimiento tanto en aviones, como en helicópteros.

Debido a la extensión del programa se va a publicar la obra completa dividida en dos volúmenes.

En este primer volumen se van a tratar los temas de,
- "Sistemas de Comunicación"
- "Sistemas de Comunicaciones Aéreas Externas"
- "Sistemas de Comunicaciones Aéreas Internas"
- "Navegación Aérea"
- "Introducción a los Sistemas de Navegación Aérea"

Siendo ésta una obra española de carácter técnico, se han utilizado figuras con descripciones en castellano, pero en muchas de ellas se ha dejado la nomenclatura original en Inglés, cuyo conocimiento es lo que se exige por las Administraciones de Aviación Civil, a efectos de Mantenimiento de Aeronaves.

INDICE.

Indice .... IV a VI
Introduccion 1

1 Sistemas de Comunicación, ... 1 a 80
   1.1 Introducción 2
   1.2 Modulación 7
      1.2.1 Modulación en Amplitud (AM) 10
         1.2.1.1 Modulación con Portadora (AM) 16
         1.2.1.2 Modulación en Doble Banda Lateral (DBL) 17
         1.2.1.3 Modulación en Banda Lateral Única (BLU) 18
         1.2.1.4 La modulación AM y el Analizador de espectros ... 19
         1.2.1.5 Demodulación en AM 21
         1.2.1.6 Ejercicios de modulación en AM 24
      1.2.2 Modulación en Fase (PM) 25
      1.2.3 Modulación en Frecuencia (FM) 25
   1.3 Receptores 28
      1.3.1 Receptor de Amplificación Directa 33
      1.3.2 Receptor Superheterodino 34
      1.3.3 Control Automático de Ganancia (CAG) 36
   1.4 Transmisores 37
   1.5 Sistemas de Comunicación Múltiple 43
      1.5.1 Transmisiones Estereofónicas 46
      1.5.2 Ejercicios de Comunicaciones Múltiplex 48
   1.6 Antenas 50
      1.6.1 Definiciones y Características de Antenas 51
      1.6.2 Tipos de Antenas 56
      1.6.3 Arrays de Antenas 63
      1.6.4 Ejercicios de Antenas 68
   Bibliografía Complementaria 68
   Solución Ejercicios de Antenas 69

Solución Ejercicios de Comunicaciones Multiplex 74

Solución Ejercicios de modulación en AM 78

Introduccion a las Comunicaciones Aéreas 81

2 Sistemas de Comunicaciones Aéreas Externas .... 84 a 136

2.1 Introducción a las Comunicaciones Aéreas Externas 84

2.2 Sistemas de Audio 85

2.2.1 Micrófonos 86

2.2.2 Altavoces y Auriculares 87

2.2.3 Paneles de Control de Audio 88

2.3 Comunicaciones de VHF 91

2.4 Comunicaciones de HF 107

2.5 SELCAL 120

2.6 Comunicaciones controlador-piloto por enlace de datos CPDLC 122

2.6.1 Enlace de Datos en VHF (VDL) 125

2.6.2 Enlace de Datos en HF (HFDL) 126

2.7 Comunicaciones por Satélite 127

2.7.1 MCS SATCOM 128

2.7.2 Iridium SSC 134

Bibliografía Complementaria y Referencias 136

3 Sistemas de Comunicaciones Aéreas Internas .... 137 a 170

3.1 Introducción a las Comunicaciones Aéreas Internas 137

3.1.1 Descripción de un Sistema de Audio Completo 140

3.2 Sistema de Interfonía 146

3.2.1 Interfono de Vuelo 146

3.2.2 Interfono de Cabina 147

3.2.3 Interfono de Servicio 149

3.3 CVR: "Cockpit Voice Recorder" 152

3.4 CIDS 155

3.5 PA 159

3.6 PES 163

Bibliografía Complementaria y Referencias 169

4 Navegación Aérea.. 171 a 186
4.1 Cinemática del Vuelo..171
4.2 Sistemas de referencia en la Cinemática del Vuelo 173
4.2.1 Triedro Intrínseco o Aerodinámico de la Aeronave 173
4.2.2 Sistema de Coordenadas Ligado a la Vertical Local 174
4.2.3 Sistemas de Referencia Terrestres..177
4.2.3.1 Sistema Terrestre Horizontal...177
4.2.3.2 Sistema Terrestre Horizontal Magnético.........................179
4.2.4 Sistemas Terrestres Ecuatoriales 180
4.3 Tramos de Vuelo 181
4.3.1 FPLAN del Control Operacional de la Aeronave.........................181
4.3.2 FPLAN para los Tripulantes de Vuelo..182
4.3.3 FPLAN del FWS 183
4.4 Medida de velocidades...184
4.5 Teoremas del Seno y del Coseno 184
Ejercicios sobre Cinemática del Vuelo..185
Bibliografía Complementaria y Referencias 186

5 Introducción a los Sistemas de Navegación Aérea .... 187 a 206
5.1 Características de propagación y Clasificación de las Ondas de Radio ...187
5.2 Introducción al Guiado 190
5.3 Tipos de Sistemas de Navegación Aérea...192
Bibliografía Complementaria y Referencias 205

Anexo: "ARINC Document List" .... 207 a 210

SISTEMAS DE COMUNICACIONES Y NAVEGACIÓN EN LAS AERONAVES

Introducción.

Se trata de cubrir la teoría del programa correspondiente al módulo *"Sistemas de comunicaciones y navegación en la aeronave y componentes asociados"* del primer curso del CFGS en Mantenimiento de Aviónica. Básicamente el libro está dividido en tres secciones independientes, donde se trata en primer lugar los Sistemas de Comunicación Generales, para después entrar en los Sistemas de comunicación Específicos de la aeronave, tanto externos, como internos; la tercera sección del libro trata acerca de los Sistemas de Navegación Aérea.

Indice de Capítulos:

Volumen I:

- 1. Sistemas de Comunicación
- 2. Sistemas de Comunicaciones Aéreas Externas
- 3. Sistemas de Comunicaciones Aéreas Internas.
- 4. Navegación Aérea.
- 5. Introducción a los Sistemas de Navegación Aérea.

Volumen II:

- 6. Sistemas de Recepción Direccional
- 7. Sistemas de Transmisión Direccional
- 8. Sistemas de Navegación por Satélite
- 9. Sistemas Telemétricos
- 10. Sistemas de Aproximación y Aterrizaje

Sistemas de Comunicaciones y Navegación en las Aeronaves

1. SISTEMAS DE COMUNICACIÓN

Índice:

- Introducción a los sistemas de comunicación.
- Modulación.
- Receptores.
- Transmisores.
- Sistemas de comunicación múltiple.
- Antenas.
- Bibliografía Complementaria.

1.1 Introducción a los Sistemas de Comunicación.

Una comunicación consiste en el envío de mensajes, nombrados técnicamente como "información", de un lugar a otro. Es decir, se trata de transladar espacialmente una determinada información.

Los elementos característicos necesarios para conseguir una comunicación son los que se indican,

- Transmisor (Tx): generador de la señal de transmisión o información que se pretende comunicar. Punto origen de la comunicación.
- Receptor (Rx): captador de la información transmitida. Punto final de la comunicación.
- Medio de trasmisión: entorno físico de comunicación entre dos puntos distantes. Separación espacial entre transmisor y receptor.

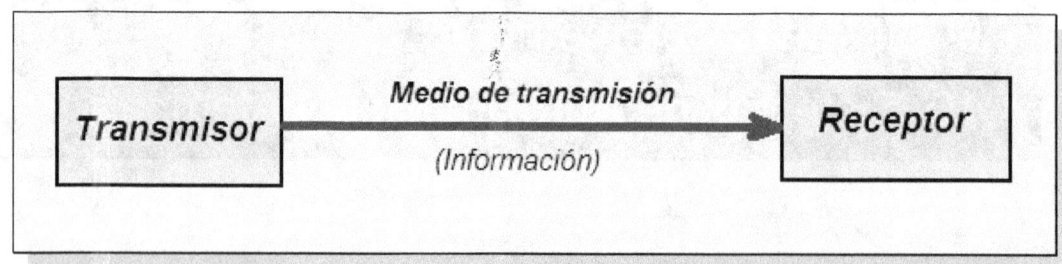

Los medios físicos de comunicación más habituales son los siguientes:

- Espacio: puede ser el propio vacío o un medio material como el aire (comunicaciones aéreas) o el agua (comunicaciones submarinas). No son medios conductores eléctricos.
- Cable Hertziano: medio material conductor eléctrico de señales eléctricas. En función de la frecuencia de la señal eléctrica que conduce puede ser,
    - cable o hilo eléctrico, para bajas y medias frecuencias (Radio frecuencia o RF): las cargas eléctricas que definen la señal eléctrica propagándose a lo largo del cable lo hacen atravesando de forma homogénea cada una de las secciones transversales conductoras del mismo.
    - guías de onda artificiales, para altas frecuencias (Microondas o MW) con el aumento de la frecuencia de la señal eléctrica que se mueve a través del cable hertziano, las cargas eléctricas comienzan a desplazarse de forma heterogénea por las secciones conductoras, evitando el centro del cable y circulando sólo por la periferia. Por esta razón, a partir de cierta frecuencia no tiene sentido el uso de cables homogéneos y se utilizan las guías de onda huecas.
- Fibra óptica: guías de onda que conducen señal en la banda de frecuencias luminosa (luz visible y sus extensiones no visibles, infrarrojo, UV y X).

En cualquier caso, independientemente del tipo de medio de transmisión utilizado en una comunicación, siempre existen los siguientes problemas, que han de minimizarse:

✓ *Atenuación con la distancia.* Esto es, la señal transmitida va perdiendo energía a lo largo del medio de transmisión, tanto más cuanto mayor sea la distancia recorrida, además de la densidad material del medio. Esto implica que puede que la información transmitida sea irreconocible en el receptor por tener un tamaño demasiado pequeño a su llegada.

La forma de solucionar este problema, si queremos mantener o aumentar la distancia transmisor-receptor es aumentar la potencia de transmisión en el transmisor o mejorar la capacidad del receptor para tratar con señales de tamaño reducido. Este problema afecta de manera diferente a cada tipo de medio de transmisión: en general, para misma distancia, la señal se atenúa más en medios materiales que en medios vacíos; sin embargo, la fibra óptica que utiliza luz, siendo un medio material como el cable hertziano, sufre menos el problema de la atenuación que éste último.

✓ *Incompatibilidad de comunicaciones en un mismo espacio-tiempo.* Sólo puede haber una única comunicación al mismo tiempo en el mismo espacio; de otra manera, se mezclarían las comunicaciones transmitidas a la vez en el mismo espacio y los receptores serían incapaces de discernir entre ellas. La solución a este problema es la denominada "modulación".

Sistemas de Comunicaciones y Navegación en las Aeronaves

La señal transmitida en la comunicación contiene la información descrita típicamente por el denominado modo de transmisión. Se consideran dos tipos de modos de transmisión de señales:

- ✓ Analógico: señal definida de forma continua a lo largo del tiempo entre un valor máximo y otro mínimo; es decir, existen infinitos valores posibles en el intervalo máximo-mínimo de la señal, no presentando discontinuidades. Es habitual utilizar comunicaciones señales analógicas de tipo senoidal, debido a su facilidad de generación y tratamiento. La señal analógica senoidal es periódica, caracterizada por los siguientes parámetros:
    - o Ciclo: forma repetitiva de la señal. Se dice que un ciclo está definido por 360° o 2π rad.
    - o Periodo T: tiempo de repetición de cada ciclo.
    - o Longitud de onda λ: distancia recorrida por un ciclo o en un periodo.
    - o Frecuencia f: número de ciclos de señal definidos en un segundo. Es la inversa del periodo. $f = \dfrac{1}{T}$ Su unidad es el hertzio ($Hz = 1\,ciclo/s$)
    - o Pulsación w: velocidad angular de la señal definida como $w = 2\pi f$ en rad/s
    - o Fase inicial ϕ: valor angular de la señal en el instante inicial $t=0$

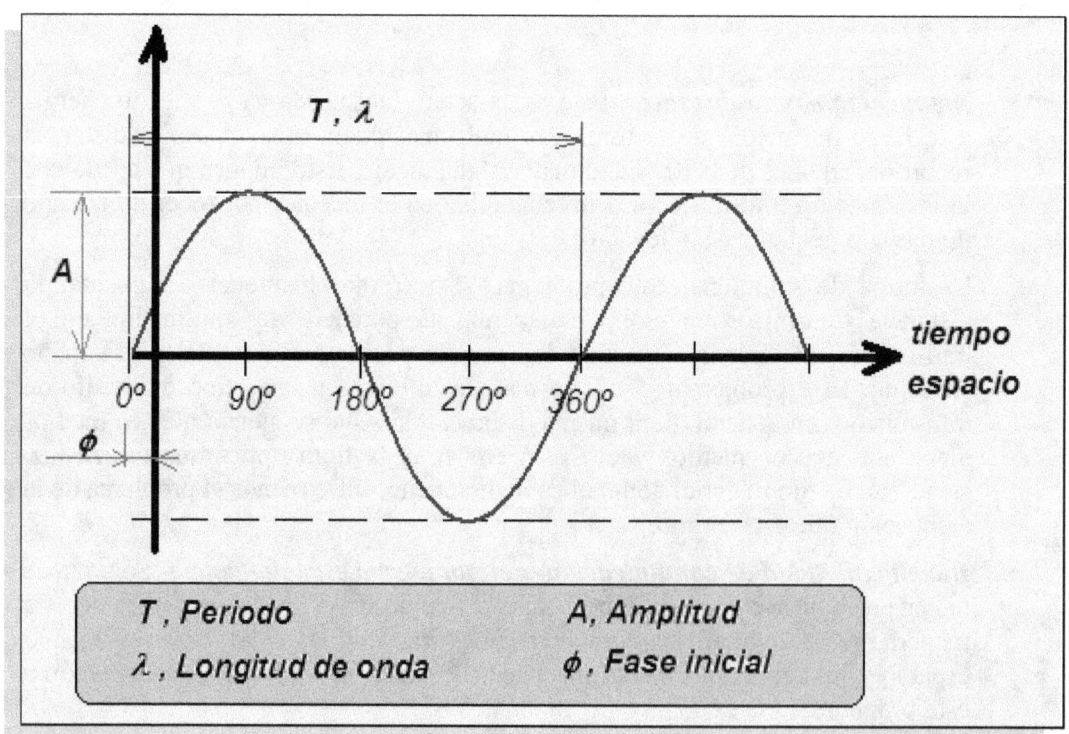

1. Sistemas de Comunicación

- Velocidad de propagación c: dada por $c = \dfrac{\lambda}{T}$. Cuando se trabaja con señales eléctricas se desprecia la reducción de velocidad de propagación al utilizar medio de transmisión material y se considera c la velocidad de la luz en el vacío, esto es, 3.10^8 m/s. En comunicaciones es más habitual usar el siguiente convenio,

$$c = 300 m / \mu s = 300 km / ms$$

A partir de la velocidad de propagación de la señal se obtiene la denominada ecuación de ondas: $\boxed{\lambda f = c}$

Siendo c considerada constante, se obtienen las siguientes implicaciones:

- El incremento de frecuencia de la señal implica la disminución de longitud de onda. Como la longitud de onda representa distancia recorrida por cada ciclo, el aumento de frecuencia, sin cambiar potencia de la señal, representa menos cobertura espacial (alcance) al reducirse la longitud de onda. Por ello, es habitual aumentar la potencia de transmisión cuando se usan frecuencias elevadas, con el fin de conseguir un alcance adecuado.

- Si se trabaja con frecuencias del orden de *Khz*, debe usarse la ecuación de onda en la forma, $\lambda f = 300 km / ms$, de manera que se obtiene directamente longitudes de onda en *km*. Ejemplo: A una señal de *150Khz*, le corresponde $\lambda = \dfrac{300 km / ms}{150 Khz} \Rightarrow \lambda = 2 km$

- Si se trabaja con frecuencias del orden de *Mhz*, debe usarse la ecuación de onda en la forma, $\lambda f = 300 m / \mu s$, de manera que se obtiene directamente longitudes de onda en *m*. Ejemplo: A una señal de 100Mhz, le corresponde $\lambda = \dfrac{300 m / \mu s}{100 Mhz} \Rightarrow \lambda = 3 m$

- Amplitud: Valor máximo de la señal. Una *señal senoidal pura* se define entre valores máximo y mínimo de mismo valor absoluto; de esta manera, se dice que contiene la misma cantidad de valores positivos (semiciclo positivo) que de negativos (semiciclo negativo). Si a una señal senoidal pura se le añade un valor constante ("offset") a lo largo del tiempo se obtiene una *señal senoidal genérica*, en donde la amplitud no coincide ahora con el valor absoluto de máximo y mínimo.

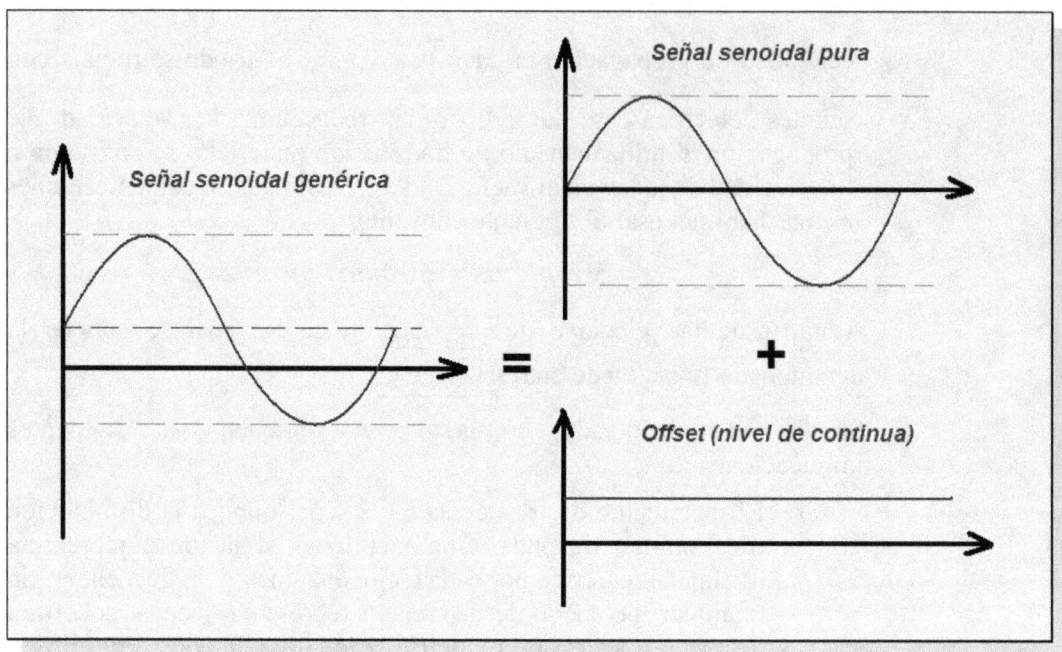

✓ Digital: señal definida con discontinuidades a lo largo del tiempo entre un valor máximo y otro mínimo. Se caracteriza por un número finito de valores posibles en el intervalo máximo-mínimo de la señal. En comunicaciones son habituales señales digitales de dos valores (máximo-mínimo) y tres valores (máximo-cero-mínimo) únicamente. Suelen utilizarse señales periódicas caracterizadas por los mismos parámetros anteriores que los descritos para las señales analógicas senoidales. Es aplicable también aquí y del mismo modo la ecuación de ondas.

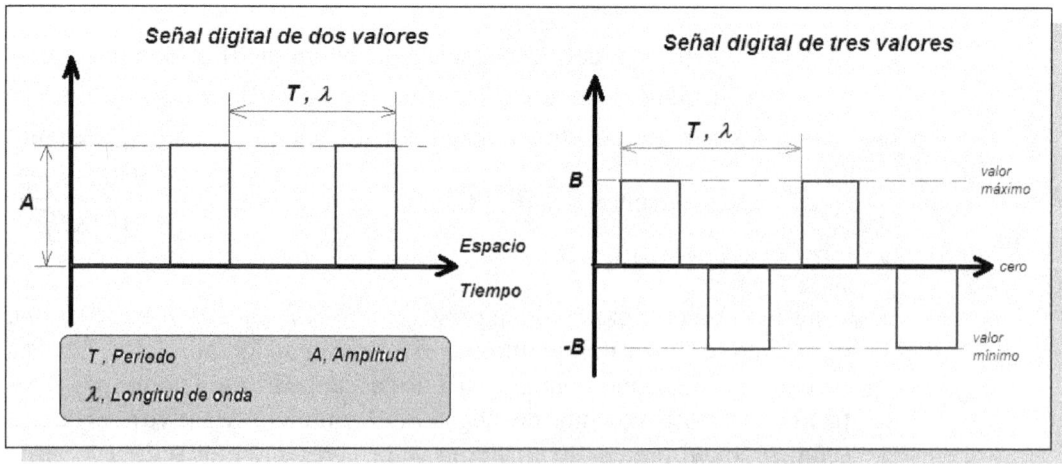

El rango de frecuencias en el que se puede mover la señal transmitida en un medio de comunicación (onda) va desde cero hasta infinito. A este rango completo de frecuencias se le denomina "espectro de frecuencias". Por otro lado, el espectro de frecuencias está compuesto por bandas y sub-bandas en donde las ondas que las componen se caracterizan por un comportamiento específico.

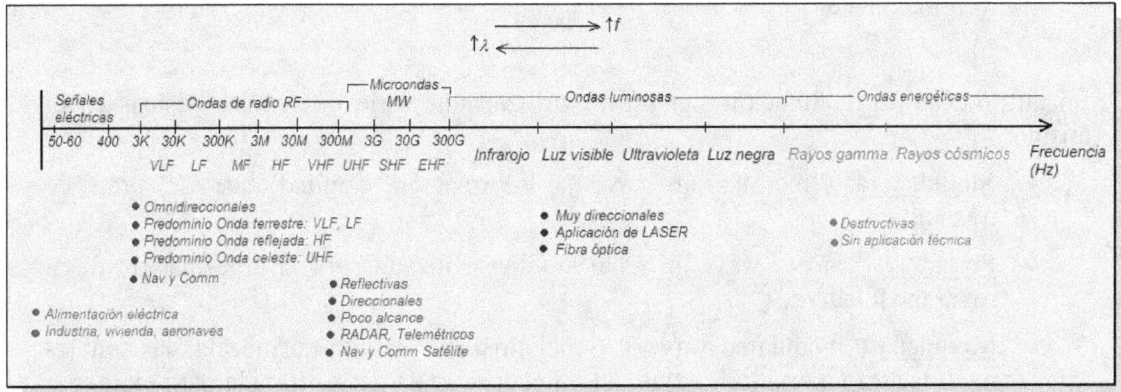

1.2 Modulación.

En comunicaciones, el problema esencial no es el de la atenuación de la señal con la distancia, sino el de que no se pueden establecer emisiones múltiples, es decir, al mismo tiempo y en el mismo entorno espacial.

La solución es la modulación, capaz de proporcionar un medio para permitir emisiones múltiples; por ejemplo, en una única línea telefónica, decenas de comunicaciones diferentes que no se entremezclan y se pueden distinguir una vez alcanzan los receptores correspondientes.

La modulación está basada en la deformación de una señal auxiliar añadida en el proceso, de acuerdo a la forma característica de otra señal contenedora de la información a transmitir. Consiste en enviar al receptor señales modificadas en el transmisor, sin que se produzca variación en la información que se transmite. Una vez recogidas por el receptor, éste aplica operaciones inversas y suprime las modificaciones generadas en el transmisor, obteniendo así la información original.

El uso principal de la modulación es a efectos de obtener emisiones múltiples, pero existen otras aplicaciones importantes de la misma:

- ✓ Codificación: la deformación de la señal original es con vistas a ocultar la información. Sólo si el receptor conoce el tipo de codificación aplicada, podrá utilizar la decodificación inversa correspondiente y extraer la información original.

- ✓ Criptografía o Cifrado: proceso de codificación que incorpora una clave, sin la que en el receptor, aunque se disponga del decodificador correspondiente no es posible extraer la información. Las claves más básicas utilizan procesos de trasposición y/o sustitución sobre cada uno de los elementos de la información original. Se trata de cambiar de posición entre sí los elementos que constituyen las cadenas de información o bien de sustituir cada uno de estos elementos por otros que toman un valor añadido (suma o resta) respecto del que tienen originalmente.

En un proceso de modulación siempre se utilizan una serie de señales básicas en el mismo:

- Moduladora ("modulating wave"): Información original que se pretende transmitir.
- Portadora ("carrier wave"): Señal auxiliar utilizada para la deformación de la señal moduladora.
- Modulada ("modulated wave"): Señal final que resulta de mezclar las señales moduladora y portadora y que, en la recepción, ha de ser tratada para extraer la información que contiene.

Un tipo de comunicación habitual es la transmisión de "audio". El audio en los seres humanos viene definido por un conjunto de ondas de frecuencia comprendida entre cero y 20Khz, que se puede tratar como señales senoidales dentro de esta misma banda de frecuencias. La amplitud de las señales que componen la banda de audio es variable y define lo que conocemos como nivel o volumen. El rango de frecuencias de la banda de audio representa el tono, de tal forma que las frecuencias bajas de la banda son tonos graves, las frecuencias altas definen tonos agudos y las frecuencias intermedias son los tonos medios.

En la práctica, el audio en los seres humanos está más restringido que lo dicho hasta ahora. Muy pocas personas oyen los tonos muy bajos, además de que no muchas oyen tonos muy agudos. De esta manera, la banda de audio se suele restringir a la definida entre 20Hz y 18Khz.

Una parte importante de la banda de audio es la denominada sub-banda de "audio-voz". La voz humana genera un audio comprendido entre 300Hz y 3Khz, por lo que cuando sólo se quiera transmitir voz, se restringirá la banda de frecuencias a la de audio-voz propuesta.

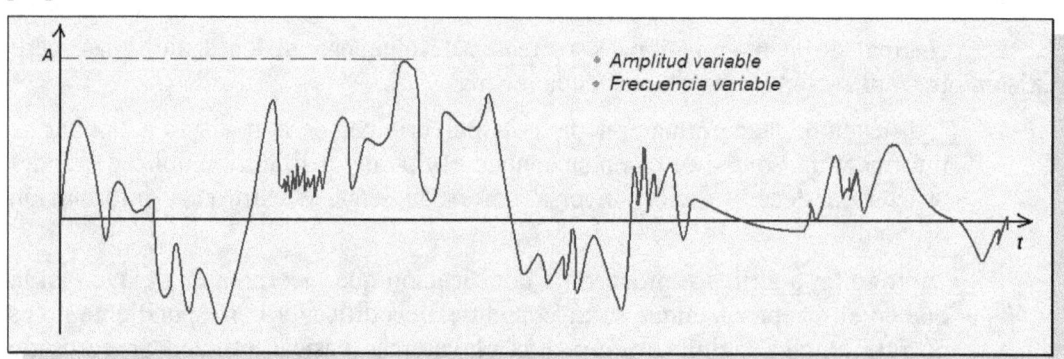

La banda de audio y la sub-banda de audio-voz son moduladoras de tipo analógico. Sin embargo, existen otros tipos de información que pueden ser señales digitales. Por tanto, las moduladoras pueden ser tanto analógicas, como digitales.

Una señal portadora, utilizada para deformar la señal moduladora analógica o digital, sólo puede ser analógica y, además, se le va a exigir que su frecuencia sea al menos diez veces superior a la mayor de las frecuencias de la moduladora utilizada. Otra exigencia importante respecto de la portadora es que su amplitud debe ser igual o mayor a la amplitud de la moduladora utilizada.

Todo proceso de modulación consistirá en transladar dentro del espectro de frecuencia la moduladora alrededor de la frecuencia característica de la portadora. A este proceso se le denomina "división del espectro de frecuencias". Por ejemplo, supuesto dos moduladoras VOZ1 y VOZ2 cuya banda está comprendida entre cero y 15Khz y se pretenden emitir de forma simultánea en el mismo espacio; una solución es coger la VOZ2 mezclada con una portadora de 200Khz, transladándola por completo a la zona de frecuencias comprendida entre 200Khz y 215Khz; ahora ya no hay solapamiento de bandas y, por tanto, cada receptor busca su propia señal en frecuencia donde corresponda: el receptor1 sintoniza la VOZ1 entre 0 y 15Khz y el receptor2 sintoniza la VOZ2 modulada entre 200Khz y 215Khz, suprime la portadora y extrae la VOZ2 original.

Las señales moduladora (analógica) y portadora se describen típicamente como,

- ✓ Moduladora: $E_m \cos(w_m t)$ con E_m amplitud y $w_m = 2\pi f_m$ pulsación
- ✓ Portadora: $E_c \cos(w_c t + \phi_c)$ con E_c amplitud, $w_c = 2\pi f_c$ pulsación y ϕ_c fase inicial.

Siendo, $w_c \geq 10 w_m$ y $E_c \geq E_m$

Se consideran dos tipos de modulación, en función del tipo de moduladora:
- *Modulación analógica*: portadora analógica y moduladora analógica.
- *Modulación digital*: portadora analógica y moduladora digital.

Como la señal portadora se caracteriza por tres parámetros (amplitud, frecuencia y fase inicial), se puede hacer variar conforme a la señal moduladora de tres formas distintas:

- En amplitud: sustituir la amplitud E_c constante de la portadora por una amplitud que varíe según se desarrolla temporalmente la moduladora.
- En frecuencia: sustituir la frecuencia f_c constante de la portadora por una frecuencia que varíe según se desarrolla temporalmente la moduladora.

- En fase: sustituir la fase inicial ϕ_c constante de la portadora por una fase que varíe según se desarrolla temporalmente la moduladora.

Como las señales moduladoras pueden ser analógicas o digitales, se obtienen finalmente los siguientes tipos de modulación:

- *Modulación Analógica*:
    - AM : Modulación en amplitud.
    - FM: Modulación en frecuencia.
    - PM: Modulación en fase.
- *Modulación Digital*:
    - ASK[1]: Codificación en amplitud.
    - FSK: Codificación en frecuencia.
    - PSK: Codificación en fase.

Aquí se van a tratar sólo las modulaciones de tipo analógico.

En ocasiones, en lugar de utilizar la división del espectro de frecuencias para las transmisiones múltiples, se puede usar la técnica de división de tiempos: un mismo espacio está ocupado siempre por una única comunicación, pero durante un cierto intervalo de tiempo por una señal y en otro cierto intervalo de tiempo por otra u otras.

1.2.1 Modulación en Amplitud (AM).

Partiendo de una señal moduladora y una señal auxiliar portadora, consiste en deformar la amplitud de la portadora en función de la forma característica de la moduladora.

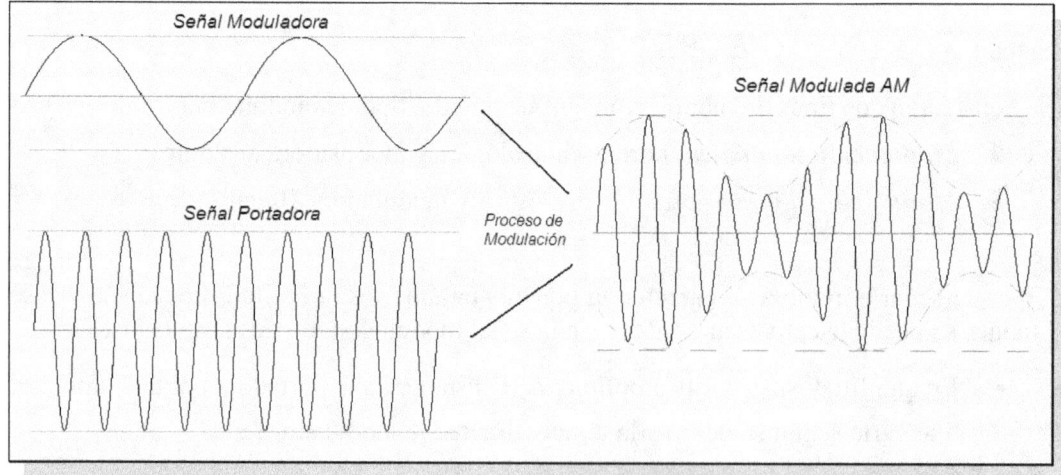

---

[1] SK: "Shift Key" o Codificación.

El resultado es la señal modulada, cuya envolvente superior e inferior tiene la forma de la moduladora. Un receptor que sintonice la señal modulada intenta extraer la moduladora siguiendo la forma de una de las dos envolventes, superior o inferior. La frecuencia de la señal modulada va a ser la misma que la de la portadora.

Un ejemplo de modulación en amplitud es el de la radiodifusión. Utiliza la banda entre 540KHz y 1620KHz, lo cual significa que la portadora usada puede tener en principio cualquier frecuencia comprendida dentro de esta banda.

Matemáticamente la señal modulada en amplitud se describe como,

$$e(t) = E_c \cos(w_c t) + E_m \cos(w_m t)\cos(w_c t)$$

donde las fases iniciales consideradas son cero. Esta ecuación se suele expresar como,

$$\boxed{e(t) = E_c(1 + m\cos(w_m t))\cos(w_c t)}$$

donde $m = \dfrac{E_m}{E_c}$ es el "índice de modulación", relación entre amplitudes de moduladora y portadora.

Como se puede observar en la figura siguiente, representación de las envolventes de una señal modulada en AM, se debe cumplir siempre que $E_m \leq E_c$, ya que en caso contrario ($E_m > E_c$) se produce solapamiento de la envolvente superior con la envolvente inferior y, por tanto, cuando el receptor intente extraer una de los dos envolventes, su forma no coincidirá con la de la moduladora.

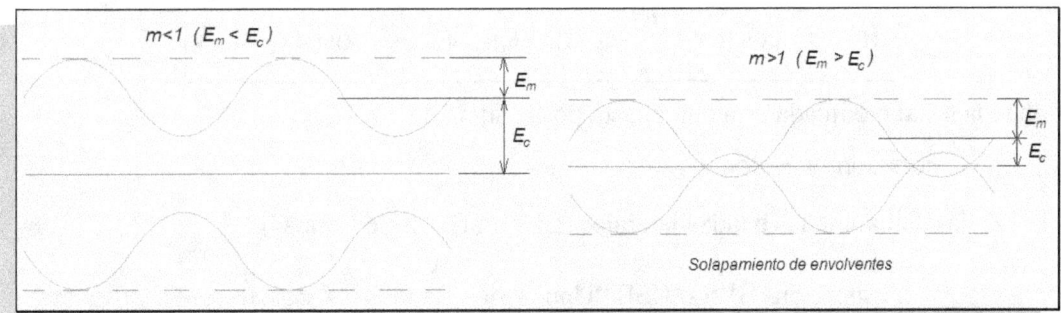

Por otro lado, hay que tener en cuenta que la señal portadora es una señal auxiliar que no contiene información y, por tanto, representa un gasto superfluo de potencia. Es decir, interesa que la portadora consuma la menor cantidad posible de potencia en la transmisión, ya que representa energía que se le suprime a la moduladora, puesto que los transmisores utilizan un amplificador de potencia constante que la reparte entre ambas señales. Por lo tanto se dice que el caso más favorable, de mejor reparto de potencia en la transmisión es aquel de menor potencia de portadora, esto es de menor amplitud E_c de portadora y de mayor amplitud E_m de moduladora. Esto es, el caso más favorable se da con $E_m = E_c$ que representa índice de modulación uno ($m = 1$).

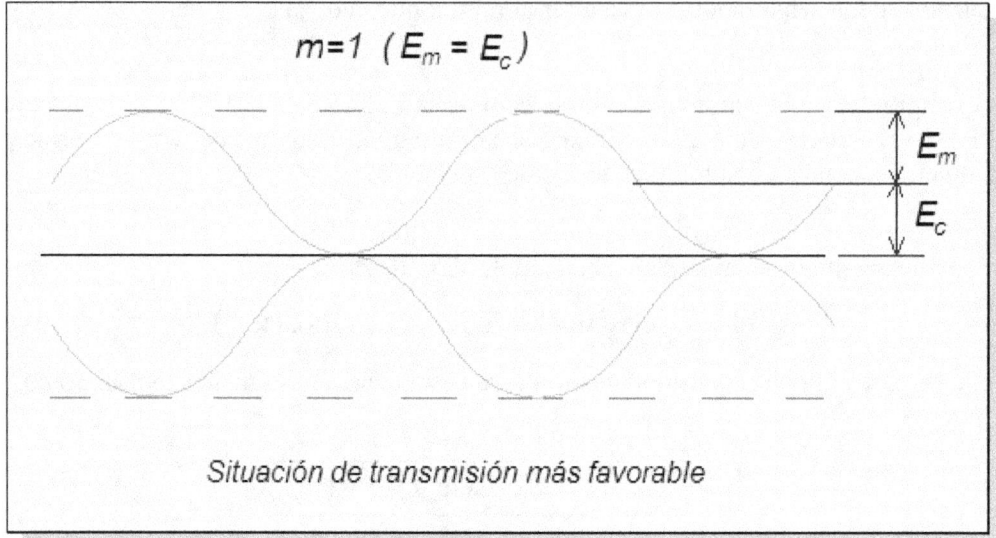

Habitualmente, el índice de modulación se expresa en porcentaje, por lo que *m=1* representa un índice de 100%. En la práctica, nunca se utiliza este índice de modulación, puesto que cualquier interferencia o ruido añadido en los "picos" de la señal modulada, supone solapamiento de envolventes y, por tanto, pérdida de información: se suele permitir un máximo del 99%.

La ecuación con la que hemos descrito la señal modulada en AM se puede expresar también, del siguiente modo[2]:

$$e(t) = E_c \cos w_c t + \frac{E_m}{2}\cos(w_c + w_m)t + \frac{E_m}{2}\cos(w_c - w_m)t$$

donde la señal modulada está compuesta por la suma de

- ✓ la portadora, $E_c \cos w_c t$
- ✓ las denominadas bandas laterales (BLs o SBs "Side Bands"),
  - o superior, BLS o USB "Upper Side Band", $\frac{E_m}{2}\cos(w_c + w_m)t$
  - o inferior, BLI o LSB "Lower Side Band", $\frac{E_m}{2}\cos(w_c - w_m)t$

---

[2] $\left.\begin{array}{l}\cos(x+y) = \cos x \cos y - senxseny \\ \cos(x-y) = \cos x \cos y + senxseny\end{array}\right\} \Rightarrow \cos x \cos y = \frac{1}{2}[\cos(x+y) + \cos(x-y)]$

1. Sistemas de Comunicación

En resumen, una señal modulada en AM se puede expresar como una única onda senoidal compuesta por uno, dos o tres componentes, tal y como se describe en la siguiente tabla:

$e(t)$, *señal modulada en AM*		
1 componente	2 componentes	3 componentes
Modulada	Portadora+BLC	Portadora+BLS+BLI
$E_c(1+m\cos(w_m t))\cos(w_c t)$	$E_c \cos(w_c t)$ $+$ $E_m \cos(w_m t)\cos(w_c t)$	$E_c \cos(w_c t)$ $+$ $\dfrac{E_m}{2}\cos(w_c + w_m)t$ $+$ $\dfrac{E_m}{2}\cos(w_c - w_m)t$

Al producto de los cosenos de frecuencia la de portadora f_c y moduladora f_m y amplitud la de moduladora E_m se le denomina "Banda Lateral Combinada" o BLC. Es equivalente a la suma de las dos bandas laterales, BLS y BLI. La BLC tiene frecuencia la de portadora, mientras que su envolvente tiene frecuencia *2f_m*.

En la figura a continuación se pone un ejemplo concreto de señal moduladora y señal portadora, que en el proceso de modulación AM dan lugar a los distintos componentes posibles de la señal modulada.

Observar como la amplitud de la BLC es igual a la de la moduladora, mientras que la amplitud de las bandas laterales siempre es la mitad de la moduladora.

Hasta ahora, hemos hablado siempre del desarrollo de una comunicación a lo largo del tiempo. Una señal modulada en AM en realidad, aunque se puede descomponer en elementos más sencillos, es una única señal senoidal de amplitud variable y frecuencia constante f_c que se desarrolla a lo largo del tiempo.

Vamos a transladar ahora todos los conceptos y parámetros de la modulación desarrollados en el ***dominio tiempo*** al denominado ***dominio de la frecuencia***. Para ello, comenzaremos dando una serie de definiciones de conceptos relacionados.

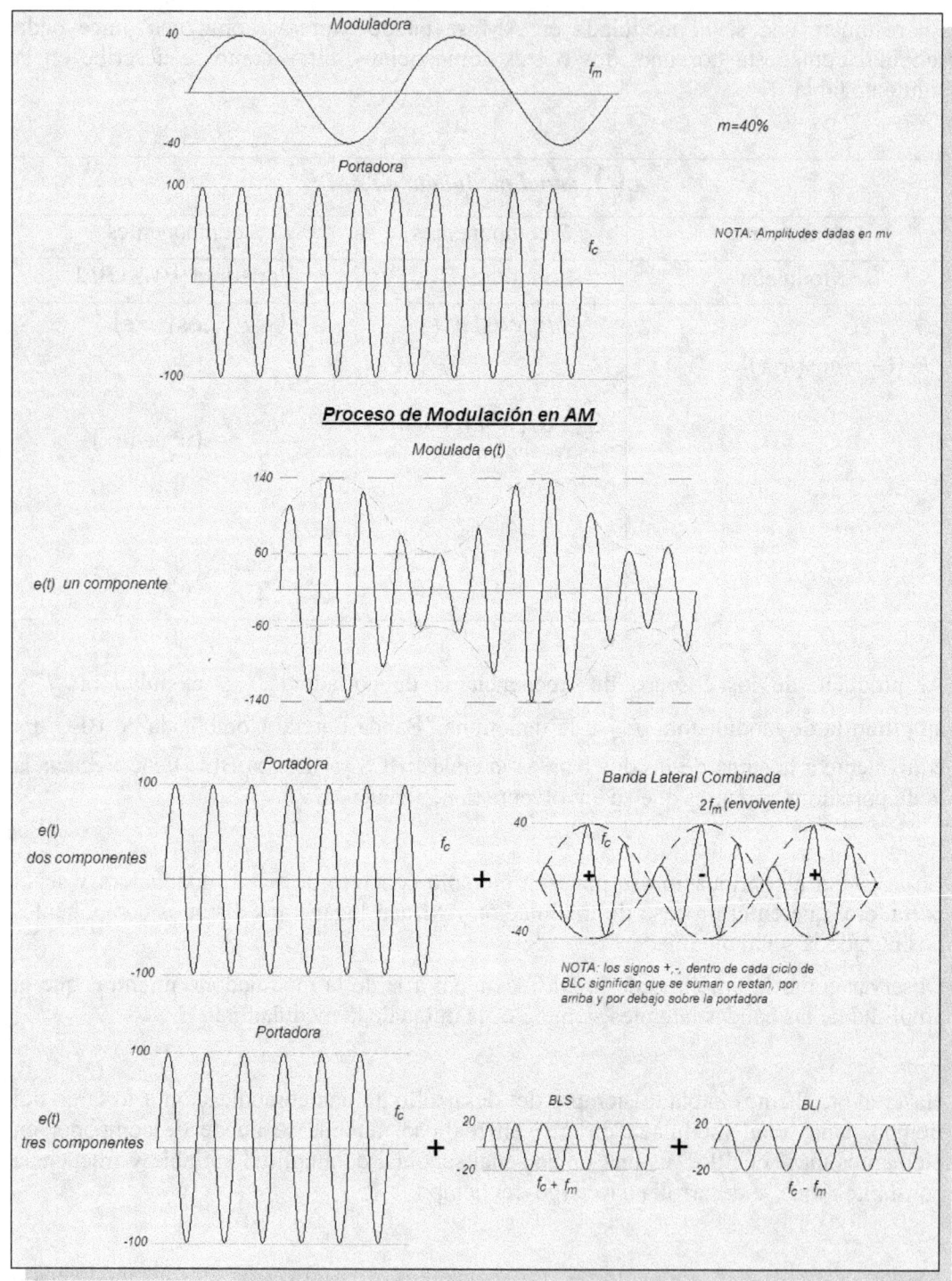

Tono: sonido producido por las vibraciones de misma pauta. A un tono le corresponde un valor discreto de frecuencia o, lo que es lo mismo, un espectro de frecuencias puntual.

1. Sistemas de Comunicación

Banda de frecuencias: gama continua de frecuencias definida por el intervalo comprendido entre la frecuencia superior f_{hi} y la frecuencia inferior f_{lo}.

Espectro de frecuencias: gama de bandas de frecuencias de características parecidas. Por ejemplo, RF, MW, espectro luminoso, espectro energético.

Ancho de banda ("Bandwidth" o *BW*): zona de la banda de frecuencias utilizada, definida por la diferencia entre la frecuencia superior f_{hi} y la frecuencia inferior f_{lo}

En el caso de una señal modulada en AM con portadora (E_c, f_c) y moduladora (E_m, f_m), en el dominio de la frecuencia se representa como se indica en la siguiente figura.

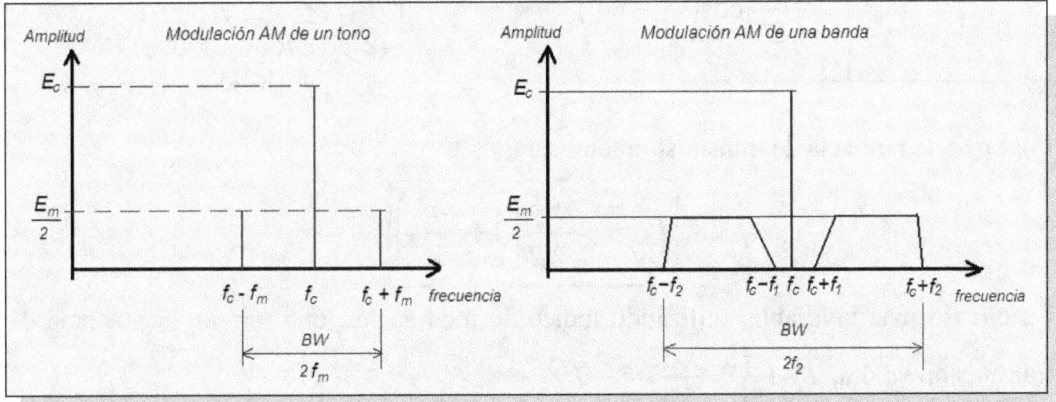

Se observa que el ancho de banda para una señal modulada en AM es de *$2f_m$*. Tener en cuenta que si la señal moduladora en lugar de un solo tono fuera una banda definida entre f_1 (f_{lo}) y f_2 (f_{hi}), el *BW* de la señal AM sería *$2f_2$*. Siempre el *BW* en AM ocupa dos veces la frecuencia de moduladora más alta.

Esto significa que si trabajamos con bandas de audio, al modular en AM se duplica el tamaño en frecuencia de la señal original. Como el espectro de frecuencias utilizado en la práctica es finito (por ejemplo, AM radiodifusión, AM navegación, etc), en un mismo espacio sólo vamos a poder contar con un número finito de emisiones simultáneas, que dependerá del tamaño de cada una de las bandas moduladoras a transmitir.

Potencia de transmisión: viene dada por la suma de la potencia necesaria para poder emitir cada una de las componentes de la señal modulada a la salida del transmisor. Como la potencia de una señal eléctrica es función de su tensión e intensidad y, en comunicaciones las expresiones de las señales se dan habitualmente en términos de tensión, la potencia de transmisión dependerá de la amplitud de cada una de estas señales.

Utilizaremos para su determinación la ecuación $P = \dfrac{E^2}{R}$, donde E es la tensión eficaz de la señal considerada y R la Resistencia a la salida del transmisor (antena o línea de transmisión).

Componente	Descripción	Potencia de Transmisión
Portadora	$E_c \cos(w_c t)$	$\dfrac{(E_c/\sqrt{2})^2}{R} = \dfrac{E_c^2}{2R} = P_c$
BLS/USB	$\dfrac{mE_c}{2}\cos(w_c + w_m)t$	$\left(\dfrac{m}{2}\right)^2 \dfrac{E_c^2}{2R} = P_c \left(\dfrac{m}{2}\right)^2$
BLI/LSB	$\dfrac{mE_c}{2}\cos(w_c - w_m)t$	$\left(\dfrac{m}{2}\right)^2 \dfrac{E_c^2}{2R} = P_c \left(\dfrac{m}{2}\right)^2$

Por tanto, la potencia de transmisión total será,

$$P_{Total} = \dfrac{E_c^2}{2R}\left(1 + \dfrac{m^2}{2}\right)$$

En el caso más favorable, utilizando índice de modulación uno ($m=1$), la potencia de transmisión valdrá, $P_c + \dfrac{P_c}{4} + \dfrac{P_c}{4} = \dfrac{3}{2}P_c$

Se observa, que la componente que consume más potencia en la transmisión es la portadora, con diferencia respecto de las bandas laterales.

En la práctica, existen tres tipos diferentes de emisiones en AM, en función del número de componentes de señal modulada que alcanzan la salida del transmisor:

- Con portadora o AM
- Doble Banda Lateral o DBL ("Double Side Band" o DSB)
- Banda Lateral única o BLU ("Single Side Band" o SSB)

1.2.1.1 Modulación con Portadora (AM).

También denominada radiodifusión o radioeconomía. Se caracteriza por una fácil detección y demodulación. Es decir, los receptores son sencillos y, por tanto, económicos que es lo que interesa en la radiodifusión.

1. Sistemas de Comunicación

La señal modulada en AM transmitida contiene los tres componentes descritos hasta ahora, portadora más bandas laterales.

$$e(t) = E_c \cos(w_c t) + \frac{E_m}{2} \cos(w_c + w_m)t + \frac{E_m}{2} \cos(w_c - w_m)t$$

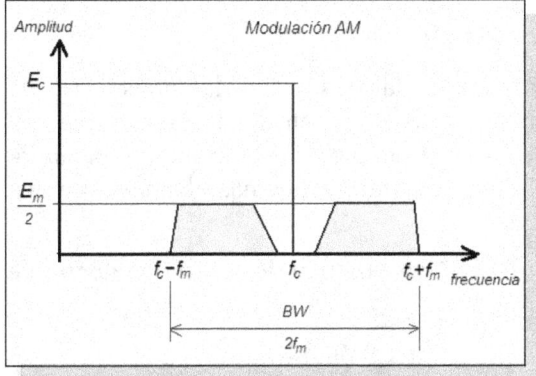

Como la portadora genera un gasto de potencia elevado y no contiene información, el alcance de este tipo de modulación es pequeño: sólo se puede incrementar, aumentando la potencia de transmisión.

1.2.1.2 Modulación en Doble Banda Lateral (DBL).

Consiste en emitir suprimiendo la portadora, con lo que para misma potencia de transmisión se consigue mayor alcance, puesto que toda la energía va a parar a las bandas laterales.

Observar como la amplitud de ambas BLs es la misma y de valor la mitad que la de la señal moduladora.

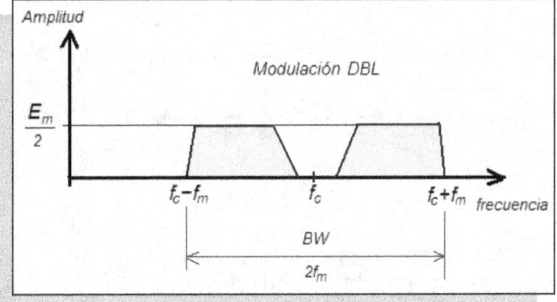

El transmisor DBL es un transmisor AM que utiliza una etapa final basada en un "filtro de rechazo" centrado en la frecuencia de portadora; esto es, suprime la portadora y deja pasar todo lo demás, o sea las bandas laterales.

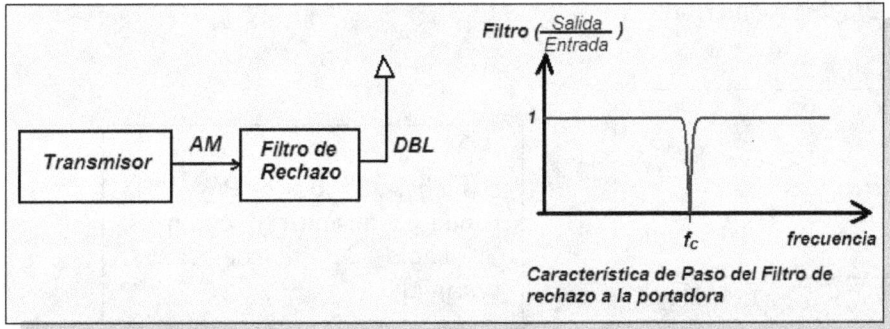

El proceso de demodulación es más complejo y, por tanto, el receptor es más caro: se requiere un generador de portadora interno que añada la portadora a la DBL sintonizada,

Sistemas de Comunicaciones y Navegación en las Aeronaves

de manera que se convierte de nuevo en una señal modulada AM completa; a partir de aquí, se puede aplicar el proceso de demodulación de AM convencional.

$$e(t) = \frac{E_m}{2}\cos(w_c + w_m)t + \frac{E_m}{2}\cos(w_c - w_m)t$$

1.2.1.3 Modulación en Banda Lateral Única (BLU).

Consiste en emitir suprimiendo la portadora y una de las dos bandas laterales. Hay que tener en cuenta que tanto en la modulación AM como en DBL la información transmitida está duplicada y, por tanto, una forma de reducir consumo de potencia de transmisión es anular esta redundancia. Es la forma de conseguir más alcance para una misma potencia de transmisión.

Existen dos posibilidades de modulación en BLU, dependiendo de la banda lateral que se suprima:

BLI o LSB:
$$e(t) = \frac{E_m}{2}\cos(w_c - w_m)t$$

BLS o USB:
$$e(t) = \frac{E_m}{2}\cos(w_c + w_m)t$$

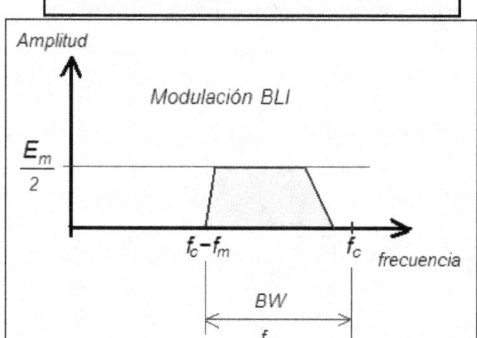
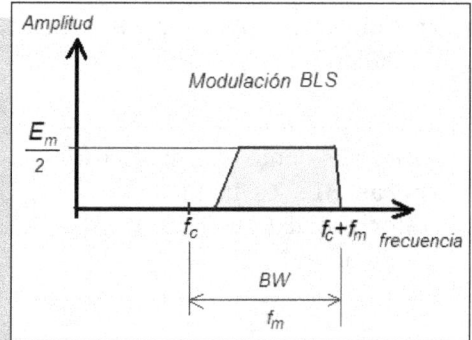

BLU es un tipo de modulación que exige contar con filtros más exigentes y precisos, por lo que resulta más cara, tanto en la transmisión, como en la recepción. Se utiliza en comunicaciones que requieran largas distancias de enlace.

Otra ventaja que presenta BLU frente a AM y DBL es que el BW se reduce a un valor de f_m, frente al de $2f_m$ de las anteriores.

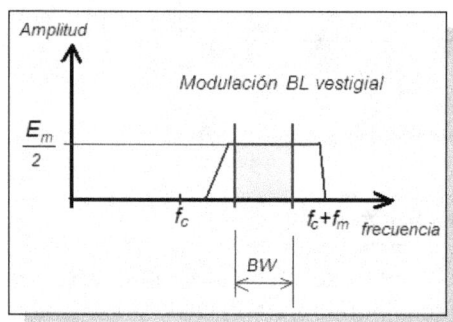

En ocasiones es necesario estrechar aún más el BW de la banda a transmitir y, entonces, se habla de "banda lateral vestigial".

1. Sistemas de Comunicación

1.2.1.4 La modulación AM y el Analizador de Espectros.

La mejor forma de observar y medir una señal modulada, en general, es utilizar un Analizador de Espectros. Se trata de un equipo de medida que representa la amplitud de la señal a medir frente a la frecuencia. A diferencia del osciloscopio donde la señal medida es en tensión y de forma lineal a lo largo del tiempo, en el analizador de espectros la medida es de potencia y logarítmica (en dBm: dBs por *mw*). De esta forma se tiene un rango de representación más amplio, ya que en dBs se realiza una compresión de tipo logarítmico decimal y "caben" más medidas en el mismo espacio.

En AM la señal modulada es posible verla con claridad en el osciloscopio si su ancho de banda es adecuado. Pero en un osciloscopio es imposible tomar medidas en señales moduladas en PM o FM. Se hace necesario el analizador de espectros en general siempre que haga falta saber el valor de los parámetros de cualquier tipo de modulación, ya sea FM, PM o AM.

Con el analizador de espectros se puede ver claramente el tipo de modulación. Por ejemplo, en AM si es con portadora, DBL o BLU. Tomar valores de amplitud de los diferentes componentes de la señal. Observar en qué cantidad permanece residual la portadora suprimida en DBL o en BLU: fuga de portadora. Ver los tonos de intermodulación a que dan lugar los tonos de modulación en cualquier tipo de modulación AM y en qué medida puede afectar a la señal modulada deseada, etc.

A continuación se dan algunos ejemplos gráficos de aplicación del analizador de espectros en AM.

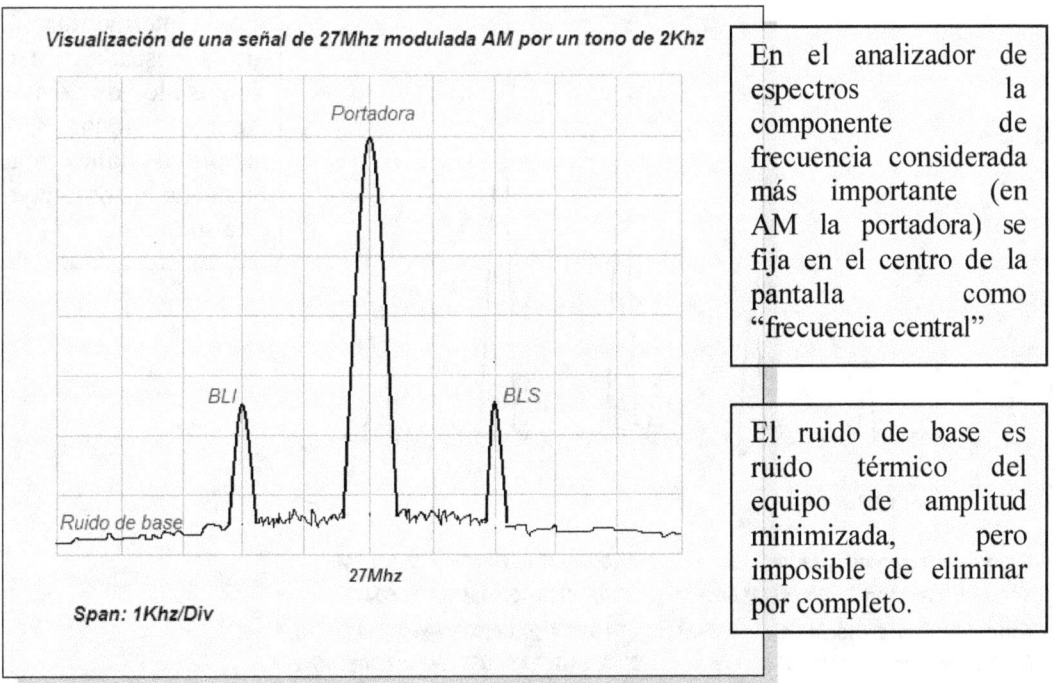

En el analizador de espectros la componente de frecuencia considerada más importante (en AM la portadora) se fija en el centro de la pantalla como "frecuencia central"

El ruido de base es ruido térmico del equipo de amplitud minimizada, pero imposible de eliminar por completo.

El "span" del analizador es la cantidad de frecuencia que representa cada división horizontal.

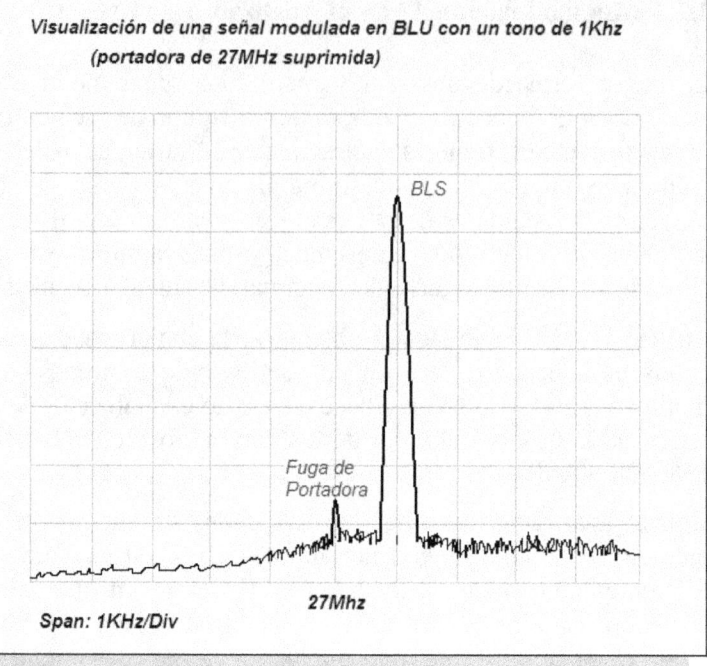

La intermodulación (no deseada, pero imposible de evitar) genera tonos de amplitud tanto más pequeña cuanto mayor sea su orden.

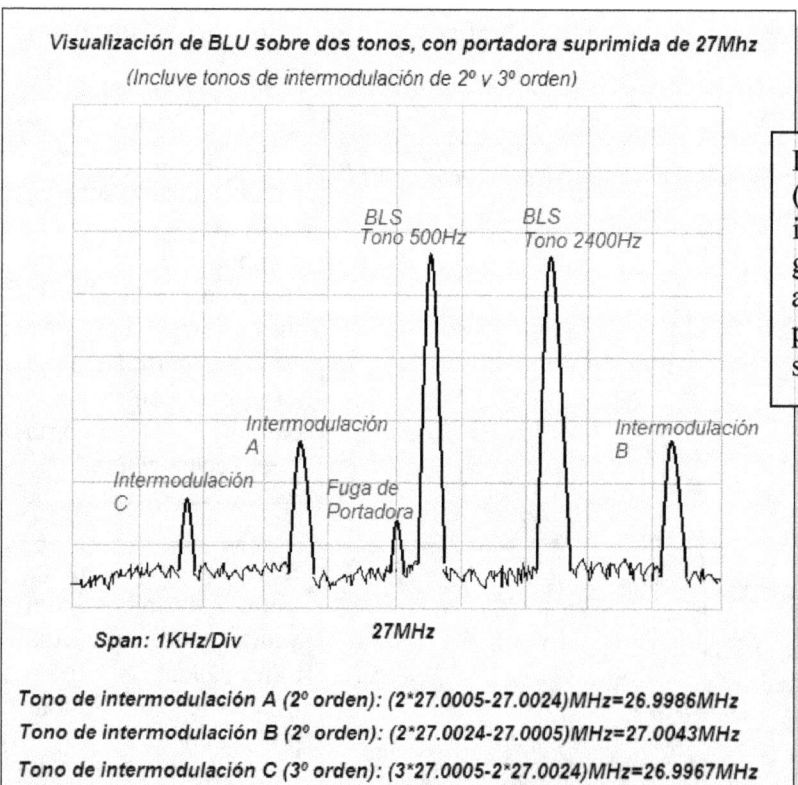

Tono de intermodulación A (2º orden): (2*27.0005-27.0024)MHz=26.9986MHz
Tono de intermodulación B (2º orden): (2*27.0024-27.0005)MHz=27.0043MHz
Tono de intermodulación C (3º orden): (3*27.0005-2*27.0024)MHz=26.9967MHz
Tono de intermodulación D (3º orden): (3*27.0024-2*27.0005)MHz=27.0062MHz

1. Sistemas de Comunicación

1.2.1.5 Demodulación en AM.

La demodulación es el proceso de obtener la moduladora a partir de la señal modulada sintonizada en la recepción; es decir, es el proceso inverso de modulación aplicado en la transmisión.

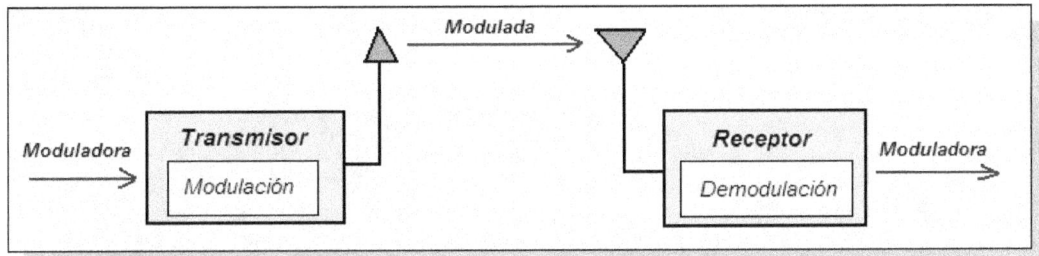

En AM existen dos tipos de demodulación:

- Demodulación normal o convencional. La señal modulada $e(t)$ sintonizada se multiplica utilizando fórmulas trigonométricas y mediante un filtro de característica de paso w_m, se absorbe sólo un valor $k \cos w_m t$. Es un método poco práctico por su complejidad y, por tanto, caro. No se usa.

- Detección. Se trata de "detectar" la forma de la envolvente de la señal modulada sintonizada y bajarla de nivel, esto es, eliminar el nivel de continua (offset) que pueda contener.

La "detección" es el método práctico que se utiliza para la demodulación en AM. Consta de una serie de fases:

1. Rectificación. Como la señal modulada en AM tiene dos envolventes simétricas (redundancia de información), lo primero que se hace es suprimir una de ellas, rectificando la mitad de la señal mediante un diodo rectificador.

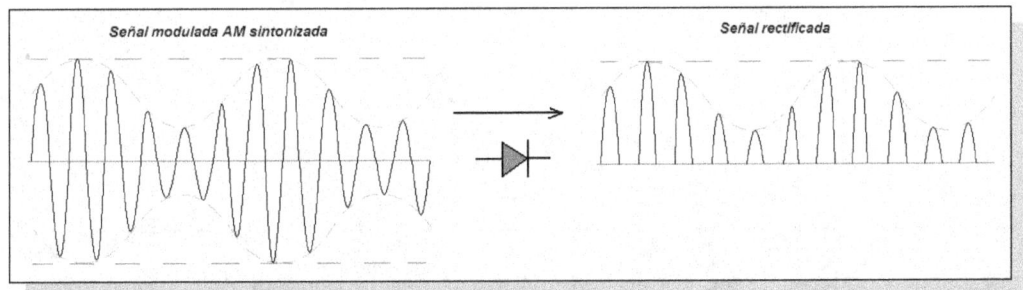

2. Detección de envolvente. Un condensador al que se aplica una tensión de mismo signo (por ejemplo, positiva) pero oscilante de manera que aumenta y disminuye periódicamente, funcionaría del siguiente modo:

    o se carga durante los periodos en que la tensión tiende a crecer;

    o se descarga durante los periodos en que la tensión tiende a decrecer.

Conectando a la salida del rectificador del detector un condensador en paralelo se consigue que la descarga del condensador mantenga la tensión, aunque la tensión de la señal oscilante esté decayendo. Cuando la tensión de la señal oscilante vuelve a crecer, el condensador entra de nuevo en periodo de carga y, cuando ésta decrezca, el condensador de nuevo se descarga y mantiene la tensión total de salida. Con esto se consigue que la forma que adquiere la tensión de salida sea "escalonada", alrededor de los picos de la señal oscilante, esto es, la forma de la envolvente.

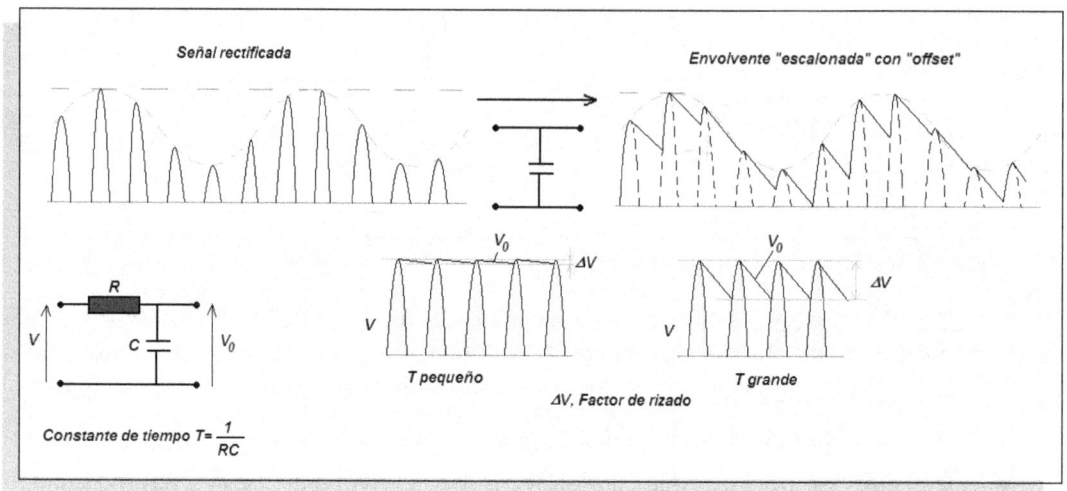

3. Eliminación de "offset". La forma de la envolvente obtenida contiene un nivel de continua, que no forma parte de la moduladora original. Cuando se aplica una tensión alterna genérica a un condensador conectado en serie, éste permite el paso de la componente alterna pura, pero suprime el nivel de continua que contenga. De esta forma, la envolvente con nivel de continua aplicada sobre un condensador serie, elimina a su salida el "offset".

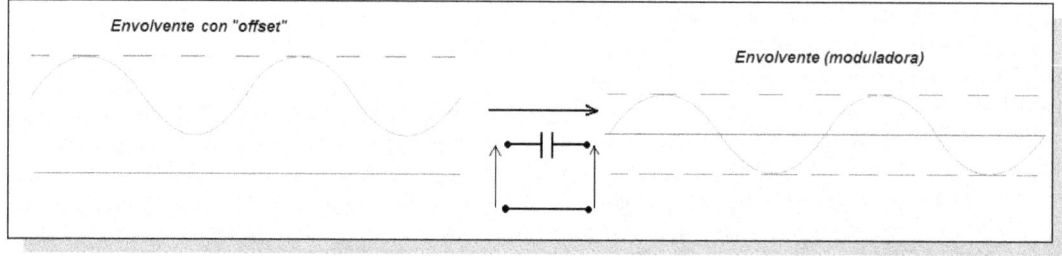

Un esquema teórico del receptor de AM que incorpora una etapa de detección como la descrita, podría ser algo como lo que se indica a continuación, teniendo en cuenta que:

- ✓ El receptor está compuesto por una serie de etapas conectadas entre sí en serie, una a continuación de otra. Hay que tener en cuenta que existen dos tipos de etapas: amplificador y filtro. Siempre, detrás de una etapa filtradora (como puede ser la de sintonización o la de detección) existe una etapa de amplificación.

- ✓ La cadena de etapas del receptor es la siguiente: circuito de sintonización (antena + circuito "tanque")+ARF (Amplificación de Radio frecuencia) +

Detección + ABF(Amplificación de Baja Frecuencia: moduladora)+ adaptación final (a la carga de salida).

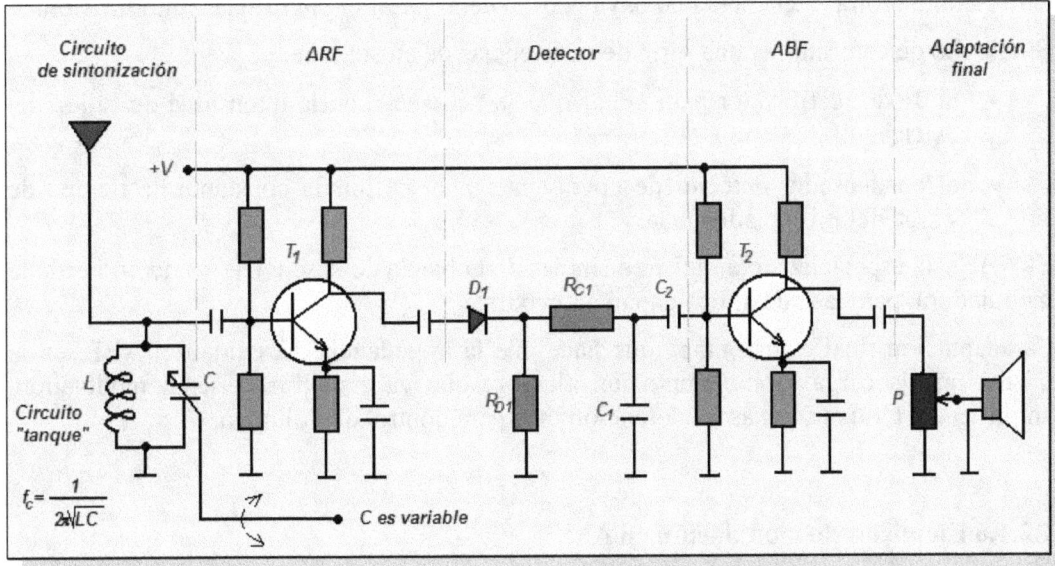

El circuito de sintonización de entrada está compuesto por la combinación de antena y circuito "tanque".

- ✓ La antena se encarga de captar las ondas electromagnéticas que hay en el entorno del receptor y transformarlas en corriente eléctrica de misma frecuencia.
- ✓ El circuito "tanque" es un circuito resonante definido por un condensador y una bobina en paralelo, alimentados por la antena. Un circuito resonante LC funciona de manera que cuando la impedancia de la bobina (wL) es igual a la impedancia del condensador ($\frac{1}{wc}$), ambos se autoalimentan; es decir, la energía eléctrica de descarga del condensador es exactamente la energía eléctrica que necesita la bobina para cargarse por completo y viceversa. De esta manera el conjunto LC no consume energía eléctrica del exterior. ¿Cuándo se da esta situación?: cuando $wL = \frac{1}{wc}$. Si despejamos la frecuencia para la que se cumple la igualdad se obtiene la denominada frecuencia de resonancia: $f = \frac{1}{2\pi\sqrt{Lc}}$ Esto es, el circuito "tanque" entra en resonancia con $f_c = f$ y, por tanto, la deja pasar hacia el ARF sin consumirla; sin embargo, cualquier otra señal captada por la antena distinta de f es absorbida por el circuito LC.

El ARF está basado en un transistor polarizado con corriente continua (+V) mediante un conjunto de resistencias que hacen que funcione como amplificador analógico con una ganancia concreta. En la práctica el ARF es una etapa de amplificación especializada en la frecuencia de sintonización f_c, de manera que aplica la ganancia máxima para señales con esta frecuencia y, sin embargo, actúa con ganancia menor que uno (filtro de rechazo) para cualquier otra frecuencia que haya podido dejar pasar el circuito de sintonización.

El circuito detector utiliza una serie de resistencias de ajuste para,

- el diodo rectificador para evitar que se "queme" con la intensidad de salida del ARF;
- el condensador detector de envolvente, para definir la constante de tiempo de carga del mismo adecuada.

El ABF está especializado en las frecuencias de la banda de base (BB), es decir, las de la moduladora, para las que aplica ganancia máxima.

La adaptación final es una etapa que hace que la impedancia de salida del ABF sea la misma que la carga (por ejemplo, un altavoz) que va a recibir la señal moduladora amplificada. Utiliza además un potenciómetro para control de volumen.

1.2.1.6 Ejercicios de modulación en AM.

La solución a los ejercicios propuestos se da al final del Capítulo.

Problema 1 Dada una señal modulada en amplitud de parámetros,

$$\begin{cases} f_c = 1000Hz\,,\; E_c = 100mv \\ f_m = 100Hz\,,\; E_m = 50mv \end{cases}$$

Dibujar las ondas portadora, BLC, BLS, BLI, e(t) y los diagramas vectoriales de la onda.

Problema 2 Describir en componentes la señal siguiente y dibujar el diagrama vectorial correspondiente,

$$e(t) = 25(1 + 0.27\cos 1250t + 0.18\cos 3000t)\cos 10^7 t$$

Problema 3 En un proceso de modulación en amplitud se tiene,

$$\begin{cases} w_c = 6280rad/s\,,\; E_c = 100mv \\ w_m = 628rad/s\,,\; E_m = 40mv \end{cases}$$

(a) Expresar la onda modulada en componentes y la BLC.

(b) Representar las envolventes de las ondas anteriores.

(c) Valor pico-pico y valle-valle de la señal modulada.

(d) Potencia total de transmisión, así como, potencias en BLs y BLC.

1. Sistemas de Comunicación

Problema 4 Dada la señal en AM de parámetros,

$$\begin{cases} f_c = 115 MHz,\ E_c = 100 mv,\ m_{90} = m_{150} = 0.2 \\ f_{m1} = 90 Hz,\ f_{m2} = 150 Hz,\ R = 10\Omega \end{cases}$$

Determinar e(t), BLCs, BLs, diagrama vectorial y potencias de transmisión.

1.2.2 Modulación en Fase (PM).

Partiendo de una señal moduladora normalizada y una señal auxiliar portadora, consiste en deformar la fase inicial de la portadora en función de la forma característica de la moduladora.

Matemáticamente se expresa del siguiente modo:

- ✓ Moduladora normalizada: $\quad x(t) = \dfrac{E_m \cos w_m t}{E_m}$ (valor máximo uno)

- ✓ Portadora : $\quad E_c \cos(w_c t + \phi)$

El valor de ϕ en la portadora se sustituye por la fase instantánea: $\phi_i = \phi_d x(t)$, donde ϕ_d es la desviación de fase, definida como el máximo valor de fase inicial que se puede alcanzar, para un valor máximo de señal moduladora.

- ✓ Modulada: $\quad e(t) = E_c \cos(w_c t + \phi_i)$

La señal modulada, de amplitud constante la de portadora, lleva la información en la fase angular. No tiene problemas de ruido como las señales en AM donde éste se añade en los picos y deforma la información; aquí la información está "protegida" por no encontrarse en los picos de amplitud.

1.2.3 Modulación en Frecuencia (FM).

Utilizando una señal moduladora normalizada, como en PM, y una señal auxiliar portadora, el proceso consiste en deformar la frecuencia de la portadora en función de la forma característica de la moduladora.

Matemáticamente se expresa del siguiente modo:

- ✓ Moduladora normalizada: $\quad x(t) = \dfrac{E_m \cos w_m t}{E_m}$ (valor máximo uno)

- ✓ Portadora : $\quad E_c \cos(w_c t)$

El valor de f_c en la portadora se sustituye por la frecuencia instantánea: $f_i = f_c + f_d x(t)$, donde f_d es la desviación de frecuencia, definida como el máximo valor de desviación en frecuencia respecto de la frecuencia de portadora que se puede alcanzar.

✓ Modulada: $\quad e(t) = E_c \cos(2\pi f_i t)$

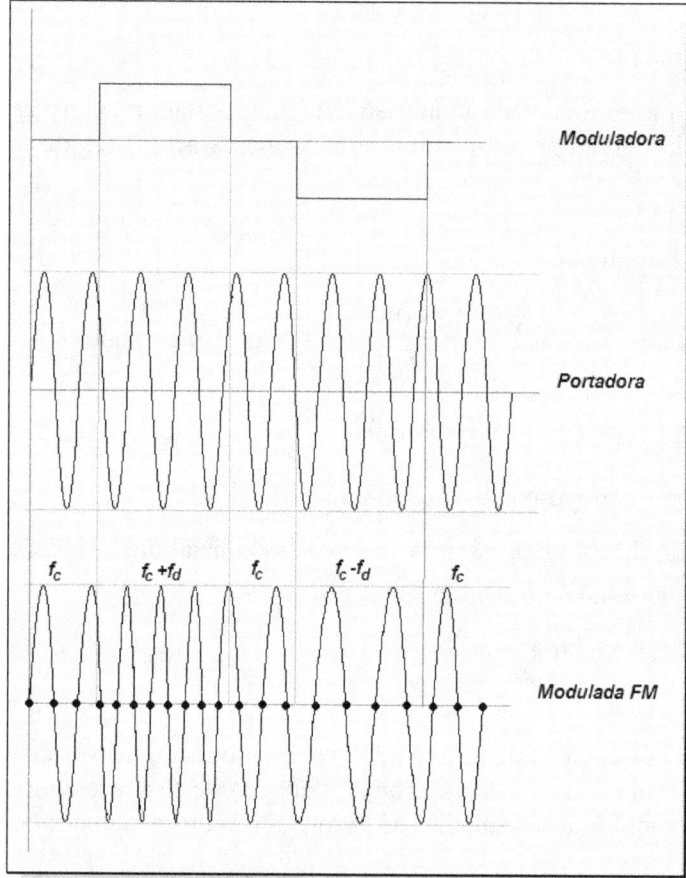

La señal modulada lleva la información en la frecuencia. No tiene problemas de ruido ya que la información está completamente "protegida", puesto que está disponible incluso en los puntos de fase angular 0° y 180° de la señal (corte con el eje de coordenadas).

En la recepción, contando tiempos de los intervalos donde la señal corta al eje de coordenadas temporal, se extrae la información de moduladora. Ver ejemplo de la figura.

En una señal modulada en FM se define el índice de modulación m_f como la relación entre la desviación de frecuencia f_d y la frecuencia de moduladora máxima f_m.

$$m_f = \frac{f_d}{f_m}$$

En una señal modulada en AM existen dos bandas laterales (superior e inferior). En una señal modulada en FM el número de bandas laterales depende del índice de modulación. Se habla de bandas laterales significativas y se distribuyen simétricamente respecto de la frecuencia de portadora, del siguiente modo:

$$\text{N°BL\_significativas} = 2m_f + 1$$

Es decir, si por ejemplo usamos una moduladora con frecuencia máxima de 1Khz y una $f_d = 5Khz$, de manera que el índice de modulación será de valor 5, el número de bandas laterales significativas es de 11 (5 inferiores+ portadora+5 superiores).

Se define el *porcentaje de modulación FM* como la relación entre la desviación de frecuencia efectiva y la desviación de frecuencia máxima permitida, en tanto por ciento. Por ejemplo, en FM comercial (88-108MHz) se permite hasta 75Khz de f_d máxima; un porcentaje de modulación de 100% significa que estamos usando una f_d efectiva de 75KHz. En TV la f_d máxima permisible es de 25Khz.

En FM comercial se asignan anchos de banda de 150Khz ($2f_d$) más un margen separación de seguridad entre canales por cada lado de 25KHz; esto es, a cada canal se le asigna 200KHz.

En una señal modulada AM, en el dominio tiempo sólo existe una frecuencia, la f_c, es decir en el tiempo la señal AM es un tono. Sin embargo, en el dominio de la frecuencia la señal AM ocupa un ancho de banda de valor *2f_m*.

Para una señal modulada FM, en el dominio tiempo su frecuencia varía entre (*f_c-f_d*) y (*f_c+f_d*), es decir, su BW es de valor *2f_d* (conocido como oscilación de portadora). Sin embargo, en el dominio de la frecuencia la señal FM ocupa un ancho de banda infinito, esto es, todo el espectro de frecuencia, ya que alrededor de las BL_significativas de ancho de banda *2f_d* (primer armónico), la señal se repite a su derecha e izquierda hasta el infinito: son los armónicos de la señal modulada. En la práctica es habitual considerar sólo el primer armónico de modulada FM o, como mucho en situaciones muy particulares, hasta el segundo (BW de 6*f_d*).

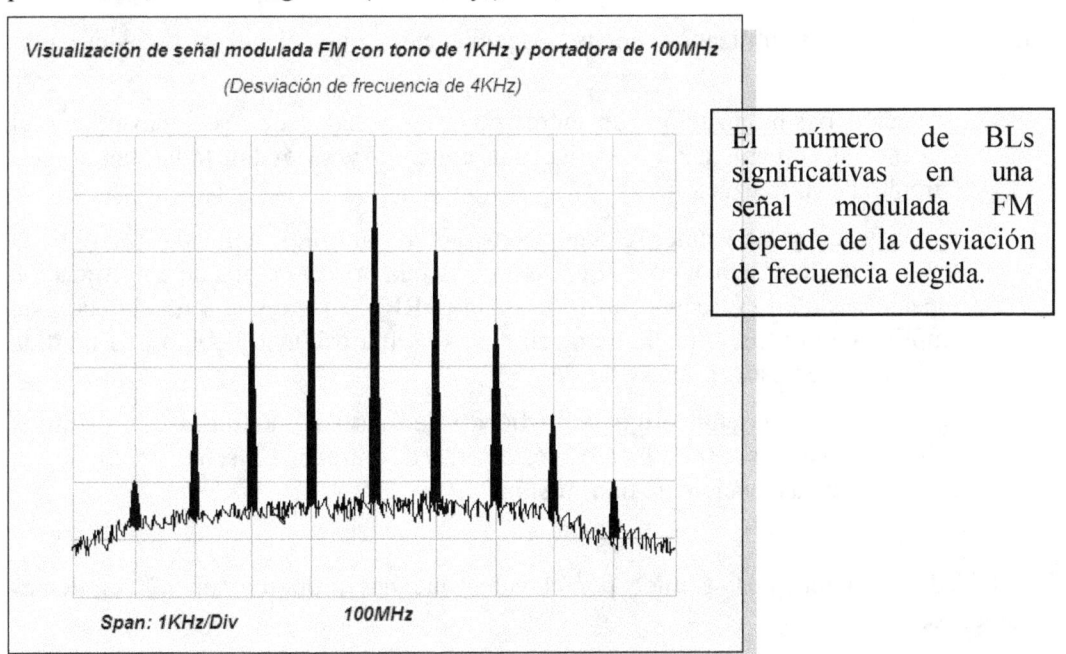

El número de BLs significativas en una señal modulada FM depende de la desviación de frecuencia elegida.

Se puede conseguir con los productos de intermodulación entre BLs significativas suprimir la portadora (fuga de portadora), con lo que se mejora el alcance para misma potencia. Para ello, se debe escoger una desviación de frecuencia adecuada.

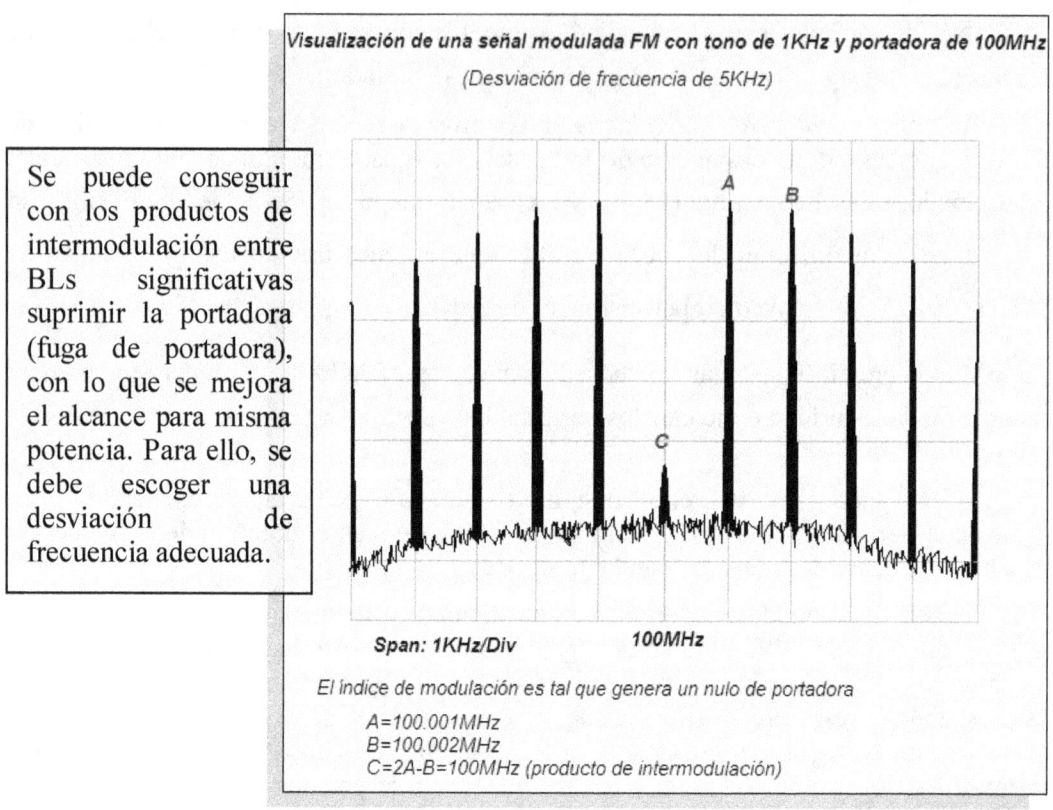

1.3 Receptores.

Equipos electrónicos utilizados en la comunicación que ejecutan las siguientes operaciones:

- Selección o sintonización: de entre todas las señales que se mueven por el entorno de comunicación, se elige una concreta y se evitan todas las demás. Circuito de sintonización.
- Amplificación: las señales seleccionadas suelen estar muy atenuadas (nivel de la señal pequeño o débil), por lo que se precisa una primera etapa de amplificación especializada en la frecuencia sintonizada (ARF). Existe una segunda etapa de amplificación (ABF) tras la extracción de la señal original, debido a la pérdida de potencia en esta última.
- Extracción de la señal original: partiendo de la señal modulada con un nivel suficiente para su tratamiento posterior, se entrega la señal moduladora, completando así el ciclo de transmisión.

La calidad de un receptor se mide por el valor que nos proporcionan los siguientes parámetros:

- Sensibilidad: Capacidad para recibir señales débiles. Se expresa a partir del concepto relación-señal-ruido ("Signal to Noise Ratio" o SNR). El ruido electrónico[3] (señales no deseadas que se añaden en los picos de la señal deseada en forma de interferencias) es imposible de separar de la señal (señal deseada). Lo más que se puede hacer es procurar minimizarlo: el problema es que cuando una señal con ruido la haces pasar por una etapa amplificadora, aumenta de tamaño la señal, pero también el ruido que contiene. Éste no es un problema importante si la proporción entre señal y ruido es relativamente grande; sin embargo, con la distancia la magnitud de la señal va decreciendo (atenuación), por lo que puede ocurrir que al alcanzar el receptor los niveles de señal y ruido sean parecidos y sea muy difícil distinguir entre una y otro: la sensibilidad del receptor mide su capacidad para trabajar con señales pequeñas, a pesar del ruido que incorporen.

  Es habitual utilizar la especificación de sensibilidad en forma logarítmica:

  $$\frac{S+N}{N} \geq 6dB$$

  La prueba de sensibilidad se efectúa del siguiente modo:
  - Se inyecta al receptor una señal modulada AM y se sintoniza dicha señal ajustando el volumen de salida a un valor intermedio.
  - Se mide la tensión a la salida del receptor (en la carga): se trata de la tensión de la moduladora con ruido para el volumen seleccionado (V_{S+N})
  - Se inyecta al receptor la misma señal anterior pero sin moduladora (sólo portadora).
  - Sin tocar el volumen del receptor, se mide la tensión a la salida (en la carga): se trata de la tensión del ruido para el volumen seleccionado (V_N).
  - Se debe obtener $\frac{V_{S+N}}{V_N} \geq 2$ que es lo equivalente a $20\log(\frac{V_{S+N}}{V_N}) \geq 6dB$. Es decir, expresado en forma lineal significa que se da por bueno el SNR de un receptor cuando el nivel de la señal (S) sea por lo menos igual al del ruido (N).

- Selectividad: Capacidad para discernir entre señales próximas en frecuencia. Un circuito de sintonización y un ARF adecuados hacen que el receptor funcione

---

[3] El ruido puede proceder de interferencias externas (otros campos electromagnéticos) o bien del funcionamiento de los propios componentes internos del receptor (ruido térmico).

del modo expresado en la figura siguiente cuando se sintoniza la señal modulada de frecuencia f_c :

- o Si la señal modulada es de frecuencia f_c y amplitud A y el receptor sintoniza exactamente en f_c, el receptor capta la señal con amplitud A.
- o Si la señal modulada es de frecuencia $f_c' > f_c$ y amplitud A y el receptor sintoniza en f_c, el receptor capta la señal con amplitud A'<A
- o Si la señal modulada es de frecuencia $f_c' < f_c$ y amplitud A y el receptor sintoniza en f_c, el receptor capta la señal con amplitud A'<A

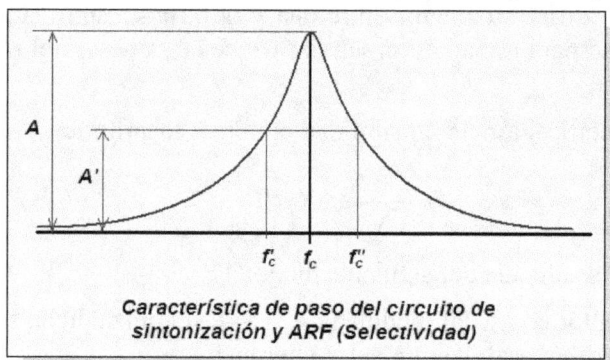

Característica de paso del circuito de sintonización y ARF (Selectividad)

El circuito de sintonización en combinación con el ARF funcionan como filtro de entrada del receptor a las señales sintonizadas.

La forma de saber si un receptor cumple con las especificaciones de selectividad es utilizar los datos dados por el fabricante al respecto. Estos datos se describen del siguiente modo:

- o Puntos mínimos de selectividad: definición del ancho de banda de 6dB. Frecuencias de sintonización para las que la amplitud de entrada ha disminuido a la mitad (un 50%).
- o Puntos máximos de selectividad: definición del ancho de banda de 60dB (u 80dB). Frecuencias de sintonización para las que la amplitud de entrada ha disminuido mil veces (un 99.9%)

En la figura a continuación se muestra la descripción gráfica de las especificaciones de selectividad del fabricante.

En ocasiones el fabricante utiliza como especificación de puntos máximos la de 80dB, es decir, una reducción de la amplitud A en 10^4 veces.

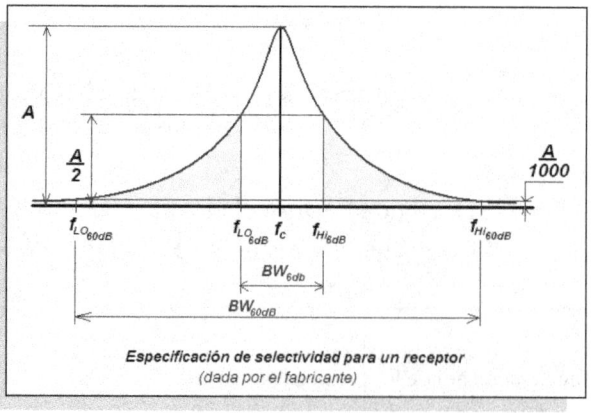

Especificación de selectividad para un receptor
(dada por el fabricante)

1. Sistemas de Comunicación

Contando con las especificaciones de selectividad del fabricante, se realizan las pruebas de selectividad del receptor:

- Obtención del BW de 6dB: buscando las frecuencias superior e inferior en el receptor para las que hay una caída de amplitud del 50%.
- Obtención del BW de 60dB: buscando las frecuencias superior e inferior en el receptor para las que hay una caída de amplitud del 99.9%.

Comparando los resultados de selectividad obtenidos (medidas) con los dados por el fabricante se concluye si la selectividad del receptor es correcta:

- El intervalo de 6dB obtenido debe abarcar todo el intervalo de 6dB de puntos mínimos del fabricante. Es decir:

$$BW_{6dB(medida)} \geq BW_{6dB(fabric)} \quad y \quad \begin{cases} f_{LO(medida)} \leq f_{LO(fabric)} \\ f_{Hi(medida)} \geq f_{Hi(fabric)} \end{cases}$$

- El intervalo de 60dB obtenido debe estar dentro del intervalo de 60dB de puntos máximos del fabricante. Es decir:

$$BW_{60dB(medida)} \leq BW_{60dB(fabric)} \quad y \quad \begin{cases} f_{LO(medida)} \geq f_{LO(fabric)} \\ f_{Hi(medida)} \leq f_{Hi(fabric)} \end{cases}$$

Un ejemplo de selectividad medida correcta es la dada en los resultados obtenidos en la siguiente figura.

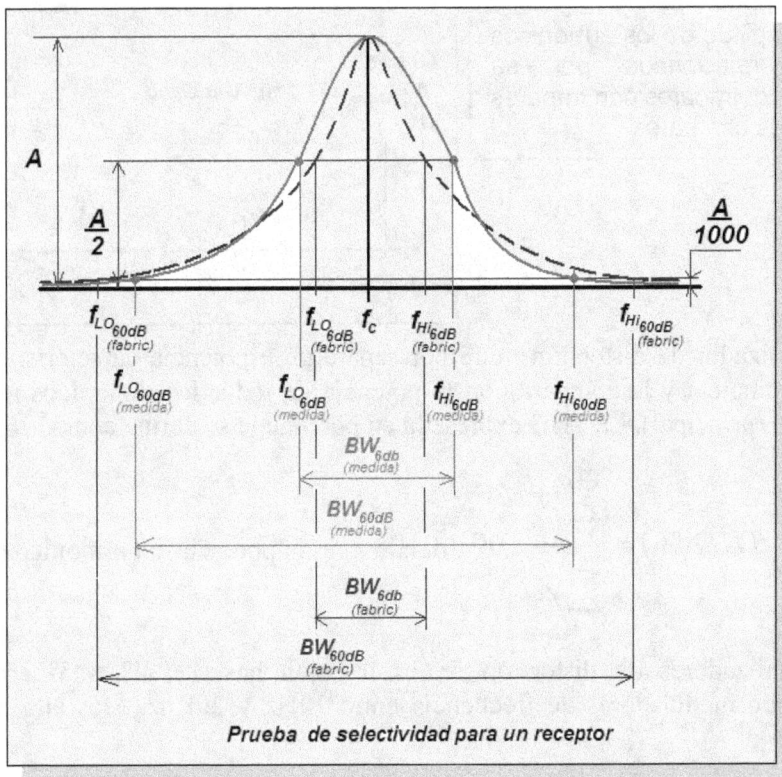

Prueba de selectividad para un receptor

- <u>Fidelidad</u>: Capacidad de reproducción de la señal original. Suele utilizarse el concepto de distorsión armónica para expresar la fidelidad de un receptor. La distorsión armónica ("Total Harmonic Distortion" o THD) es la inversa de la fidelidad. Esto se debe a que sí existen equipos de medida de THD (analizador de distorsión), pero no así de fidelidad.

La THD indica el grado de imperfección de una señal senoidal. En la práctica es imposible conseguir una señal senoidal de frecuencia discreta; es decir, no existen tonos puros (una única frecuencia). Cuando se habla de un tono de 1Khz, por ejemplo, en realidad en el mejor de los casos significa que la mayor parte de la potencia del tono está centrada en 1Khz (primer armónico), pero siempre existirá una parte de la potencia total distribuida en el resto de sus armónicos, 2Khz (segundo armónico), 3Khz (tercer armónico), etc, hasta el infinito.

La distorsión en una señal senoidal produce deformaciones de la misma, que se pueden notar cuando son muy exageradas en los picos aplastados o recortados o en la inclinación de las pendientes de subida y bajada.

La amplitud de los diferentes armónicos va decayendo al aumentar su número.

La amplitud de los armónicos está relacionada por su paridad: impares con impares y pares con pares

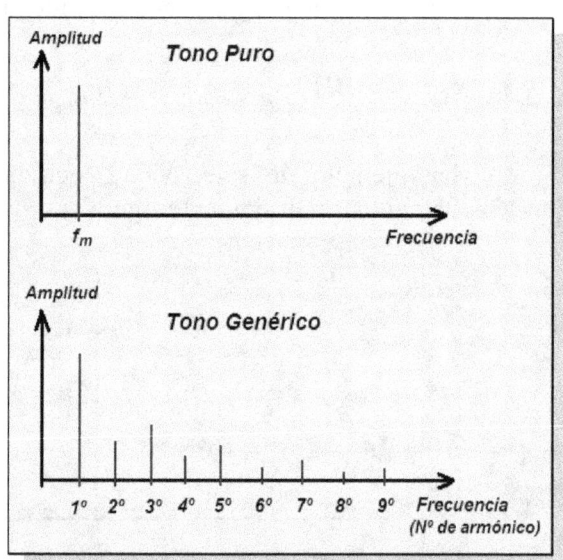

Un analizador de distorsión mide por separado la potencia característica de la señal completa y la compara con la potencia de todos los armónicos menos el primero (principal). La THD expresada en porcentaje se define como,

$$THD(\%) = \frac{\sum_{i=2}^{\infty} A_i}{\sum_{i=1}^{\infty} A_i} 100$$, donde A_i es la potencia del armónico nº i

Los analizadores de distorsión reales trabajan hasta el 4º o 5º armónico, utilizando moduladoras de frecuencia entre 10Hz y 20Khz. Más allá no tiene sentido intentar medir, ya que lo habitual es que la amplitud de los armónicos se reduzca muy rápidamente.

Un generador de funciones "bueno" puede trabajar con moduladoras de hasta 0.001% de THD. En un osciloscopio se puede "ver" la distorsión de una señal si sobrepasa el 5-10%; con menos es imposible, por lo que no tiene sentido este tipo de equipo para realizar esta medida, en general.

Una señal cuadrada con una frecuencia concreta se puede considerar una señal senoidal de misma frecuencia muy distorsionada. De hecho, dada una señal senoidal, si suprimimos todos los armónicos pares se obtiene una señal de misma frecuencia cuadrada. Cualquier otra señal con forma no senoidal (triangular, sierra, ..) se puede considerar como una senoidal con distorsión.

La fidelidad se mide fundamentalmente en moduladoras de audio, de ahí la banda de trabajo típica de los analizadores de distorsión habituales.

Existe un equipo de medida denominado SINADDER que se utiliza para medir la combinación de la SNR con la THD conocida como SINAD (Signal to Noise And Distortion). Son equipos caros y muy específicos.

$$SINAD = \frac{S + N + THD}{N + THD}$$

En la práctica se consideran dos tipos de receptores:

- ✓ De amplificación directa: trabaja como se ha planteado hasta ahora, pasando de la RF de la modulada a la BF de la moduladora.
- ✓ Heterodino: se trata de introducir un paso intermedio en el translado de la RF a la BF; para ello, utilizamos una banda de frecuencia intermedia o IF. Ahora la cadena de etapas se adapta a lo siguiente: RF $\rightarrow$ IF $\rightarrow$ BF.

1.3.1 Receptor de Amplificación Directa.

Las señales de RF alrededor de la antena del receptor pasan por el proceso de sintonización inicial definido por la combinación del funcionamiento del circuito "tanque" con el ARF. Entre ambos seleccionan la señal que se pretende sintonizar (deseada) y se suprimen todas las demás (no deseadas).

En el proceso de demodulación se realiza la extracción de la señal moduladora. La demodulación utiliza el circuito detector ya explicado, si se trata de AM; para otro tipo de modulación, el demodulador es específico, por ejemplo, en FM el demodulador es un discriminador de frecuencias.

Posteriormente, la moduladora es amplificada en el ABF y adaptada adecuadamente a la salida del receptor.

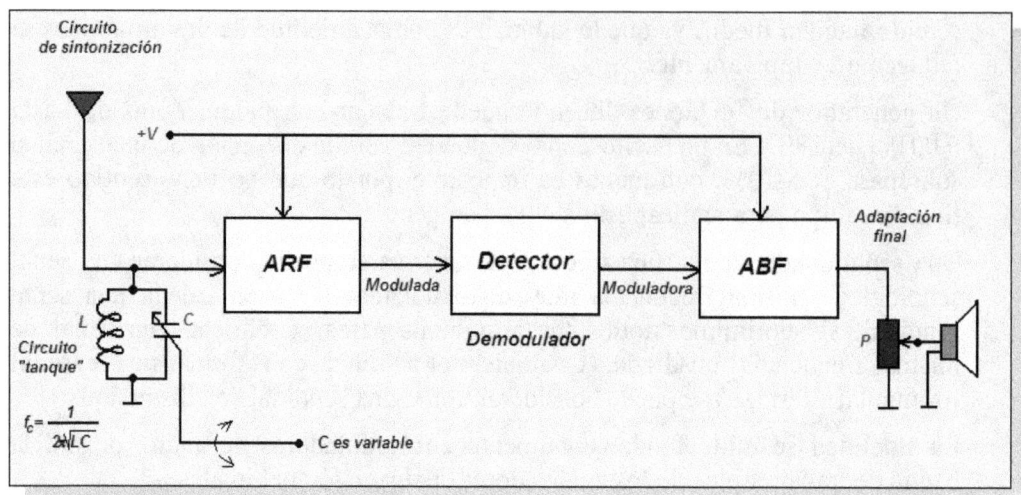

1.3.2 Receptor Heterodino.

En realidad, es un receptor de medida directa en el que se introduce una etapa de conversión de frecuencia intermedia (FI) y otra de amplificación (AFI).

Se trata de trasladar la frecuencia variable de las señales de RF sintonizadas a un valor de frecuencia mucho más pequeña y constante, mediante el conversor.

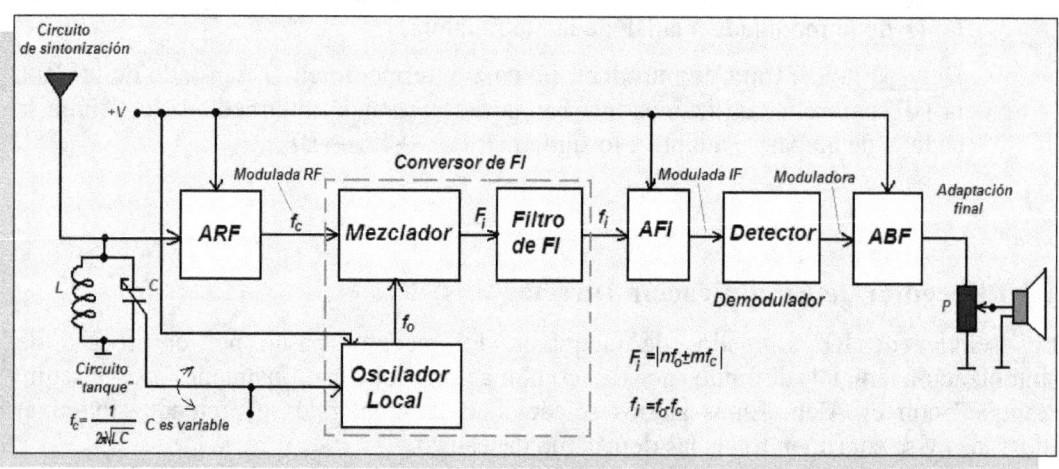

El conversor está basado en un oscilador local generador de una señal de frecuencia f_o y un mezclador de frecuencias ("mixer") que se encarga de mezclar f_o con la señal modulada f_c, dando lugar a una suma de señales definida como F_i:

$$F_i = \sum \left| mf_o \pm nf_c \right|, \text{ donde } m \text{ y } n \text{ son números enteros desde 1 a } \infty$$

Es decir,
$$F_i = \left|f_o - f_c\right| + \left|f_o + f_c\right| + \left|2f_o - f_c\right| + \left|2f_o + f_c\right| + \left|2f_o - 2f_c\right| + \left|2f_o + 2f_c\right| + ...$$

A la salida del mezclador de FI se utiliza un filtro de característica de paso constante, que suprime todas las señales de FI excepto la de frecuencia f_i, tal que,

$$f_i = f_o - f_c$$

f_i es la denominada frecuencia intermedia: un valor constante y siempre menor a la menor de las frecuencias de sintonización f_c.

El filtro del conversor deja pasar sólo aquellas señales de frecuencia f_i. Pero esta frecuencia se puede obtener además de con $(f_o - f_c)$ con otras señales que hayan podido pasar el circuito de sintonización de entrada, denominadas frecuencia imagen:

$$f_i = |mf_o \pm nf_{imagen}| \Rightarrow f_{imagen} = \frac{mf_o \mp f_i}{n} \text{, por ejemplo,}$$

$$\begin{cases} f_i = |f_o - f_{imagen1}| \Rightarrow f_{imagen1} = f_o + f_i \\ f_i = |2f_o - f_{imagen2}| \Rightarrow f_{imagen2} = 2f_o + f_i \\ f_i = |2f_o + f_{imagen3}| \Rightarrow f_{imagen3} = 2f_o - f_i \\ \quad \ldots\ldots \\ f_i = |3f_o - 2f_{imagen7}| \Rightarrow f_{imagen7} = \frac{3f_o + f_i}{2} \\ \quad \ldots\ldots \end{cases}$$

Existen infinitas frecuencias imagen que pueden atravesar el filtro de FI si alcanzan la entrada del conversor. Por ello, es importante que el circuito de entrada de sintonización las elimine: esta es la razón por la que el ARF sólo amplifica adecuadamente la frecuencia deseada f_c y suprime o reduce todas las demás (no deseadas, que incluyen las imágenes).

Los valores de frecuencia intermedia f_i suelen estandarizarse. Por ejemplo,

- en AM radiodifusión la banda de sintonización está comprendida entre 540KHz y 1620KHz y se utiliza una f_i de valor 455KHz;
- en FM radiodifusión la banda de sintonización está comprendida entre 88MHz y 108MHz y se utiliza una f_i de valor 10.7MHz.

Si la frecuencia intermedia f_i es fija, eso significa que en el receptor cuando cambiamos el valor de sintonización f_c en el circuito "tanque", también debemos cambiar en la misma cantidad el valor de la frecuencia local f_o en el oscilador local.

Por ejemplo, si sintonizamos 540KHz en AM, la frecuencia local debe valer (455+540)KHz, es decir, 995KHz de manera que f_i=995KHz-540KHz=455KHz

¿Qué ventaja presentan los receptores heterodinos frente a los de medida directa, teniendo en cuenta que son más complejos?:

- ✓ Selección de sintonía: un filtro funciona mejor (mayor calidad de filtrado) cuanto menor es la frecuencia a la que trabaja; en el caso de los heterodinos el detector debe trabajar a una frecuencia mucho menor (FI) y constante que en el de los de medida directa (RF), que además trabaja con frecuencias variables.

1.3.3 Control Automático de Ganancia (CAG)

En un receptor cuando ajustas el potenciómetro final a un valor concreto interesa que la señal moduladora de salida tenga un nivel constante. Por ejemplo, si la señal moduladora es de audio, para un volumen determinado nos interesa "oír" ese audio con un nivel sin "bajadas", ni "subidas". Es evidente que para los circuitos planteados hasta ahora en el receptor, si nos alejamos del transmisor la señal de salida tendrá una amplitud cada vez más pequeña, y viceversa, siempre para una posición fija del potenciómetro de salida.

El circuito de CAG va a servir para controlar la ganancia de las etapas amplificadoras del receptor, de manera que cuando la señal sintonizada sea pequeña, actúa incrementando esta ganancia y, al revés, cuando la señal de entrada seleccionada crezca en amplitud.

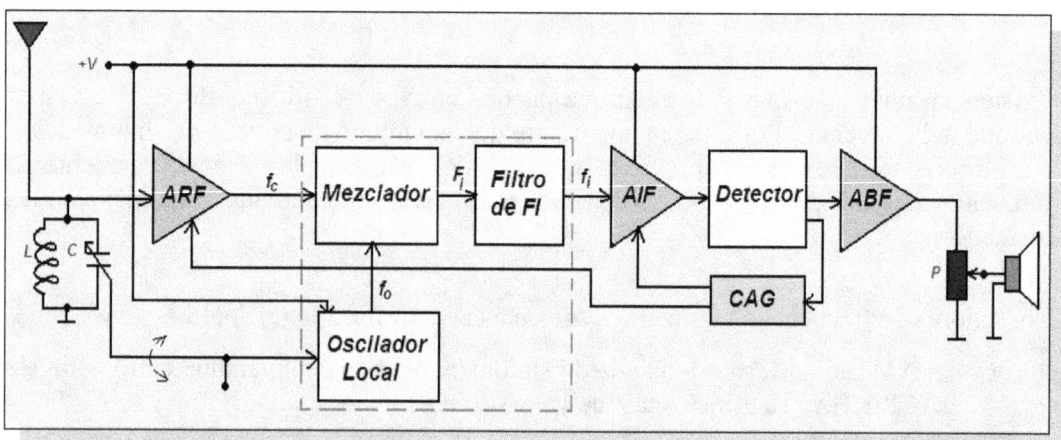

El CAG actúa de forma automática sobre la ganancia de las etapas de ARF y AIF: en primer lugar sólo sobre la ganancia de ARF y, cuando alcanza su valor máximo o mínimo y es necesario continuar, lo hace también sobre la ganancia del AIF.

1. Sistemas de Comunicación

La actuación del CAG se ve influida por el nivel de señal que nos interesa que alcance el ABF que debe de ser constante, independientemente del nivel pequeño o grande de la señal modulada sintonizada.

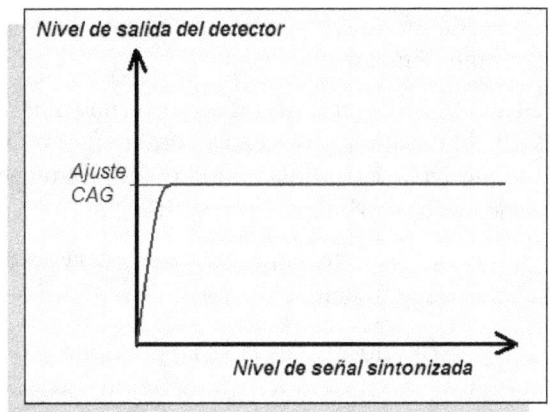

La señal de nivel constante en el ABF se ofrece con amplitud variable a la salida mediante el potenciómetro de salida.

1.4 Transmisores.

Equipos electrónicos utilizados en la comunicación que ejecutan las siguientes operaciones:

- Generación de la señal de Portadora: A partir de un oscilador de RF que debe de producir la señal de RF de elevada frecuencia lo más estable que sea posible.
- Modulación: generación de la señal modulada partiendo de la señal portadora generada internamente y de la señal moduladora que se pretende transmitir. Normalmente, utilizan circuitos multiplicadores para producir AM.
- Amplificación: la señal modulada debe adquirir suficiente potencia en la transmisión para conseguir el alcance adecuado en el entorno de transmisión. La última etapa de transmisión es por tanto un ARF. También suele ser necesaria una etapa de ABF para la señal moduladora inicial previa su modulación.

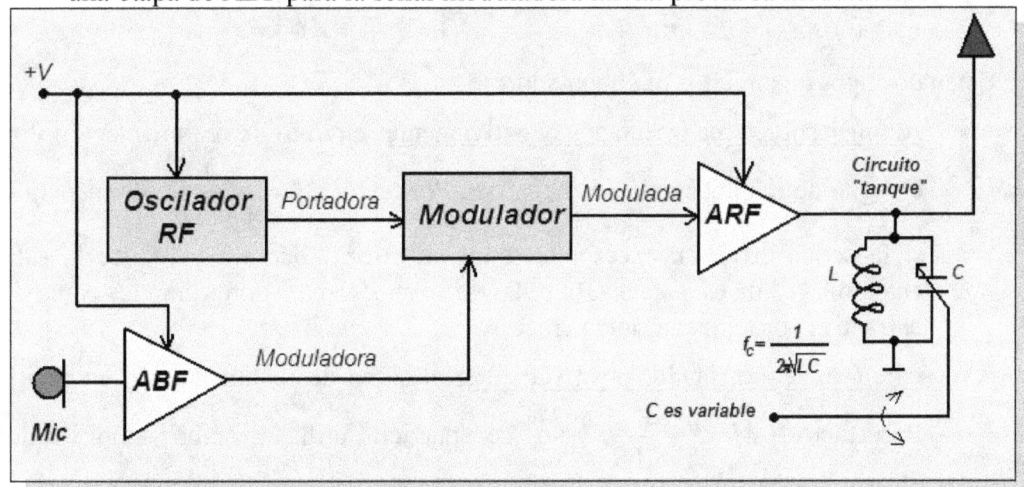

Sistemas de Comunicaciones y Navegación en las Aeronaves

Un oscilador de RF consiste en circuitos resonantes utilizados como parte de un circuito con realimentación.

En un circuito realimentado existe una línea denominada de realimentación que lleva parte de la salida y la mezcla con la entrada, haciendo que la función de trasferencia del circuito (relación salida/entrada) cambie respecto al circuito sin realimentación. Utiliza como circuito principal un amplificador de ganancia A.

Un circuito realimentado trabaja con una señal de error ε combinación de la entrada e y le señal de realimentación βs,

$\varepsilon = e \pm \beta s$, donde s es la señal de salida y $\beta \leq 1$, la proporción que se toma de señal

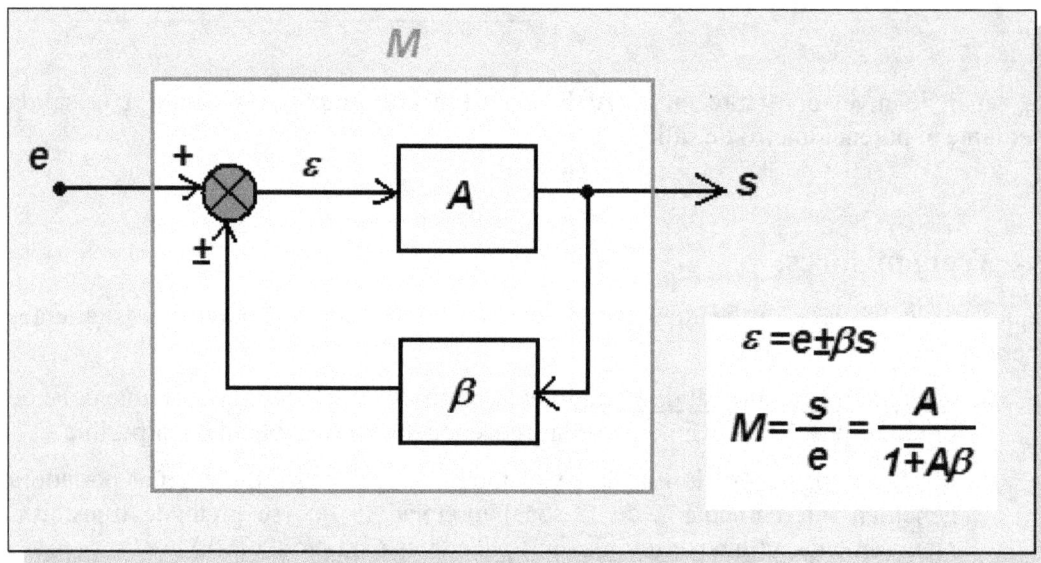

Si la función de transferencia del circuito realimentado es $M = \dfrac{s}{e}$, se obtiene,

$$M = \frac{s}{e} = \frac{s}{\varepsilon \mp \beta s} = \frac{s/\varepsilon}{1 \mp \beta s/\varepsilon} \quad \Rightarrow \quad \boxed{M = \frac{A}{1 \mp A\beta}}$$

Existen dos tipos de circuitos realimentados:

- <u>Amplificadores realimentados negativamente</u>: circuito de realimentación donde el signo de realimentación es negativo. Por tanto, $M = \dfrac{A}{1 + A\beta}$, de manera que si la salida crece en exceso, la señal de error ε decrece y reduce la salida; cuando la salida es pequeña, la señal de error ε toma valores grandes cerca de la entrada e, por lo que la salida crece.

- <u>Circuitos realimentados positivamente</u>: el signo de realimentación es positivo. Por tanto, $M = \dfrac{A}{1 - A\beta}$. No se pueden utilizar como amplificadores realimentados, ya que la salida diverge, debido al incremento inestable de la señal de error con la salida realimentada. La aplicación de este tipo de circuito es en los osciladores.

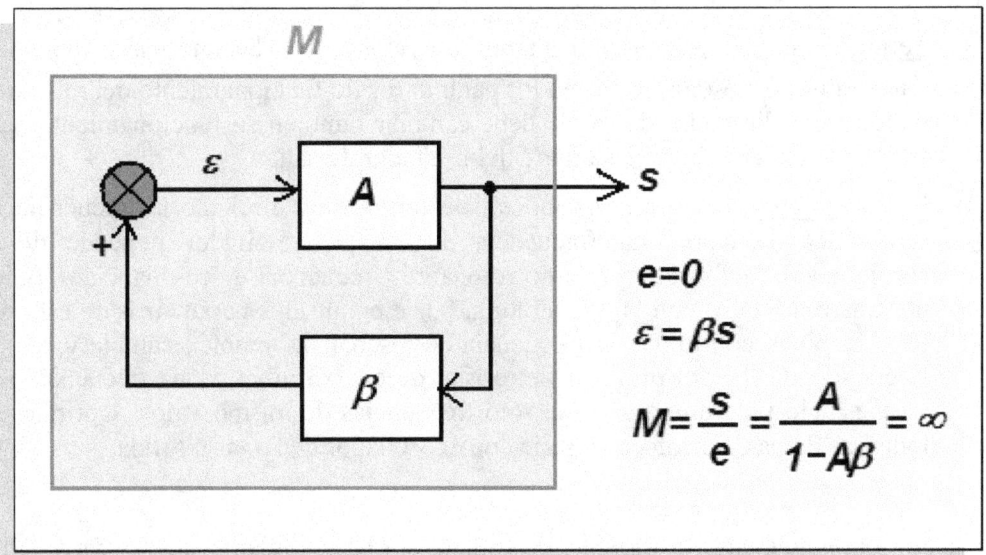

Un oscilador es en realidad un circuito realimentado positivamente sin señal de entrada ($e=0$). Teniendo en cuenta que $M = \dfrac{s}{e}$ y, que en un oscilador existe salida s utilizando $e=0$, la ganancia del mismo debe ser, $M = \infty$. Por tanto, en un oscilador debe cumplirse que,

$$1 - A\beta = 0 \Rightarrow \boxed{A\beta = 1}$$

Es decir, en un oscilador lo que crece la señal al pasar por el amplificador (A), debe reducirse en la misma proporción en el circuito resonante de realimentación ($\beta = \dfrac{1}{A}$).

El que exista salida s sin entrada e, no quiere decir que la señal se genere de la "nada". El amplificador interno recibe alimentación de continua y ésta es la energía que se utiliza para producir la salida. Ahora bien, el oscilador al ser un circuito realimentado positivamente es muy inestable:

- ✓ Si $A\beta > 1$, la salida diverge ya que la amplitud se hace cada vez más grande; en realidad, como el amplificador interno está limitado por la tensión de alimentación, llega un momento en que se satura y recorta la señal de salida por los "picos".
- ✓ Si $A\beta < 1$, la salida se va haciendo cada vez más pequeña hasta que desaparece.

Un oscilador de RF se ajusta colocando a la salida unos "limitadores" de amplitud obligando a que $A\beta = 1$. Para su calibrado, inicialmente se hace $A\beta > 1$ generando señal de salida y, entonces, se ajusta el imitador de salida hasta que la amplitud sea constante ($A\beta = 1$).

Un oscilador de RF se puede mejorar utilizando algunos complementos:

- Termistores, que permiten mantener el valor $A\beta = 1$ cuando al cambiar la temperatura del oscilador varían los parámetros de funcionamiento del mismo y, por tanto, el limitador de salida debe cambiar también su funcionamiento para adaptarse. El termistor forma parte del limitador de salida.

- Cristal de cuarzo. Permite estabilizar de forma muy eficiente la frecuencia de salida del oscilador. La frecuencia de RF del oscilador depende de la configuración del circuito interno resonante (frecuencia de resonancia definida por una red RLC); con la temperatura, por ejemplo, los parámetros de esta red RLC cambian con lo que la frecuencia de resonancia también cambia y, así, la frecuencia de RF del oscilador; el cristal de cuarzo vibra a una frecuencia fija muy estable y permite que pase sólo frecuencias de mismo valor, suprimiendo todas las demás. Se coloca en serie con el oscilador de RF a su salida.

El cuarzo son moléculas de dióxido de silicio SiO_2 triangulares que forman redes hexaédricas de cristales.

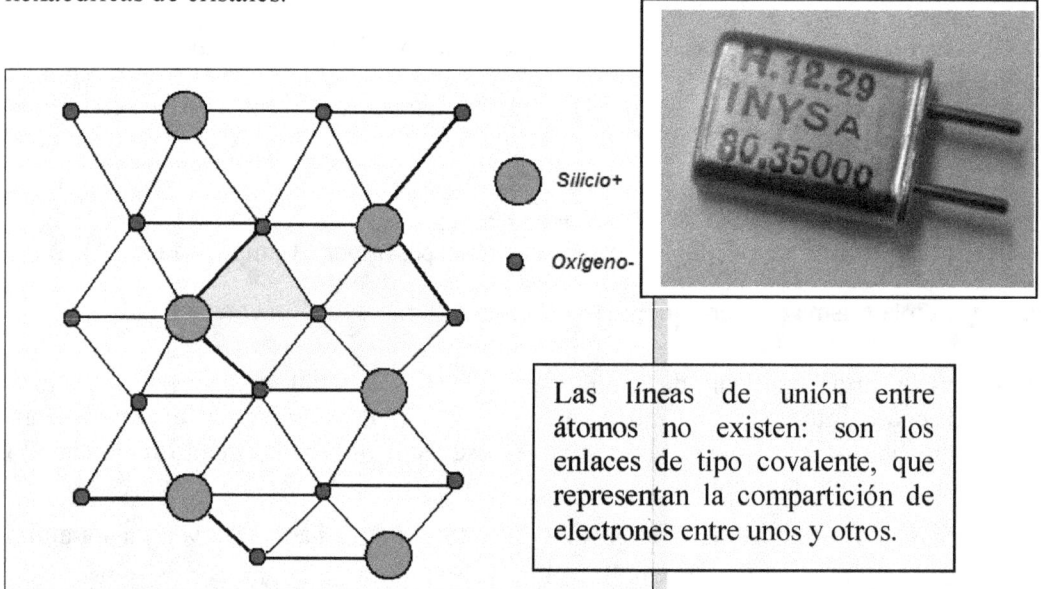

Las líneas de unión entre átomos no existen: son los enlaces de tipo covalente, que representan la compartición de electrones entre unos y otros.

Los cristales de cuarzo se cortan en finas láminas y se empaquetan entre dos placas metálicas (electrodos terminales) a una presión elevada. De esta forma se consigue que,

✓ Los átomos de silicio que tocan un electrodo, como tienen defecto de electrones ($Si +$) absorben electrones del terminal metálico, por lo que sus enlaces con los átomos de oxígeno se debilitan. El terminal correspondiente que pierde electrones se carga positivamente (+).

✓ Los átomos de oxígeno que tocan un electrodo, como tienen exceso de electrones ($O-$) ceden electrones al terminal metálico, por lo que sus enlaces con los átomos de silicio se debilitan. El terminal correspondiente que gana electrones se carga negativamente (-).

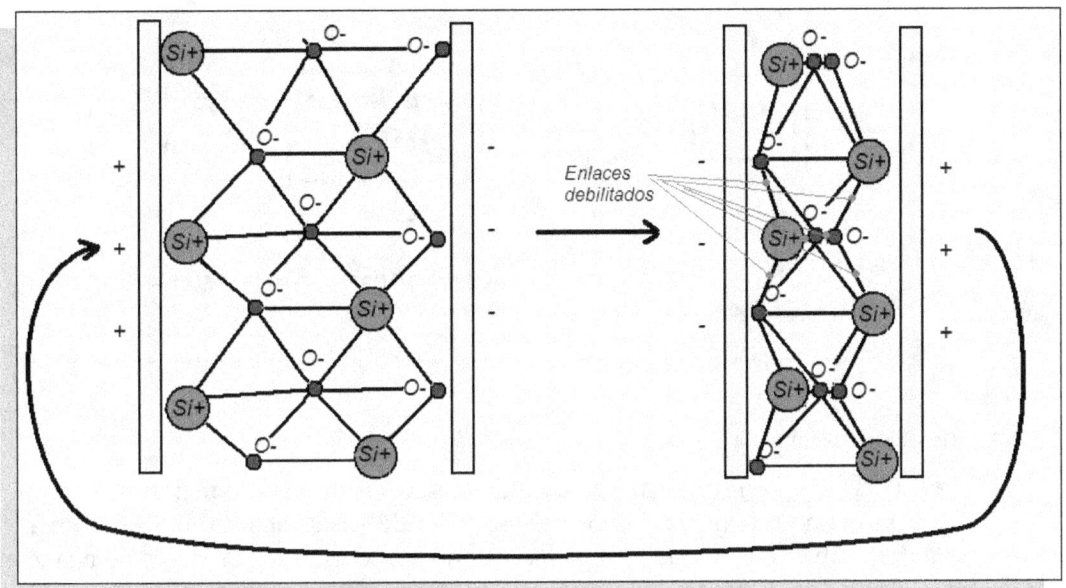

El cristal de cuarzo se ha cortado de manera que exista inicialmente un exceso de contacto de silicio con un electrodo y por otro lado un exceso de contacto de oxigeno con el otro electrodo. Con la presión de empaquetado se consigue que exista transferencia de electrones entre el cuarzo y los electrodos, por lo que aparece una diferencia de potencial entre terminales; el debilitamiento de enlaces del cuarzo en contacto con los electrodos y la presión de empaquetamiento hace que los cristales de cuarzo cambien de forma, de manera que donde había contacto de silicio-electrodo habrá ahora contacto de oxígeno-electrodo y viceversa; esto hace que cambie la polaridad de ambos electrodos y por tanto, el signo de la diferencia de potencial entre terminales; además, los anteriores enlaces debilitados se refuerzan al cambiar de posición y, los actuales se debilitan al sufrir una nueva transferencia de electrones con los electrodos.

En definitiva, se genera entre los terminales una diferencia de potencial alterna con una frecuencia que dependerá de cómo se haya cortado inicialmente los cristales de cuarzo, de la cantidad de cuarzo y de la presión de empaquetado.

Se pueden conseguir frecuencias muy estables, pero siempre fijas una vez que el elemento cristal ("Xtal") está construido.

Un Xtal funciona en un circuito electrónico del siguiente modo:
- Actúa como una resistencia R de valor pequeño (Ω a $K\Omega$) cuando se encuentra en resonancia, esto es, al aplicarle una tensión de misma frecuencia.

- Actúa como una resistencia de valor muy elevado (MΩ), produciendo un circuito abierto y no permitiendo que la señal de alimentación pase cuando su frecuencia sea distinta.

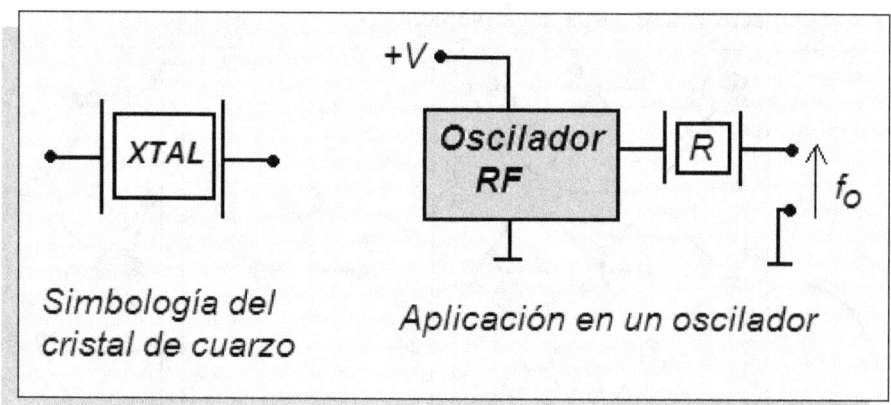

Un transmisor se caracteriza por tres parámetros:

- Frecuencia de Transmisión: representa la frecuencia de la señal modulada a transmitir. En principio, procede del oscilador de RF e interesa que sea lo más estable posible, por lo que en muchas ocasiones se usan los cristales de cuarzo en el oscilador generador de portadora como medio para proporcionar precisión. Por otro lado y, como hasta alcanzar la antena de transmisión intervienen otros muchos elementos y etapas intermedias, se utiliza un circuito "tanque" como etapa final de estabilización de frecuencia de señal modulada.

- Potencia de Transmisión: proporcionada por el ARF y repartida entre las distintas componentes de la señal modulada.

- Tipo de Modulación: determinada por el modulador utilizado. A parte de cómo se trate la combinación de portadora y moduladora (en amplitud, fase o frecuencia), existen dos tipos de moduladores dependiendo del nivel que se pretenda conseguir de salida de señal modulada:

    o **A Bajo Nivel**: cuando la frecuencia de la modulada no es excesivamente grande (en RF) se utilizan moduladores que trabajan con operaciones algebraicas (multiplicadores y sumadores-restadores), fáciles de implementar con circuitos integrados electrónicos de pequeño tamaño. La modulación se realiza antes de la etapa final de potencia.

    o **A Alto Nivel**: si la frecuencia de la modulada es elevada (en MW) no se pueden utilizar ya moduladores de pequeño tamaño (CI). Son necesarios elementos que manejen grandes potencias de señal:

        ▪ Magnetrón: Tubo generador de un haz de electrones guiado a través de un campo magnético de gran potencia, capaz de modular el haz haciéndolo pasar por una serie de huecos (oquedades) y cambiando su velocidad. Generan potencia continua de alrededor de 1Kw, para una frecuencia de 1GHz; la potencia se ve reducida con el aumento de la frecuencia.

- Klystrón: Tubo de vacío generador de un haz de electrones modulado por velocidad mediante una serie de rejillas intermedias y que termina en una etapa de amplificación del haz, generadora de la corriente eléctrica de microondas. Pueden trabajar a frecuencias por encima de los 200GHz.

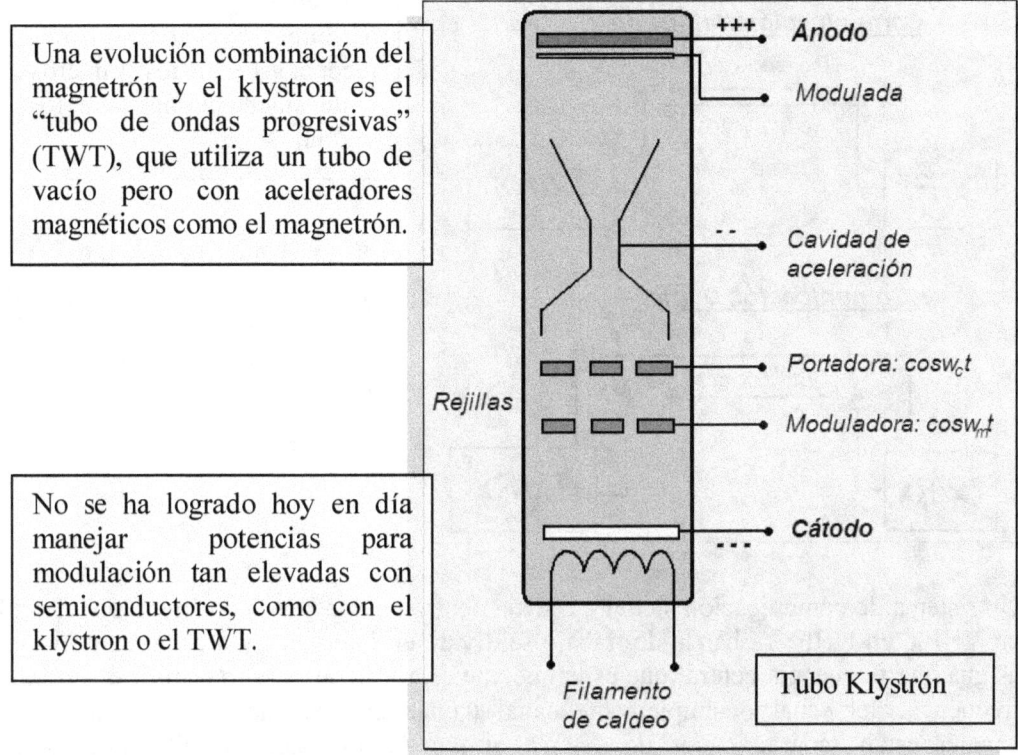

Una evolución combinación del magnetrón y el klystron es el "tubo de ondas progresivas" (TWT), que utiliza un tubo de vacío pero con aceleradores magnéticos como el magnetrón.

No se ha logrado hoy en día manejar potencias para modulación tan elevadas con semiconductores, como con el klystron o el TWT.

1.5 Sistemas de Comunicación Múltiple.

Atendiendo a la capacidad de comunicación en un sistema estos se van a clasificar del siguiente modo:

- Simplex: Sistema que sólo permite comunicación unidireccional. Un transmisor enlazado con un receptor. Por ejemplo, radiodifusión AM o FM, o TV
- Semi-Duplex (Half-Duplex): Sistema que permite comunicación bidireccional pero no simultánea. El sistema trabaja con transceptores: un transmisor-receptor de antena única. Por ejemplo, un par de "walkie-talkies".
- Duplex o Full-Duplex: Sistema capaz de mantener una comunicación de forma simultánea bidireccional. El sistema trabaja con transceptores pero de antenas independientes. Por ejemplo, comunicaciones vía satélite.

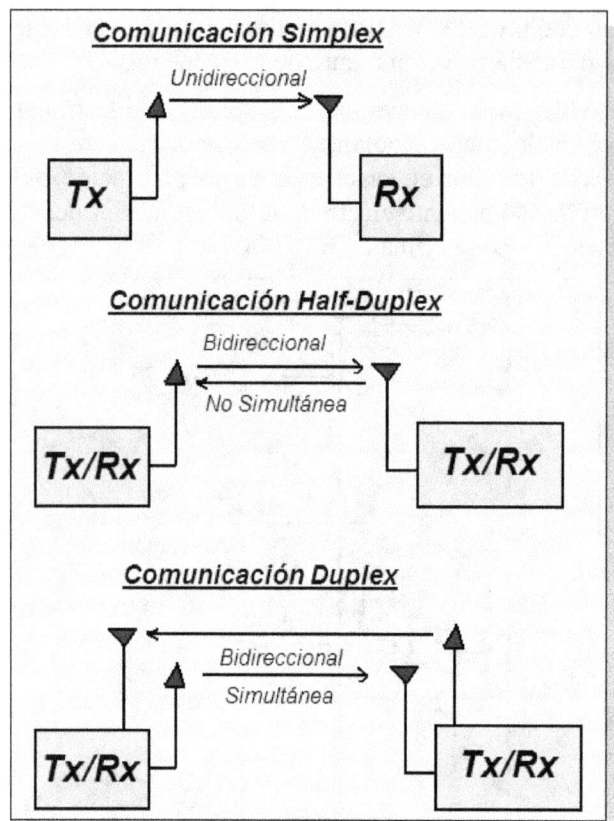

> Observar que los sistemas half-duplex y full-duplex utilizan transceptores, que pueden ser de antena única (común transmisión-recepción) para los primeros o de antena doble, para los segundos.

Un sistema de comunicación siempre trabaja dentro de una banda concreta, por ejemplo, en VHF o en UHF. La banda de trabajo se divide en intervalos y a cada intervalo se le asigna una frecuencia central que es la que vamos a utilizar para transmitir o sintonizar: frecuencia del canal o simplemente canal ("channel frequency" o "channel"). Dos canales están separados por un "step": el tamaño del step permite que no haya solapamientos entre el contenido de dos canales contiguos. Por ejemplo, en FM radiodifusión se utiliza un step de 200KHz, teniendo en cuenta que f_d máxima es de 75KHz.

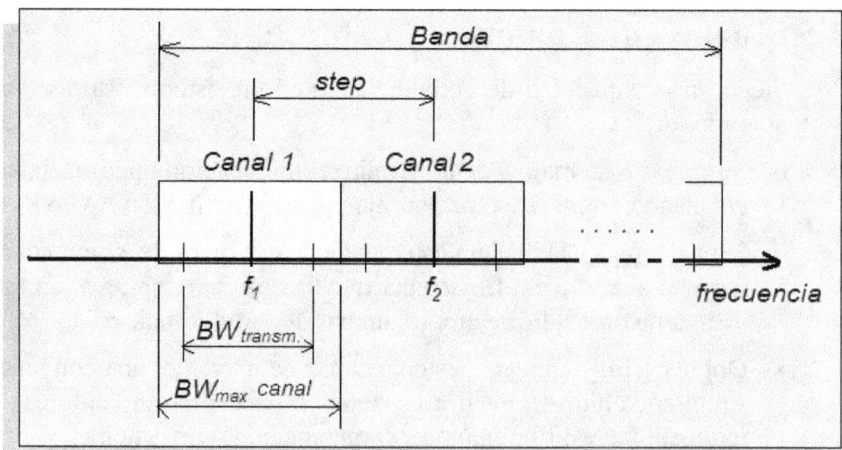

1. Sistemas de Comunicación

Un transceptor puede trabajar con dos tipos de canales:

- Canal Único ("Single Channel"): Misma frecuencia para transmisión y recepción. Utilizado por los sistemas half-duplex y, por supuesto, en los simplex.
- Canal Doble ("Double Channel"): Una frecuencia para transmisión y otra distinta para recepción, lo que permite simultaneidad. Utilizado por los sistemas dúplex.

Por otro lado, atendiendo a la cantidad de información que lleva una moduladora en un proceso de modulación, se consideran dos tipos de moduladoras:

- Simplex: La moduladora, sea un tono o una banda de frecuencia, no requiere procesos de reordenación de la información. Hasta ahora, en este libro sólo se han tratado moduladoras simplex.
- Multiplex: Moduladora que requiere procesos de reordenación, utilizando la técnica de multiplexación de división en frecuencia, de forma que no exista solapamiento de información. Por ejemplo, supuesto que queremos tener una moduladora compuesta por dos bandas de audio de 15KHz; como comparten frecuencias no se pueden sumar directamente ya que se solapan; la solución es transladar en frecuencia una de las dos bandas de manera que al sumarlas no se solapen.

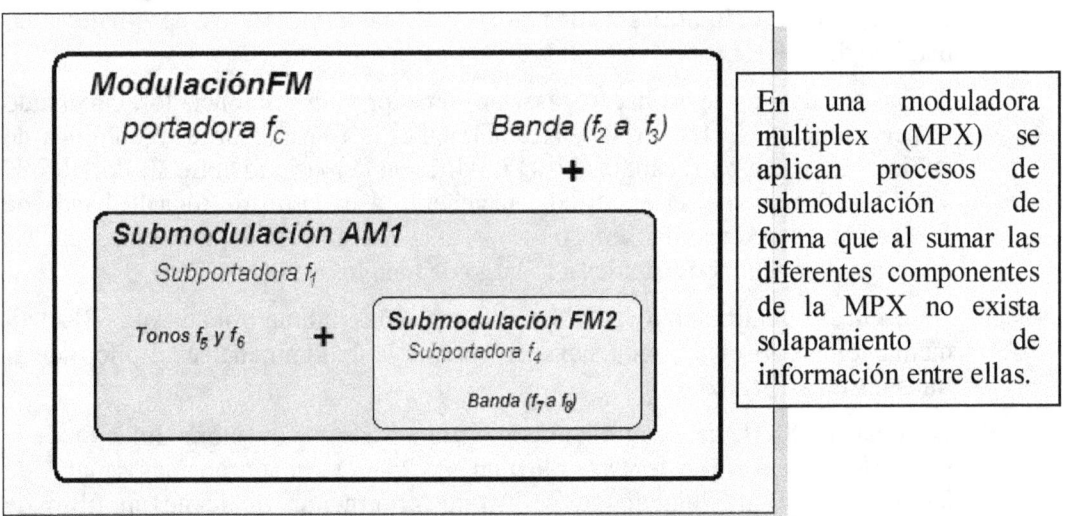

En una moduladora multiplex (MPX) se aplican procesos de submodulación de forma que al sumar las diferentes componentes de la MPX no exista solapamiento de información entre ellas.

Ejemplo:

MPX=Banda(f2 a f3)+AM1[f1(Tonos f5 y f6+FM2[f4(Banda(f7 a f8))])]

La submodulación en una MPX es independiente del proceso de modulación posterior que se vaya a aplicar.

Un transmisor sólo emite simultáneamente una señal modelada y, por tanto, sólo puede haber un proceso de modulación, con una única portadora. Sin embargo, la moduladora puede ser MPX y contener todos los procesos de submodulación que se quiera, habiendo una subportadora por cada uno de ellos.

Incluso se pueden llevar a cabo submodulaciones dentro de otras submodulaciones y, además, de tipos diferentes. Es evidente, que cuantas más submodulaciones apliques, mayor será el ancho de banda de la MPX: éste va a ser el parámetro real que limita el número de submodulaciones a utilizar dentro de una misma MPX.

1.5.1 Transmisiones Estereofónicas.

Un ejemplo de comunicaciones múltiples son las transmisiones de radiodifusión en FM estereofónicas.

La estereofonía consiste en la utilización de dos canales de información independientes. La información de ambos canales suele ser de audio.

La transmisión estereofónica utiliza la modulación en frecuencia sobre una única señal portadora y, de forma simultánea, de los dos canales independientes, generando una señal múltiple ("Multiplex" o MPX) como única moduladora del proceso.

En el transmisor se sigue el siguiente proceso:

- ✓ En baja frecuencia (audio) se parte de dos señales eléctricas representativas de los dos canales a transmitir, que vamos a denominar canal I y canal D.
- ✓ Siendo audio, se limita la banda de I y D mediante filtros paso-bajo a un máximo de 15KHz.
- ✓ Ambas señales, I y D, se hacen pasar un sumador y un diferenciador, generando respectivamente, (I+D) y (I-D). Normalmente, la transmisión estereofónica de audio es tal que ambos canales I y D no difieren demasiado entre sí. Por ello, la señal (I+D) aumenta su amplitud, en general, a lo largo de toda la banda de 15KHz, mientras que la señal (I-D) reduce su amplitud, al representar las diferencias entre ambos canales a lo largo de toda la banda.
- ✓ Un oscilador controlado a cristal genera una señal interna estándar de 38KHz y mediante un divisor de frecuencias se obtiene la denominada señal piloto de la transmisión a 19KHz.
- ✓ La señal de 38KHz se va a utilizar como subportadora para submodulación de la señal (I-D) en AM_DBL. Para ello, un modulador trabaja con las señales de 38KHz y (I-D) modulando en AM y posteriormente, mediante un filtro de rechazo, suprimir la subportadora de 38KHz, para obtener DBL.
- ✓ Una última etapa mezclador-sumador define la señal multiplex (MPX):

$$MPX = (I+D) + AM\_DBL(I-D) + Piloto(19KHz)$$

1. Sistemas de Comunicación

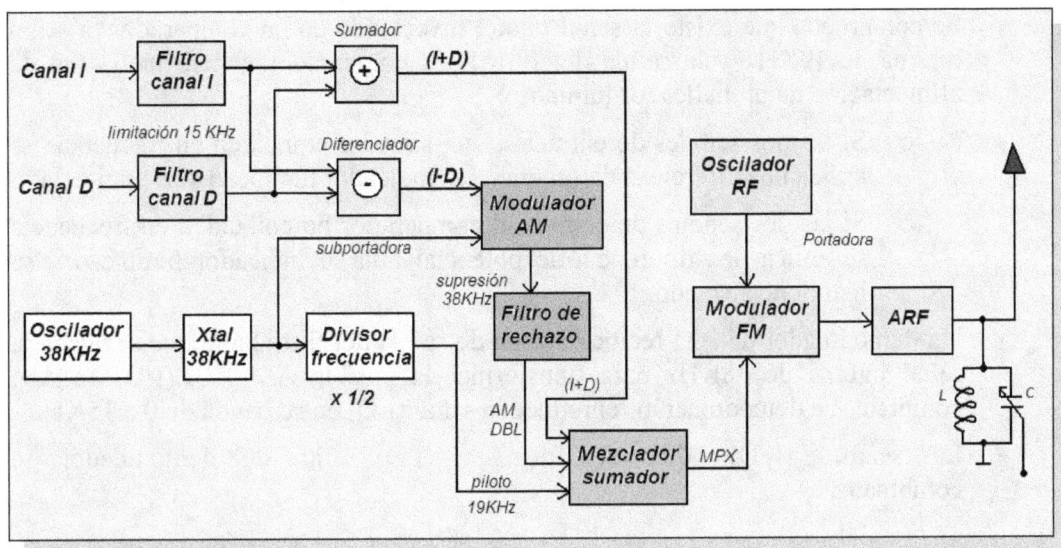

Las transmisiones estereofónicas son una evolución del sistema de transmisión monofónico: cuando se crea un sistema nuevo con mejores prestaciones que pretende sustituir a otro más antiguo, debe funcionar en el periodo de transición de forma compatible con el sistema más antiguo.

En el caso de las transmisiones estereofónicas, un receptor estéreo va a ser capaz de trabajar con la MPX completa (en estéreo), pero todo receptor monofónico debe poder utilizar también la transmisión estéreo: al recibir la señal MPX sólo reproduce la parte correspondiente a (I+D), que contiene toda la información, ya que es la única que ocupa la parte baja del espectro con la que trabaja un receptor monofónico (20Hz a 15KHz). El resto de la señal MPX, piloto (19KHz) y AM_DBL (I-D) es eliminada por los filtros de moduladora.

El receptor estereofónico sigue el siguiente proceso:
- ✓ Sintonización de la señal transmitida y demodulación FM para extracción de la moduladora completa MPX.
- ✓ Trocear la señal MPX en sus tres componentes haciéndola pasar por filtros paso-banda específicos:
    - o Filtro1. Característica de paso de 19KHz: extracción de la posible señal piloto de 19KHz.
    - o Filtro2. Característica de paso de 23KHz a 53KHz: extracción de la posible señal AM_DBL(I-D) alrededor de los 38KHz y con ancho de banda 2x15KHz.
    - o Filtro3. Característica de paso de 0 a 15KHz: extracción de la posible señal (I+D) de 15KHz de ancho de banda.
- ✓ Mediante un oscilador interno de 38KHz se genera una señal de 19KHz.

- ✓ Se comprueba que existe la señal piloto, inyectando en un comparador la señal interna de 19KHz y la salida del filtro1. El comparador genera una señal de alimentación de un indicador luminoso:
  - o Si las dos señales de entrada al comparador coinciden en frecuencia se aplica una diferencia de potencial al indicador luminoso y se enciende.
  - o Si las dos señales de entrada al comparador no coinciden en frecuencia se aplica una diferencia de potencial nula al indicador luminoso y se mantiene apagado.
- ✓ Un demodulador de AM recibe la señal de salida del filtro2 a la que se añade la señal interna de 38KHz para transformar la posible AM_DBL(I-D) en AM completa. La demodulación reproduce la señal (I-D) en su banda de 0 a 15KHz.
- ✓ Las señales, (I+D) salida del filtro3 y, (I-D) salida del demodulador, se combinan:
  - o **Sumador:** (I+D)+(I-D)=2I
  - o **Diferenciador:** (I+D)-(I-D)=2D
- ✓ Las señales 2I y 2D (el 2 representa doble de amplitud respecto del original) se pasan a sus respectivos e independientes ABFs (ABBs) de audio.

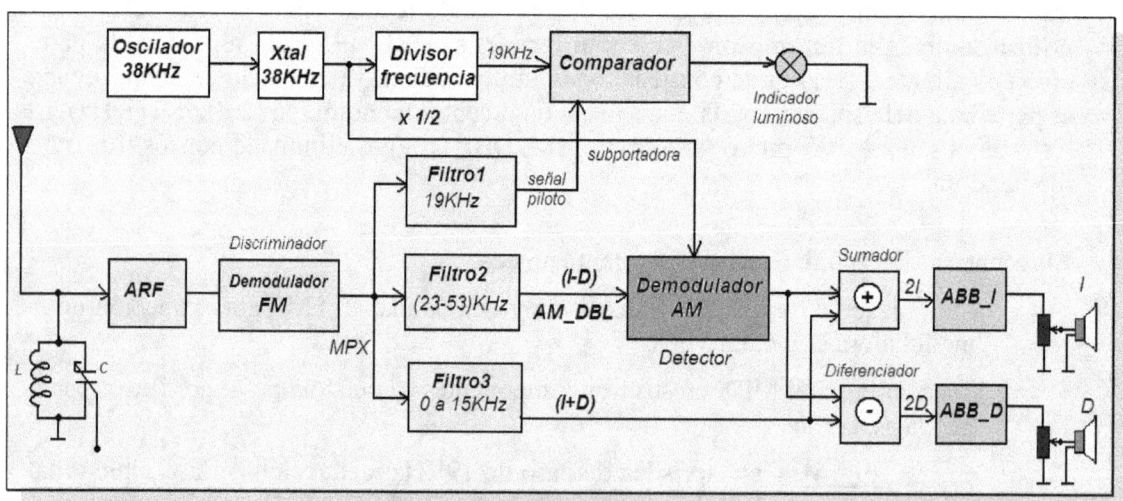

1.5.2 Ejercicios de Comunicaciones Multiplex.

La solución a los ejercicios propuestos se da al final del Capítulo.

Problema 1 Dado un receptor multicanal de 5 bandas (canales múltiples de audio en una única moduladora MPX, generada a partir de varias subportadoras) en donde,

- Cada banda de audio está limitada con 18KHz.

- Para obtener la señal de los canales 2, 3,4 y 5 hay que demodular la MPX en AM_DBL:
    - La subportadora original es de 158KHz y corresponde al canal5. Existe una señal auxiliar de 40KHz para generación del resto de subportadoras.
    - La subportadora4 es la original menos la señal auxiliar y corresponde al canal4.
    - La subportadora3 es la subportadora4 menos la señal auxiliar y corresponde al canal3.
    - La subportadora2 es la subportadora3 menos la señal auxiliar y corresponde al canal2.
- El canal1 no utiliza submodulación: banda de 0 a 18KHz.
- Existe un selector de canales (conmutador de bandas) basado en un MUX doble y sólo se usa un demodulador y un ABF.
- La demodulación principal es en frecuencia con portadora de 107MHz.

(a) Representar la MPX en frecuencia.

(b) Diseñar el receptor mediante diagrama de bloques.

(c) ¿Qué filtros serán más precisos: los usados en la selección de bandas o el usado en la demodulación FM? ¿Porqué?

Problema 2 Diseñar mediante diagrama de bloques el transmisor correspondiente al receptor del problema anterior.

Problema 3 Un receptor Localizador ILS para aterrizaje utiliza 4 señales básicas moduladas en FM-VHF a 110MHz, usando moduladora MPX:

- Subportadora original de 100KHz y 100mv correspondiente al canal1.
- Canal1: señal de voz submodulada al 40% en AM, limitada por filtro de 18KHz.
- Canal2: señales de navegación de 90Hz y 150Hz, con sus respectivos filtros limitadores de 40Hz cada uno, submoduladas AM al 20%. Alimentan dos pilotos indicadores en la recepción por comparación. Subportadora2 es la subportadora original más 20KHz.
- Canal3: Señal de identificación de 1020Hz submodulada AM al 5%, conectada a piloto indicador por comparación. Filtro limitador de 2KHz centrado sobre la señal. Subportadora3 es la subportadora2 más 3KHz.

(a) Representar la MPX en frecuencia y tensión.

(b) Diseñar el receptor mediante diagrama de bloques.

(c) ¿Depende la frecuencia f_i de la señal modulada del ancho de banda de la señal MPX?

(d) Si la desviación de frecuencia f_d es de 200KHz, ¿Cuál es el valor máximo y mínimo de f_i? ¿Y el ancho de banda de la señal modulada?

Problema 4 Diseñar mediante diagrama de bloques el transmisor correspondiente al receptor del problema anterior.

1.6 Antenas.

La clasificación más general que existe para los elementos eléctricos es la siguiente:

- <u>Elementos Circuitos</u>: Se utilizan para procesamiento de señales (filtrado, amplificación, generación).
- <u>Elementos Radiantes</u>: Producen irradiación de energía electromagnética (OEM) al exterior.

El que un componente eléctrico sea de un tipo o de otro depende de la relación tamaño físico/longitud de onda de trabajo.

- En los elementos circuitos: tamaño<<longitud de onda
- En los elementos radiantes: tamaño≈longitud de onda

En la práctica, todo elemento eléctrico tiene parte de circuito y parte de radiante: cuando hablas de un elemento circuito significa que su parte radiante está minimizada, es decir, no interesa que las señales que trata escapen al exterior; en un elemento radiante va a interesar que toda señal que circula por él se irradie en forma de OEMs, lo cual va a ser imposible de conseguir al 100%.

De la relación tamaño/longitud de onda λ del elemento se extraen las siguientes conclusiones:

- ✓ Cuanto mayor es la frecuencia (menor λ) de las señales con las que trabaja un circuito, más cantidad puede manejar por unidad de tiempo: es decir, funciona a mayor velocidad. El problema es que para que estas señales no se irradien y "escapen" al exterior del circuito hay que disminuir sus dimensiones. Por tanto, para conseguir circuitos que manejen cada vez más cantidad de señales y en menos tiempo es necesario disminuir la denominada "escala de integración": circuitos cada vez más pequeños (Circuitos integrados o CI).
- ✓ Cuanto mayor es la frecuencia (menor λ) de las señales con las que trabaja un circuito, más pequeño es el elemento radiante necesario para irradiar el resultado del circuito para comunicación inalámbrica y, menos alcance tiene para misma potencia de transmisión.

Es normal utilizar la nomenclatura "antena" para los elementos radiantes.

Las propiedades de una antena para transmisión son las mismas que para recepción.

1. Sistemas de Comunicación

Según el modo de emisión se consideran dos tipos de antenas:

- Isotrópicas: Irradian por igual en cualquier dirección del espacio alrededor de la antena.
- Directivas: La amplitud de la radiación es variable en función de la dirección considerada.

Una antena irradia energía en forma de OEMs que se propagan en el espacio en forma de campo electromagnético (EM), compuesto por la combinación de un campo eléctrico (E) y un campo magnético (H). Alrededor de la misma se consideran dos campos de emisión-recepción:

- Campo de Inducción: Producido en las cercanías de la antena, representa un campo magnético elevado creado por la corriente eléctrica que circula por la antena física. En esta zona no existe campo EM, ya que el campo E no se combina adecuadamente con el campo H. Como las comunicaciones inalámbricas utilizan el campo EM entre Tx y Rx para la transferencia de señales, en esta zona no es posible la comunicación. El tamaño de esta zona depende de la frecuencia y la potencia de transmisión: tanto mayor cuanto menor sea la frecuencia y mayor la potencia de transmisión.
- Campo de Radiación: Producido como consecuencia de la combinación adecuada del campo E y el campo H generado por la antena, dando lugar al campo EM. Define el entorno de propagación de la comunicación inalámbrica.

Los campos E y H de una OEM son perpendiculares entre sí y permiten que la onda se propague en la dirección perpendicular a ambos denominada ***vector de Poynting***, definido como,

$$\overline{P} = \overline{E} \wedge \overline{H}$$

1.6.1 Definiciones y Características de Antenas

Impedancia

En una línea de transmisión existe una impedancia característica definida como $\boxed{Z_0 = \sqrt{L/C}}$, donde L es la inductancia de una determinada longitud de línea y C la capacitancia para la misma cantidad de línea. Por ejemplo,

- ✓ en aeronaves se utilizan impedancias de acoplamiento entre equipos de 50Ω, por lo que es común usar cable coaxial RG58 con tal impedancia característica; los equipos de medida y generadores de señal en aviónica usan también este valor de impedancia;
- ✓ los equipos de televisión y vídeo usan impedancias de 75Ω (incluido el sistema de entretenimiento del pasaje del avión o PES), por lo que suele utilizarse a su alrededor cable coaxial RG59 con esta impedancia;
- ✓ en la industria del audio y sus equipos relacionados, generadores, medida, .., está estandarizada la impedancia de 600Ω.

Sistemas de Comunicaciones y Navegación en las Aeronaves

Multitud de dispositivos para RF o MW utilizan un conector de entrada (receptor) o de salida (transmisor) de 50Ω, por lo que la antena correspondiente debe contar con esta misma impedancia, además del cable de acoplamiento.

Otras antenas, sin embargo, son de 75Ω, para el caso de TV o radiodifusión FM, 140Ω para las antenas de hélice usadas en radiodifusión AM o 377Ω para las guías de onda.

El espacio libre presenta una impedancia característica de 377Ω.

La transferencia de energía más eficiente se produce cuando existe un acoplamiento perfecto entre equipo generador de impedancia y antena.

Para definir el grado de acoplamiento entre equipo (Tx o Rx) y antena se utiliza el concepto de "relación de ondas estacionarias" o SWR (VSWR o "Voltage Stationary Wave Ratio"):

$$\boxed{VSWR = \frac{1+\sqrt{\phi}}{1-\sqrt{\phi}}} \quad \text{con} \quad \boxed{\phi = \frac{W_{\text{Ref}}}{W_{Fw}}}$$

, donde W_{Ref} es la potencia reflejada y W_{Fw} es la potencia hacia delante. Es decir, si el equipo es un Tx que genera una potencia incidente de valor W_{inc}, se considera que la antena sólo radia $W_{Fw} = W_{inc} - W_{\text{Ref}}$ y, el resto de valor W_{Ref}, se devuelve reflejado hacia el Tx de nuevo.

Es evidente que interesa que la $W_{\text{Ref}} = 0$, de manera que toda la potencia generada por el Tx alcance la antena y se radie al exterior. De esta manera, SWR=1 siendo el mejor de los casos, imposible de conseguir en la práctica. Normalmente el SWR se expresa, por ejemplo, como 1:1.5, que representa un SWR=1.5, siendo el primer 1 el valor ideal.

El SWR es un indicador de la eficiencia de la antena: una antena que tiene un mal acoplamiento con el equipo de impedancia no será un radiador eficiente, aunque un buen acoplamiento no es suficiente para radiar de forma eficiente.

Supuesto un equipo de impedancia característica 50Ω que se acopla a las antenas dadas en la siguiente tabla:

SWR	*Impedancia Antena (Ω)*	*Reducción de ganancia Antena/Tx (en %)*
1.0	50	0.0
1.5	75.33	4.0
2.0	100.25	11.1
3.0	150	25.0
5.0	250.1	44.5
10.0	500.5	67.0

1. Sistemas de Comunicación

Cuanto mayor es la diferencia de impedancia entre Tx y antena, mayor es el SWR y, así, la reducción de ganancia entre antena y Tx.

Eficiencia

Todas las antenas sufren pérdidas. El término eficiencia representa el máximo rendimiento que se puede obtener de una antena. La *eficiencia* multiplicada por la *directividad* nos proporciona la *ganancia*. La idea es partir de una antena patrón omnidireccional (sin direccionalidad) de SWR uno (perfecto), medir sus especificaciones de radiación y utilizarlas como referencia para otras antenas. La eficiencia de una antena cualquiera vendrá dada por el grado de acoplamiento con el equipo generador de impedancia (SWR), la apertura de radiación que proporciona y su capacidad para radiar en diferentes bandas de frecuencia.

Ganancia

Término medible por sustitución de la antena bajo prueba ("Unit Under Test" o UUT) por una antena de ganancia conocida o antena patrón. Dado un campo EM de intensidad conocida, se prueban las dos antenas en recepción y comparando los niveles medidos en ambos casos, se puede determinar la ganancia de la antena UUT.

La ganancia de antena suele expresarse en dB de potencia ($10\log_{10}$).

Tipo de antena	*Aplicación*	*Directividad (apertura: horizontal/elevación)*	*Ganancia*
Monopolo	Comunicaciones	360°x80°	2.5
Dipolo	Comunicaciones	360°x120°	2.0
Hélice (4 espiras)	EW,Comunicaciones	60°x60°	10.0
Hélice (6 espiras)	EW,Comunicaciones	45°x45°	12.0
Hélice (10 espiras)	EW,Comunicaciones	35°x35°	14.0
Bocina estándar	EW,Comunicaciones	22°x24°	16.5
Bocina óptima	EW,Comunicaciones	10°x10°	24.0
Disco pequeño	EW,Comunicaciones	30°x30°	16.0
Disco grande	EW,Comunicaciones	1°x1°	45.0

NOTAS: La hélice es un monopolo helicoidal. La bocina incorpora reflector parabólico. EW es "Electronic War"

Directividad

La directividad expresa la capacidad de concentración de la radiación EM en determinadas zonas alrededor de la antena. Combinada con la eficiencia proporciona el término de ganancia de antena.

Se utiliza la expresión ancho del haz de media potencia o HPBW ("Half Power Band Width") que es el valor angular sólido del haz radiado entre los puntos de media potencia o BW de atenuación 3dB. Es decir, la anchura del haz de radiación viene delimitada por los puntos donde la potencia ha disminuido a la mitad (-3dB=$10\log_{10}0.5$) respecto del máximo que se tiene en el pico del haz:

$$-3dB = 10\log_{10}\left(\frac{W_{límite\_haz}}{W_{max\_pico}}\right), \text{ donde } W \text{ es la potencia de radiación}$$

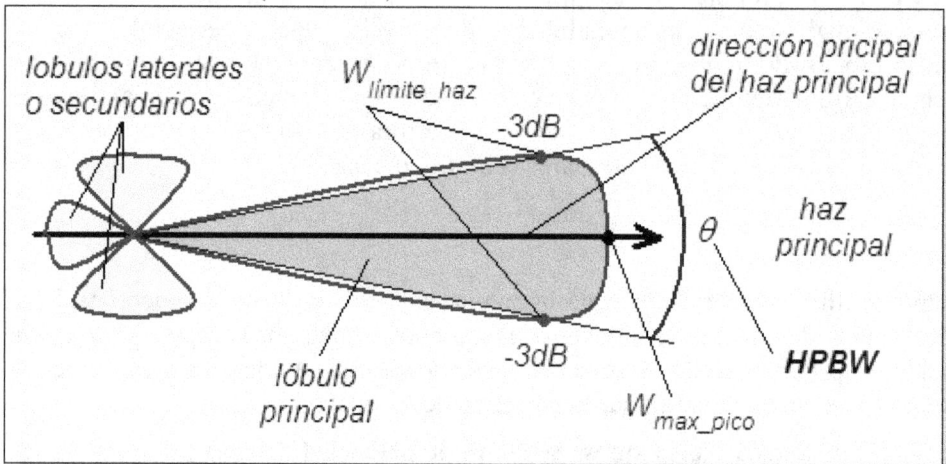

El concepto de HPBW es un ángulo sólido (tridimensional) poco manejable, por lo que suele describirse según sus componentes horizontal (azimut) y vertical (elevación). De esta manera, suele ser habitual hablar de $HPBW_A$ y de $HPBW_E$, respectivamente, que representan ángulos de haz planos.

Una antena omnidireccional (ideal) tendrá la misma cobertura en todas las direcciones y su HPBW=360°x360°. Sin embargo, ejemplos reales nos proporcionan datos como los dados en la tabla anterior:

- ✓ Antena típica omnidireccional de banda ancha (en azimut): 360°x100° con una ganancia del orden de 2dB.

- ✓ Antena parabólica de bocina estándar: 20°x20° con una ganancia del orden de 18dB.

- ✓ Antena de disco, altamente direccional: puede llegar a 0.5°x0.5° con una ganancia del orden de 48dB.

Una ecuación que suele utilizarse para relacionar HPBW con ganancia es la siguiente:

$$G = 10\log_{10}\left(\frac{31000}{HPBW_E \, HPBW_A}\right)$$

Se define el diagrama de radiación de una antena ("ddr") como el gráfico que expresa la forma de la radiación de antena en el espacio a su alrededor, representando por separado en dos planos de azimut (ddr de azimut) y en elevación (ddr de elevación) en coordenadas polares, la ganancia (amplitud) frente a la dirección de transmisión/recepción (ángulo).

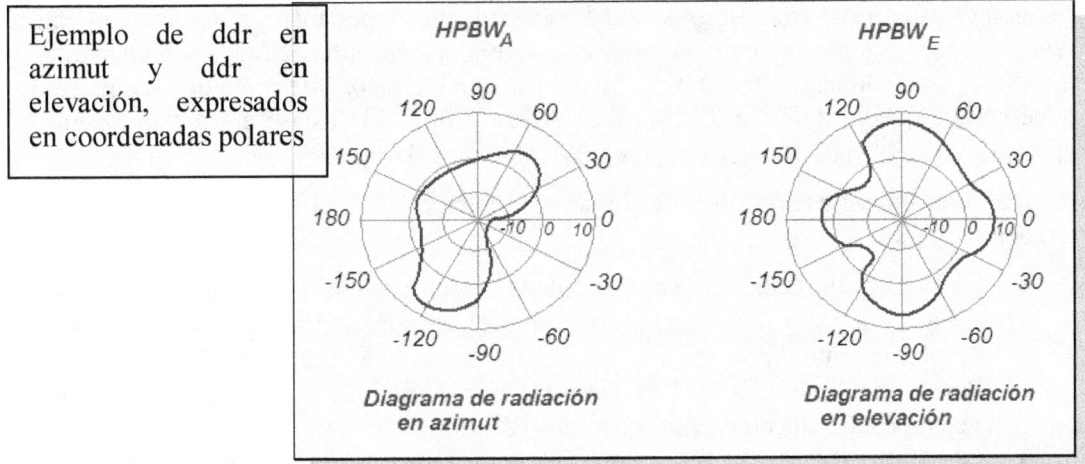

Ejemplo de ddr en azimut y ddr en elevación, expresados en coordenadas polares

Polarización

Influye en la ganancia real de antena, de manera que dado un ddr concreto si la polarización de la antena no es correcta, la ganancia obtenida es menor de lo esperado.

La polarización de una señal EM viene dada por la posición relativa del vector campo eléctrico E respecto del suelo. Se ha elegido el campo eléctrico en lugar del campo magnético, porque en la práctica la posición longitudinal respecto del suelo de una varilla radiante, define precisamente la misma posición del campo eléctrico.

Existe un número infinito de polarizaciones. La polarización óptima de un sistema de comunicaciones es aquel para el que todas las antenas del sistema, sean de transmisión o recepción, tienen la misma polarización, sea cual sea.

Existen varias posibilidades de polarización:

El campo eléctrico se puede definir con una única componente senoidal plana, es decir, en forma de onda senoidal contenida en un plano cuyo ángulo con el suelo de referencia depende de la antena transmisora generadora de dicha onda eléctrica.

El campo eléctrico plano puede ser perpendicular, paralelo o formar otra dirección cualquiera respecto al suelo ("slant"), de manera que define OEM planas verticales, horizontales o con cualquier posición angular, respectivamente.

Para conseguir polarización vertical se usa una varilla radiante vertical; para la polarización horizontal, la varilla radiante debe ser horizontal; para cualquier otra posición plana se deben de combinar varillas radiantes verticales con horizontales y variar la intensidad de E sobre ellas hasta conseguir el ángulo adecuado:

$$E_{horiz} = E_{vert} \Rightarrow polarización\_45°$$

En general, $$\boxed{polarización = arcTg \frac{E_{vert}}{E_{horiz}}}$$

Un desacoplo de polarización plana entre antenas puede suponer una reducción de ganancia de hasta 20dB (para polarización plana transversal: a 90° respecto de la óptima).

Sistemas de Comunicaciones y Navegación en las Aeronaves

Cuando el campo eléctrico de una OEM está constituido por más de una componente senoidal, por ejemplo, cuando un transmisor utiliza una antena de varios elementos (múltiple) o se alimenta de varias formas al mismo tiempo, la resultante eléctrica no tiene porqué quedar definida dentro de un plano. Sólo si el desfase entre componentes eléctricas es de 0° o de 180° el campo eléctrico seguirá siendo plano.

En cualquier otra situación (desfase de componentes eléctricas) se obtendrá una OEM circular o elíptica:

- <u>OEM circular</u> : cuando las componentes eléctricas están en cuadratura de fase (desfase de 90°). Dependiendo del sentido de giro del campo eléctrico en su desplazamiento hacia delante se puede tener RHCP ("Right Hand Circular Polarization") o LHCP. Las pérdidas por desacoplo de polarización pueden llegar hasta 20dB con sentido contrario de giro.
- <u>OEM elíptica</u> : OEM no circular, ni plana. En sección se observa una forma elíptica.

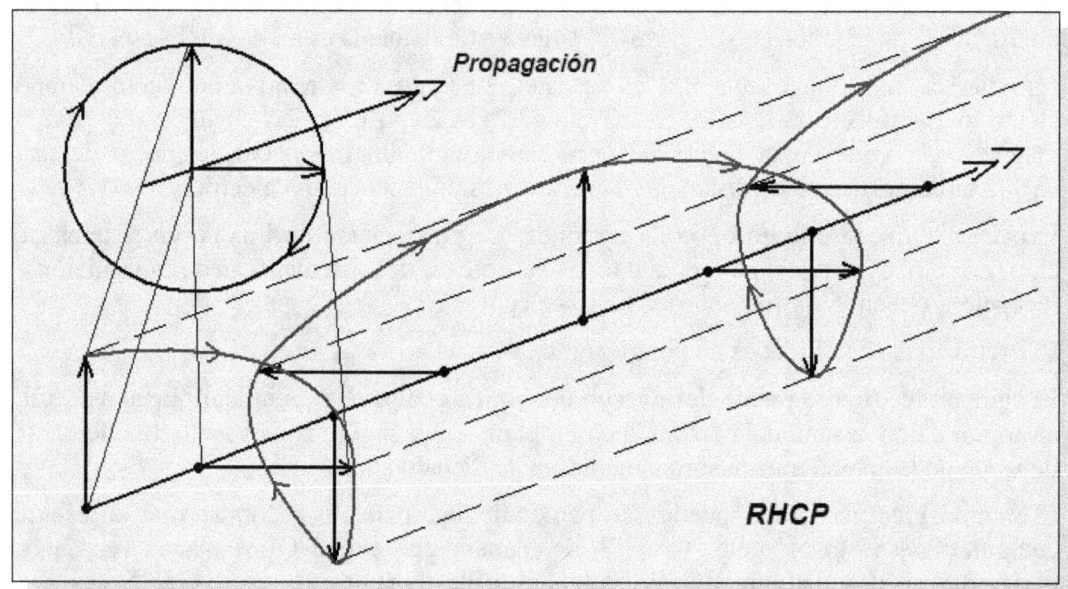

En aeronaves y para telemetría, suele ser habitual utilizar antenas receptoras en tierra con polarización circular y antenas transmisoras a bordo con polarización plana, que dan lugar a un desacoplamiento permanente de 3dB, pero que permiten las maniobras de la aeronave respecto de tierra sin que el enlace sufra grandes pérdidas variables por acoplamiento de polarización cruzada.

1.6.2 Tipos de Antenas

Dependiendo de la frecuencia a la que trabajan y su aplicación, pueden ser:

- De hilo delgado.
  - Monopolo. Antena constituida por un solo brazo recto utilizada en posición vertical de tamaño media longitud de onda. Si aprovecha el plano de masa ("ground plane") se comporta como una antena completa de una longitud de onda y mejora su eficiencia de forma importante. Este plano de masa debe ser conductor: natural, por ejemplo, usando una superficie de agua salada o, artificial, enterrando alrededor del monopolo líneas conductoras de cobre. Es omnidireccional en azimut y su directividad en elevación puede ser casi el doble de la de un dipolo. Utiliza polarización vertical.
  - Dipolo. Consiste en dos hilos abiertos de media longitud de onda entre extremos. Impedancia característica de 73Ω. La alimentación es central y simétrica entre ambos brazos. Si los brazos son paralelos al suelo, la polarización es horizontal y la antena será omnidireccional en azimut y direccional en elevación (120°). Se pueden utilizar también para proporcionar polarización vertical. En ocasiones los brazos del dipolo se doblan un ángulo entre 180° y 120° para formar una V invertida ocupando menos espacio: son menos eficientes. Se consideran de dos tipos, en general:
    - No plegados: es el más sencillo, no hay circulación de corriente, sólo media onda de tensión.
    - Plegados: los extremos de los brazos están unidos por un hilo que permite que exista circulación de corriente (media onda), desfasada 90° respecto de la tensión aplicada: Con máximo de intensidad de corriente en el centro del dipolo, se tiene un nulo de tensión y valores máximos de tensión en los extremos. Impedancia característica de 300Ω.

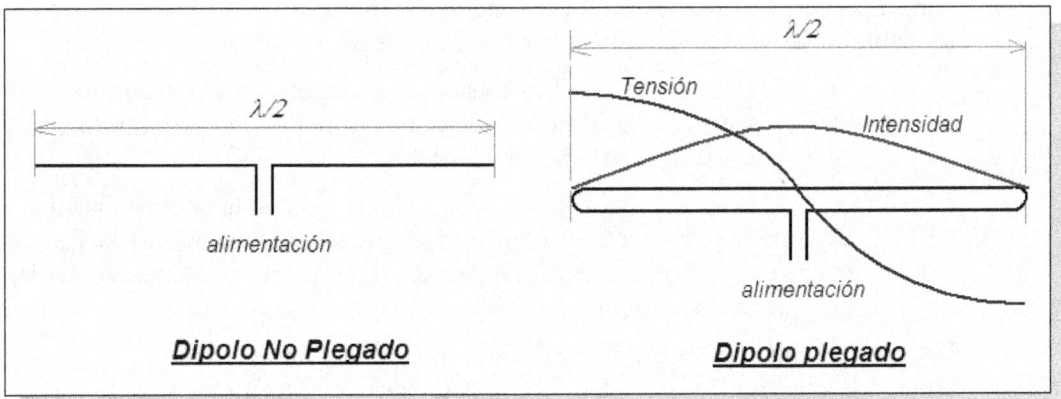

Dipolo No Plegado **Dipolo plegado**

  - De cuadro ("loop"): Antena direccional que consiste en un dipolo plegado abierto con forma cuadrada o circular. Genera un ddr en azimut en forma de "ocho", de manera que se consiguen máximos en la dirección del plano que contiene el cuadro y mínimos (nulos) en la dirección normal (perpendicular) al cuadro. Suelen ser antenas móviles, con capacidad de giro alrededor de un eje de simetría vertical, utilizadas en sistemas buscadores de direcciones de procedencia de OEM de visión directa o línea visual ("sight to sight").

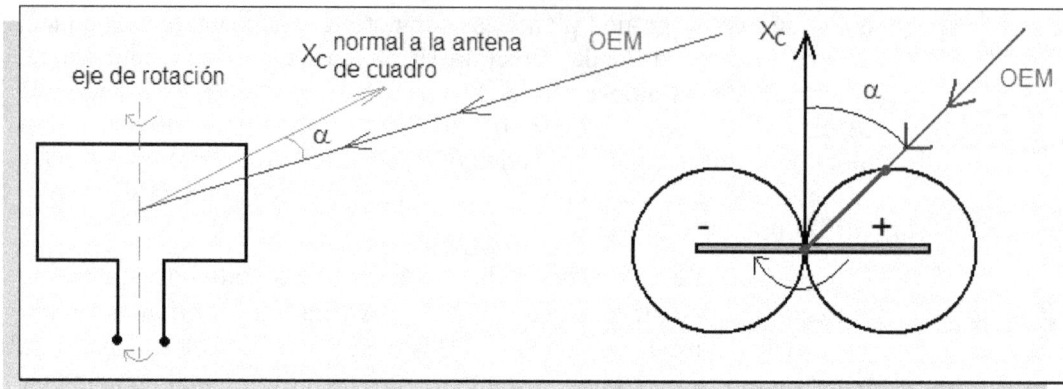

- o Hélice: Monopolo con forma helicoidal (espiral) que incorpora un plano de tierra. Se trata de reducir el tamaño del monopolo estirado, ya disminuido a la mitad al utilizar plano de tierra. Ahora bien, mientras el monopolo vertical genera polarización vertical, las espiras de la hélice producen polarización circular.
- De bocina (apertura). Tubos abocardados huecos alimentados por guías de onda de sección cuadrada (rectangular) o circular, denominadas bocina piramidal o bocina cónica, respectivamente. La bocina piramidal es adecuada para polarización plana, mientras que para polarización circular se usa la bocina cónica. Las pérdidas en la línea de transmisión por aumento de frecuencia se intentan compensar sustituyendo las líneas de hilo delgado por cables coaxiales de simple o doble apantallamiento y, posteriormente, las antenas de hilo delgado por antenas de bocina ("horn"). Para mejorar aún más la eficiencia del sistema, los cables coaxiales se sustituyen por guías de onda desde el equipo Tx/Rx.
  - o Sin reflector. La bocina funciona como una apertura de radiación EM que la dispersa en un haz de valor angular amplio y poco definido. Poco alcance, por la excesiva dispersión del haz.
  - o Con reflector. Paraboloide que en combinación con la bocina constituye una antena parabólica. Con el reflector se consigue canalizar la EM en un haz estrecho y, por tanto, su alcance para misma potencia es superior a la antena sin reflector.
- Discos. Combinación de aperturas piramidales verticales y horizontales que utilizan la misma guía de ondas de alimentación y que focalizan toda la EM en la dirección normal (perpendicular) al disco donde, por interferencias entre ellas, se consigue direccionalidad máxima, con un haz muy estrecho. En aeronaves las antenas parabólicas (por ejemplo, del radar meteorológico) se han sustituido por antenas de disco planas que ocupan menos espacio y pesan menos, además de ser bastante más eficientes.

1. Sistemas de Comunicación

Antenas reales aplicadas en Aeronaves

Antena "boat"

Antena con forma de bulbo preparada para su montaje en la parte inferior externa del fuselaje de la aeronave. Utilizadas en sistemas como el de ADF o receptor de Markers.

Antena "whip"

"Bent-Whip Wire", "Broad-Band Whip"

Antena de cuarto de onda constituida por una fina varilla metálica que le da rigidez. Usada en aviación ligera.

Antena de cuchilla

"Blade"

Antena rígida de cuarto de onda con forma de cuchilla, que le permite funcionar en una amplia banda de frecuencias. Puede incorporar componentes electrónicos para mejorar su eficiencia. Son de polarización horizontal o vertical, dependiendo de que se utilicen para navegación o comunicaciones.

Sistemas de Comunicaciones y Navegación en las Aeronaves

Antena de cuadro

"Loop"

Antena móvil formada por una bobina arrollada a un núcleo ferromagnético con diagrama de radiación en forma de ocho. Hoy se utiliza un par de bobinas perpendiculares entre sí y montadas en la aeronave embutidas en su fuselaje, alineadas con sus ejes longitudinal y transversal. El movimiento de la antena se sustituye por el de un sincro resolver en el receptor asociado.

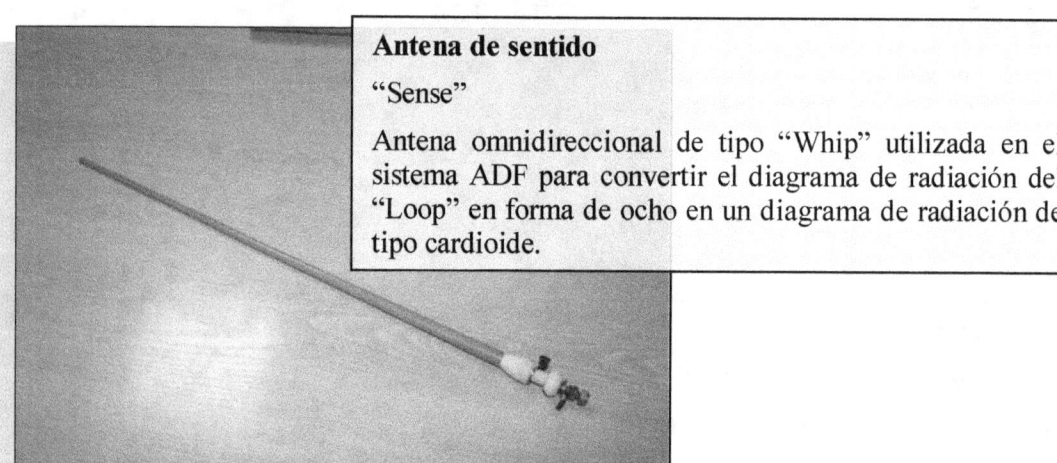

Antena de sentido

"Sense"

Antena omnidireccional de tipo "Whip" utilizada en el sistema ADF para convertir el diagrama de radiación del "Loop" en forma de ocho en un diagrama de radiación de tipo cardioide.

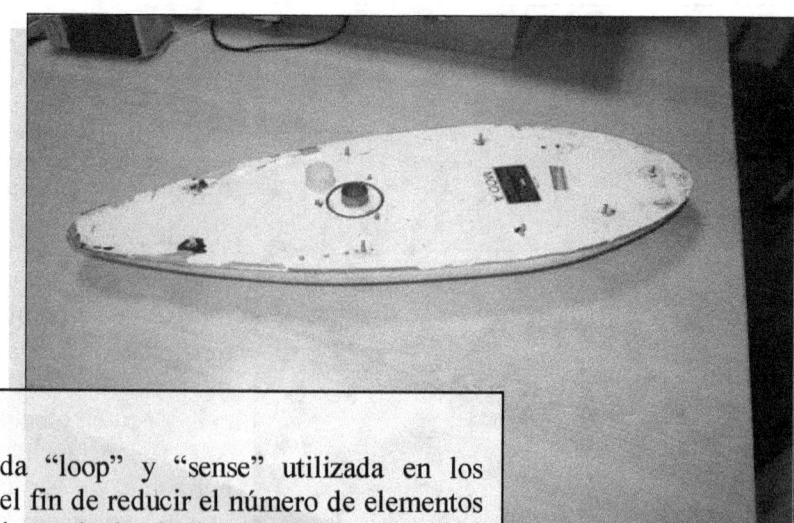

Antena de ADF

Antena combinada "loop" y "sense" utilizada en los sistemas DF con el fin de reducir el número de elementos que precisan. Suele ser de tipo bulbo ("boat").

1. Sistemas de Comunicación

Antena de Radioaltímetro

Antena plana que sirve para transmisión o recepción de señales de radioaltímetro en la banda de 4.2 a 4.4 Ghz. Se utilizan por parejas, una para transmisión y otra para recepción, embutidas en la parte inferior del fuselaje de la aeronave en su eje longitudinal.

Antena "COMM"

Antena tipo "Blade" utilizada para COMM en la banda de VHF (118 a 136MHz). Polarización vertical, impedancia de 50Ω y conexión BNC.

Antena de Disco

"Weather Radar System Antenna"

Antena de placa plana en forma de disco constituida por bandas de guías de onda montadas verticalmente y paralelas entre sí, con aperturas señalando hacia delante. A varias longitudes de onda del disco se suma la energía radiada por cada una de las rendijas, consiguiéndose un haz estrecho normal al plano del disco.

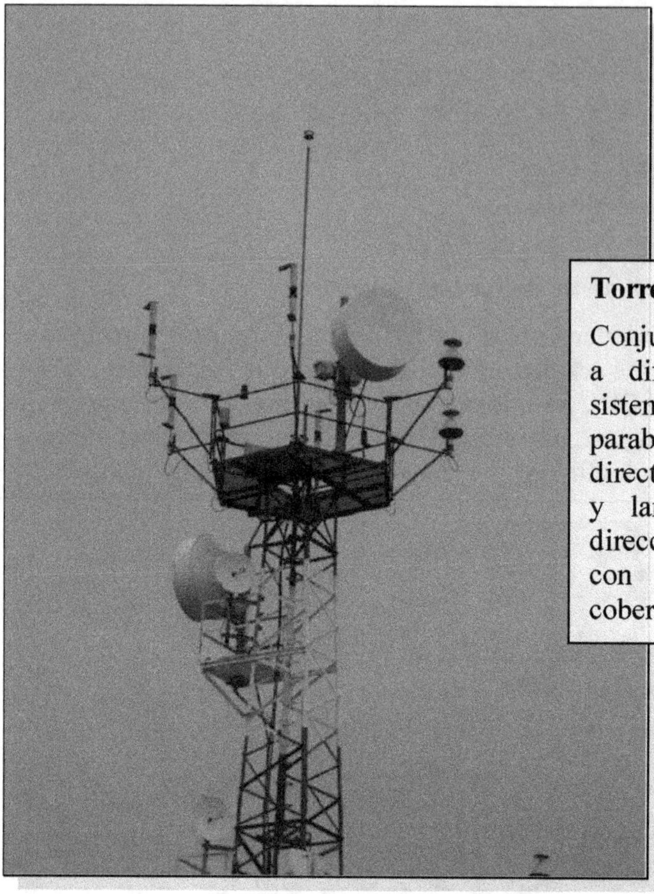

Torre de Antenas

Conjunto de antenas múltiples ubicadas a diferentes alturas. Suelen incluir sistemas "back to back" de antenas parabólicas que recogen una señal directiva de baja potencia, la amplifican y lanzan de nuevo en la misma dirección y sentido (o en otra dirección) con potencia para aumentar la cobertura.

Cúpula de Antenas

Para navegación y circulación aérea y, en particular en las cercanías de los aeropuertos, se suelen utilizar torres de antenas que incorporan cúpulas con antenas giratorias (control de tráfico aéreo o ATC) o arrays de antenas para navegación de aproximación. La cúpula es una protección de la antena interior contra las inclemencias meteorológicas, "transparente" a las OEM que incorpora una serie de "straps" metálicos conectados a tierra para protección contra rayos.

1.6.3 Arrays de Antenas

Un array es una agrupación de elementos radiantes, colocados de forma simétrica, de tal forma que los ddr también van a serlo.

Se aplica el principio de superposición: un array equivale a una única antena ubicada en el centro del ddr, que emite/recibe del mismo modo que el propio array.

Se consideran dos tipos de arrays:

- *Array horizontal o de azimut*, que define un ddr horizontal con número par de lóbulos y simétrico respecto del centro de array (2 ejes perpendiculares entre sí). Compuesto por pares de elementos radiantes ubicados simétricamente respecto del centro del array. El Tx/Rx se puede conectar a cada par de elementos radiantes de dos formas distintas:
    - Alimentación en fase: la longitud de la línea de acoplamiento o distancia desde el Tx/Rx a cada elemento radiante es la misma para ambos: el desfase eléctrico de la señal que alcanza en cada momento cada elemento radiante es de 0°.
    - Alimentación en contrafase: la longitud de la línea de acoplamiento o distancia desde el Tx/Rx a cada elemento radiante difiere en el equivalente a 90° eléctricos entre ambos, para la frecuencia de señal utilizada.
- *Array vertical*, que define un ddr de elevación, simétrico respecto del mástil vertical.

El caso más sencillo consiste en un array de dos elementos radiantes, cuya alimentación da lugar a las siguientes posibilidades y diagramas de radiación (ddr):

(1) <u>Alimentación independiente</u>. Se obtienen dos diagramas de radiación paralelos.

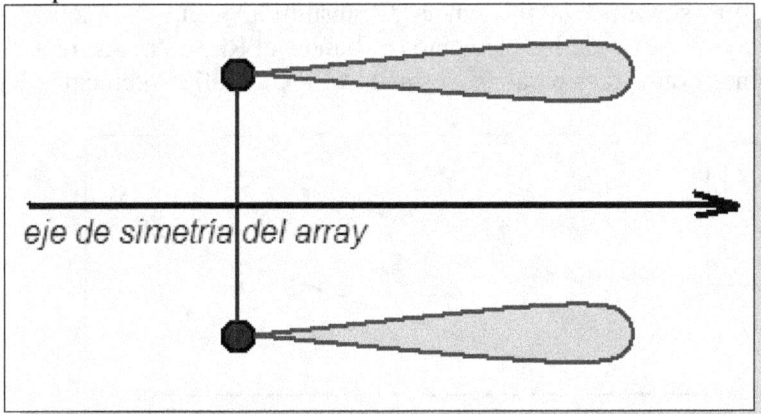

(2) <u>Alimentación en fase</u>. Diagrama de radiación suma o simétrico respecto del eje del array. Primer máximo en la dirección 0°.

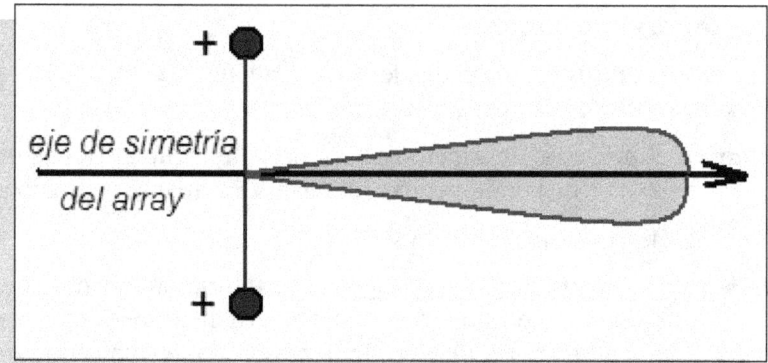

(3) <u>Alimentación en oposición de fase</u>. Diagrama de radiación diferencia o antisimétrico respecto del eje del array. Primer mínimo en la dirección 0°.

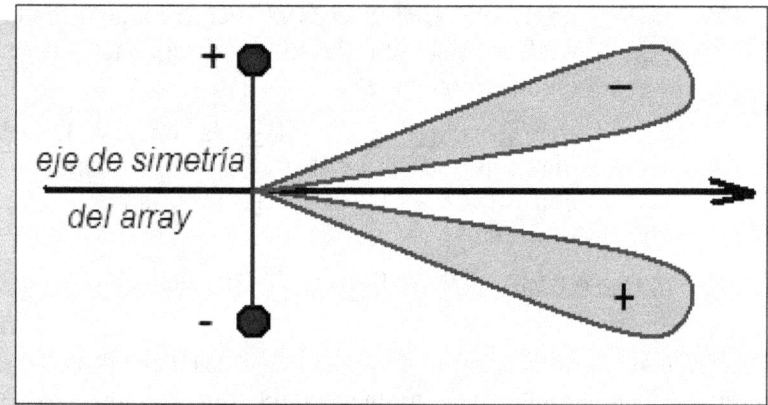

Dado un **array horizontal** compuesto por un par de elementos radiantes alimentados en fase por el Tx con una señal de frecuencia f y separados físicamente respecto del centro del array una distancia a.

Supuesto un Rx que sintoniza la frecuencia f transmitida y que se encuentra a una distancia r del array: respecto de los elementos radiantes el Rx se encuentra a distancias r_1 y r_2, que podemos considerar paralelas, estando el Rx lo suficientemente alejado del array.

$$\begin{cases} r_1 = r - a\,sen\,\theta \\ r_2 = r + a\,sen\,\theta \end{cases}$$

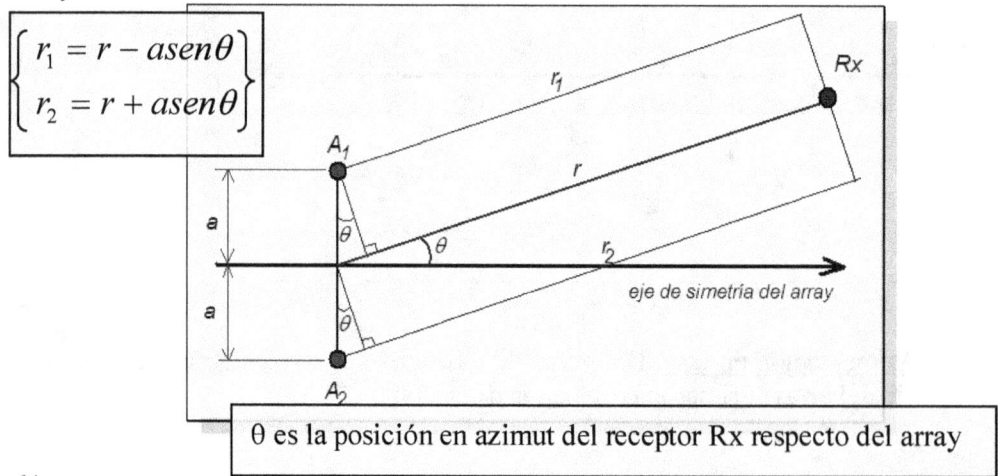

θ es la posición en azimut del receptor Rx respecto del array

1. Sistemas de Comunicación

El Tx genera una señal de salida hacia el array de valor, $i = Isen(wt)$

Al receptor le llega una única señal de frecuencia f que es la suma de las señales radiadas por ambos elementos radiantes i_1 y i_2:

$$\begin{cases} i_1 = Isen\left(wt + \dfrac{2\pi r_1}{\lambda}\right) \\ i_2 = Isen\left(wt + \dfrac{2\pi r_2}{\lambda}\right) \end{cases} \text{donde} \quad w = 2\pi f \quad y \quad \lambda = \dfrac{c}{f}$$

Dependiendo de la posición angular θ del Rx respecto del Tx, así será el valor de la señal recibida:

$$i_{Rx} = i_1 + i_2 \quad \text{o bien} \quad \bar{I}_{Rx} = \bar{I}_1 + \bar{I}_2 = I_{Rx}\big|_\varphi$$

El valor angular θ puede variar alrededor de los 360° y así lo hará también el valor de la señal i_{Rx} recibida. Existirán direcciones θ donde el valor de i_{Rx} sea máximo y, otros, donde su valor sea mínimo. ¿Cuáles son exactamente estas direcciones de máximos y mínimos?:

- **Máximos:** $\dfrac{2\pi r_1}{\lambda} \pm 2\pi n = \dfrac{2\pi r_2}{\lambda}$, con $n=0,1,2,..$ $\Rightarrow r - asen\theta \pm n\lambda = r + asen\theta$

  Es decir, cuando $\boxed{asen\theta = \pm \dfrac{n\lambda}{2} = \pm n\pi}$

- **Mínimos:** $\dfrac{2\pi r_1}{\lambda} \pm (2\pi n + \pi) = \dfrac{2\pi r_2}{\lambda}$, con $n=0,1,2,..$

  $$\Rightarrow r - asen\theta \pm (n+\dfrac{1}{2})\lambda = r + asen\theta$$

  Es decir, cuando $\boxed{asen\theta = \pm \left(\dfrac{n}{2} + \dfrac{1}{4}\right)\lambda = \pm n\pi + \dfrac{\pi}{2}}$

Entre cada dos mínimos existe un máximo y se define lo que se conoce como un lóbulo de Tx/Rx. La amplitud máxima del lóbulo es $2I$ y la mínima cero. Si las amplitudes de las señales de transmisión i_1 e i_2 se definen diferentes como I_1 e I_2, respectivamente, entonces el máximo de amplitud de cada lóbulo es I_1+I_2 y el mínimo sería I_1-I_2

Se obtiene para el array alimentado en fase un ddr de tipo,

$\boxed{A\cos(asen\theta)}$, donde A es la amplitud máxima $2I$ obtenida en primer lugar en θ=0°, es decir, <u>el eje de simetría del array es el primer máximo</u>.

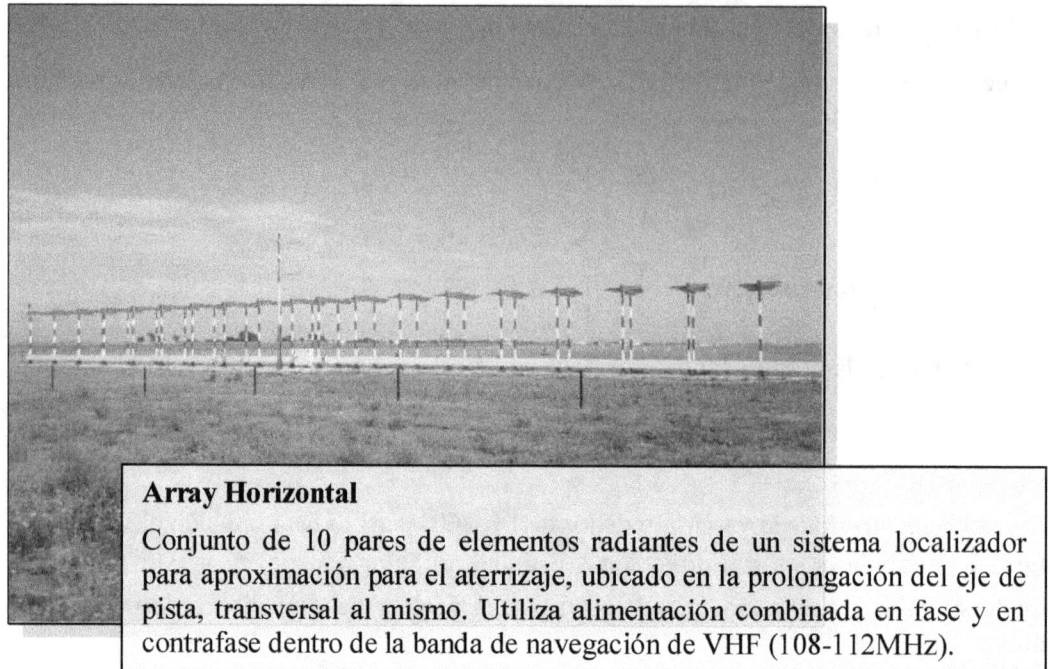

Array Horizontal

Conjunto de 10 pares de elementos radiantes de un sistema localizador para aproximación para el aterrizaje, ubicado en la prolongación del eje de pista, transversal al mismo. Utiliza alimentación combinada en fase y en contrafase dentro de la banda de navegación de VHF (108-112MHz).

Antena Imagen

Vamos a suponer ahora un elemento radiante ubicado en el extremo más alejado respecto del suelo de un mástil vertical, a una altura h. El elemento radiante se alimenta con una señal de frecuencia f conectado al Tx. Alrededor del mástil, el suelo se cubre con un material conductor (cobre). La energía EM irradiada por la antena genera dos tipos de señales de misma frecuencia f:

- Señal directa: OEM que se propaga por el aire y alcanza directamente cualquier receptor aéreo.
- Señal reflejada: OEM que alcanza cualquier receptor aéreo tras reflejarse en el suelo conductor alrededor del mástil.

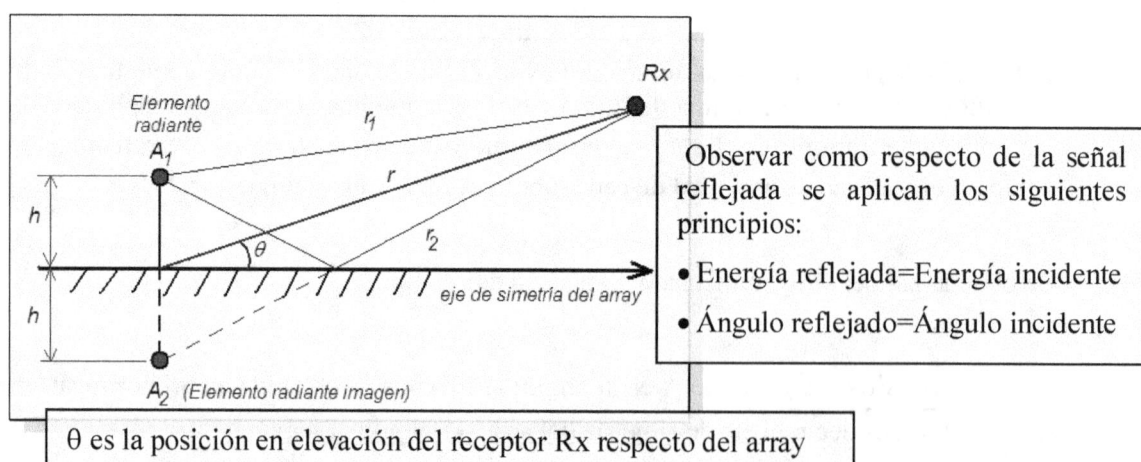

Observar como respecto de la señal reflejada se aplican los siguientes principios:
- Energía reflejada=Energía incidente
- Ángulo reflejado=Ángulo incidente

θ es la posición en elevación del receptor Rx respecto del array

1. Sistemas de Comunicación

A un Rx que sintoniza la frecuencia f transmitida en realidad le alcanzan dos señales: una directa procedente del elemento radiante del Tx y otra reflejada, como si procediera de un "elemento radiante imagen" enterrado a la profundidad h como prolongación del mástil vertical. A este par radiante vertical se le denomina "antena imagen".

Sin embargo, va a ocurrir que ambas señales recibidas se encuentra en contrafase: es como si el elemento radiante imagen estuviera alimentado en contrafase por el Tx, respecto del elemento radiante real. Esto es así, porque la señal reflejada al tocar el suelo adquiere potencial cero, por lo que el eje de simetría de la antena imagen (el suelo) es un mínimo.

Observar que en el array horizontal alimentado en fase el eje de simetría es un máximo. Como la diferencia entre un máximo y un mínimo es la correspondiente a una alimentación de 180° para la señal transmitida, si el eje de simetría del array es un mínimo, la alimentación en la transmisión debe ser en contrafase.

Se obtiene para este array alimentado en contrafase un ddr de tipo,

$\boxed{Bsen(hsen\theta)}$, donde B es la amplitud máxima de cada lóbulo, θ es la elevación o valor angular de posición del Rx respecto del centro del array (extremo del mástil en el suelo) y que puede variar de 0° a 180° (no hay recepción por debajo del suelo).

Los resultados obtenidos para la antena imagen van a ser inversos a los del array horizontal en fase:

- ✓ El Tx genera una señal de salida hacia el array de valor, $i = Isen(wt)$

- ✓ $\begin{cases} r_1 = r - hsen\theta \\ r_2 = r + hsen\theta \end{cases}$

- ✓ Al receptor le llega una única señal de frecuencia f que es la suma de las señales radiadas por ambos elementos radiantes i_1 y i_2:

$$\begin{cases} i_1 = Isen\left(wt + \frac{2\pi r_1}{\lambda}\right) \\ i_2 = Isen\left(wt + \frac{2\pi r_2}{\lambda} + \pi\right) \end{cases} \text{donde } w = 2\pi f \quad y \quad \lambda = \frac{c}{f}$$

$$i_{Rx} = i_1 + i_2 \qquad \text{o bien} \qquad \overline{I}_{Rx} = \overline{I}_1 + \overline{I}_2 = I_{Rx}\big|_\varphi$$

Existirán direcciones θ donde el valor de i_{Rx} sea máximo y, otros, donde su valor sea mínimo:

- **Mínimos:** $\dfrac{2\pi r_1}{\lambda} \pm 2\pi n = \dfrac{2\pi r_2}{\lambda} + \pi$, con $n=0,1,2,..$

$$\Rightarrow r - hsen\theta \pm n\lambda = r + hsen\theta + \dfrac{\lambda}{2}$$

Es decir, cuando $\boxed{hsen\theta = \pm\left(\dfrac{n}{2} + \dfrac{1}{4}\right)\lambda = \pm n\pi + \dfrac{\pi}{2}}$

- **Máximos:** $\dfrac{2\pi r_1}{\lambda} \pm (2\pi n + \pi) = \dfrac{2\pi r_2}{\lambda} + \pi$, con $n=0,1,2,..$

$$\Rightarrow r - hsen\theta \pm (n+\dfrac{1}{2})\lambda = r + hsen\theta + \dfrac{\lambda}{2}$$

Es decir, cuando $\boxed{hsen\theta = \pm\dfrac{n\lambda}{2} = \pm n\pi}$

1.6.4 Ejercicios de Antenas

La solución a los ejercicios propuestos se da al final del Capítulo.

Problema 1 Dada una antena compuesta por un mástil vertical de 2.5m y un elemento radiante en el extremo más alejado del suelo. Si se alimenta en contrafase (señal directa/señal reflejada) a 330MHz, determinar las direcciones de los máximos y de los mínimos, pintando el ddr de elevación correspondiente.

Problema 2 Dado un array de dos antenas horizontales separadas físicamente 30m (a=15m). Si se alimentan en fase con una señal transmisora a 30MHz, determinar las direcciones de los máximos y de los mínimos, pintando el ddr horizontal correspondiente.

Bibliografía Complementaria

Otros lugares de consulta de este tema pueden ser:

- ✓ *"Comunicación Electrónica"*. Lloyd Temes. Schaum. McGraw-Hill.
- ✓ *"Electrónica Fundamental: dispositivos, circuitos y sistemas. Capítulos 11,15,21 y 22"*, M.M. Cirovic, Reverté SA
- ✓ *"Curso EB170, Circuitos de Comunicaciones de AM"*, Degem Systems.

Solución Ejercicios de modulación en AM.

Problema 1 Dada una señal modulada en amplitud de parámetros,

$$\begin{cases} f_c = 1000Hz, \ E_c = 100mv \\ f_m = 100Hz, \ E_m = 50mv \end{cases}$$

Dibujar las ondas portadora, BLC, BLS, BLI, e(t) y los diagramas vectoriales de la onda.

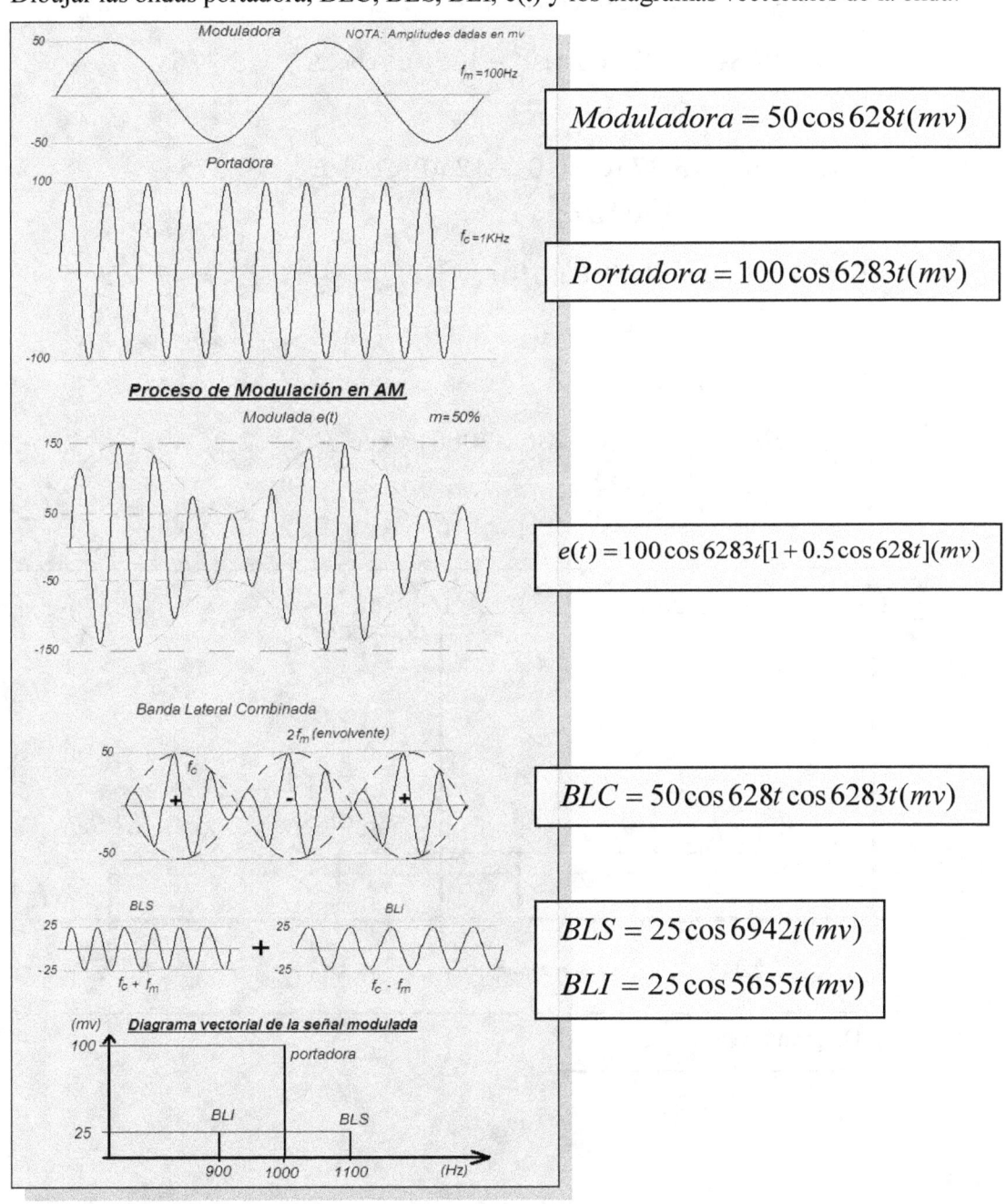

$Moduladora = 50\cos 628t (mv)$

$Portadora = 100\cos 6283t (mv)$

$e(t) = 100\cos 6283t[1 + 0.5\cos 628t](mv)$

$BLC = 50\cos 628t \cos 6283t (mv)$

$BLS = 25\cos 6942t (mv)$

$BLI = 25\cos 5655t (mv)$

Sistemas de Comunicaciones y Navegación en las Aeronaves

Problema 2 Describir en componentes la señal siguiente y dibujar el diagrama vectorial correspondiente,

$$e(t) = 25(1 + 0.27\cos 1250t + 0.18\cos 3000t)\cos 10^7 t$$

- ✓ $Portadora = 25\cos 10^7 t$, con $E_c = 25$ y $f_c = 1.5916 MHz$
- ✓ $BLC1 = 6.75\cos 1250t \cos 10^7 t$, con $E_{m1} = 6.75$ y $f_{m1} = 199 Hz$
    - ○ $BLS1 = 3.375\cos(10^7 + 1250)t$, con $E_{ss1} = 3.375$ y $f_{ss1} = 1.5917 MHz$
    - ○ $BLI1 = 3.375\cos(10^7 - 1250)t$, con $E_{Is1} = 3.375$ y $f_{Is1} = 1.5915 MHz$
- ✓ $BLC2 = 4.5\cos 3000t \cos 10^7 t$, con $E_{m2} = 4.5$ y $f_{m2} = 477 Hz$
    - ○ $BLS2 = 2.25\cos(10^7 + 3000)t$, con $E_{ss2} = 2.25$ y $f_{ss2} = 1.5920 MHz$
    - ○ $BLI2 = 2.25\cos(10^7 - 3000)t$, con $E_{Is2} = 2.25$ y $f_{Is2} = 1.5911 MHz$

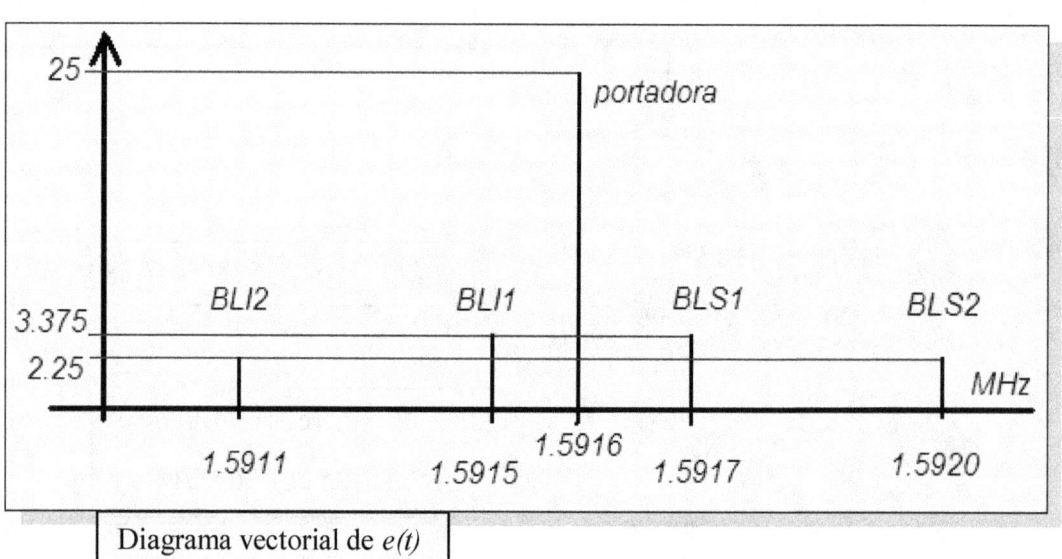

Diagrama vectorial de $e(t)$

1. Sistemas de Comunicación

Problema 3 En un proceso de modulación en amplitud se tiene,

$$\begin{cases} w_c = 6280\,rad/s\,,\ E_c = 100\,mv \\ w_m = 628\,rad/s\,,\ E_m = 40\,mv \end{cases}$$

(a) Expresar la onda modulada en componentes y la BLC.

$e(t) = 100\cos 6283t + 20\cos 6908t + 20\cos 5652t\,(mv)$

(b) Representar las envolventes de las ondas anteriores.

(c) Valor pico-pico y valle-valle de la señal modulada.

$V_{PP} = 280\,mv$, $V_{vv} = 120\,mv$.

Una forma de conseguir el índice de modulación con el osciloscopio, es obtener los valores anteriores pico-pico y valle-valle de la modulada y aplicar la ecuación,

$$\boxed{m = \frac{V_{PP} - V_{VV}}{V_{PP} + V_{VV}}}$$

En este caso se obtiene: $m = \dfrac{280 - 120}{280 + 120} = \dfrac{160}{400} = 0.4$

(d) Potencia total de transmisión, así como, potencias en BLs y BLC.

$$P_{Total} = \frac{E_c^2}{2R}\left(1 + \frac{m^2}{2}\right) = \frac{0.1^2}{2R}\left(1 + \frac{0.4^2}{2}\right) = \frac{0.0054}{R}\,w = \frac{5.4}{R}\,mw$$

$$P_{BLC} = \frac{E_c^2}{2R}\frac{m^2}{2} = \frac{0.1^2}{2R}\frac{0.4^2}{2} = \frac{0.0004}{R}\,w = \frac{0.4}{R}\,mw$$

$$P_{BLS} = P_{BLI} = \frac{P_{BLC}}{2} = \frac{0.2}{R}\,mw$$

Problema 4 Dada la señal en AM de parámetros,

$$\begin{cases} f_c = 115\,MHz\,,\ E_c = 100\,mv\,,\ m_{90} = m_{150} = 0.2 \\ f_{m1} = 90\,Hz\,,\ f_{m2} = 150\,Hz\,,\ R = 10\,\Omega \end{cases}$$

Sistemas de Comunicaciones y Navegación en las Aeronaves

Determinar e(t), BLCs, BLs, diagrama vectorial y potencias de transmisión.

$$\begin{cases} w_{m1} = 2\pi 90 = 565.48 \, rad/s \\ w_{m2} = 2\pi 150 = 948.77 \, rad/s \\ w_c = 2\pi 115.10^6 = 722.566.10^6 \, rad/s \end{cases}$$

$$e(t) = 100(1 + 0.2\cos 565.48t + 0.2\cos 948.77t)\cos 722.566.10^6 t \, (mv)$$

- ✓ $Portadora = 100\cos 722.566.10^6 t \, (mv)$
- ✓ $BLC1 = 20\cos 565.48t \cos 722.566.10^6 t (mv)$, con $E_{m1} = 20mv$
  - ○ $BLS1 = 10\cos(722.566.10^6 + 565.48)t$, con $E_{ss1} = 10mv$
  - ○ $BLI1 = 10\cos(722.566.10^6 - 565.48)t$, con $E_{Is1} = 10mv$
- ✓ $BLC2 = 20\cos 948.77t \cos 722.566.10^6 t (mv)$, con $E_{m2} = 20mv$
  - ○ $BLS2 = 10\cos(722.566.10^6 + 948.77)t$, con $E_{ss2} = 10mv$
  - ○ $BLI2 = 10\cos(722.566.10^6 - 948.77)t$, con $E_{Is2} = 10mv$
- ✓ $P_{Total} = \dfrac{E_c^2}{2R}\left(1 + \dfrac{m_1^2}{2} + \dfrac{m_2^2}{2}\right) = \dfrac{0.1^2}{20}\left(1 + 2\dfrac{0.2^2}{2}\right) = 0.00052w = 0.52mw$
- ✓ $P_{BLC1} = P_{BLC2} = \dfrac{E_c^2}{2R}\dfrac{m^2}{2} = \dfrac{0.1^2}{20}\dfrac{0.2^2}{2} = 10^{-5}w = 10\mu w$
- ✓ $P_{BLS1} = P_{BLI1} = P_{BLS2} = P_{BLI2} = \dfrac{P_{BLC}}{2} = 5\mu w$

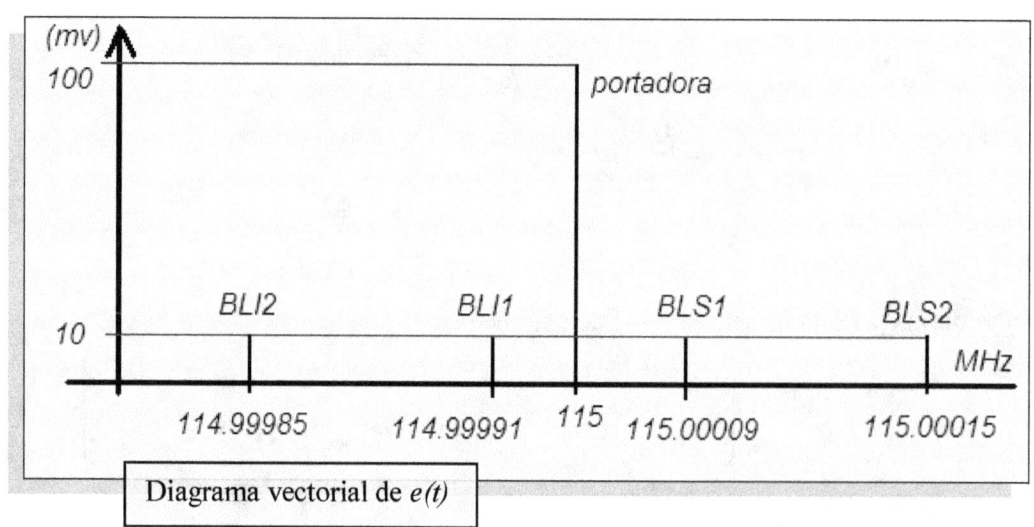

Diagrama vectorial de e(t)

Problema 5 A partir del diagrama vectorial a continuación escribir las ecuaciones características de las señales moduladoras, e(t) y de las BLCs. Determinar índices de modulación y potencias de transmisión para antena con $R = 100\Omega$.

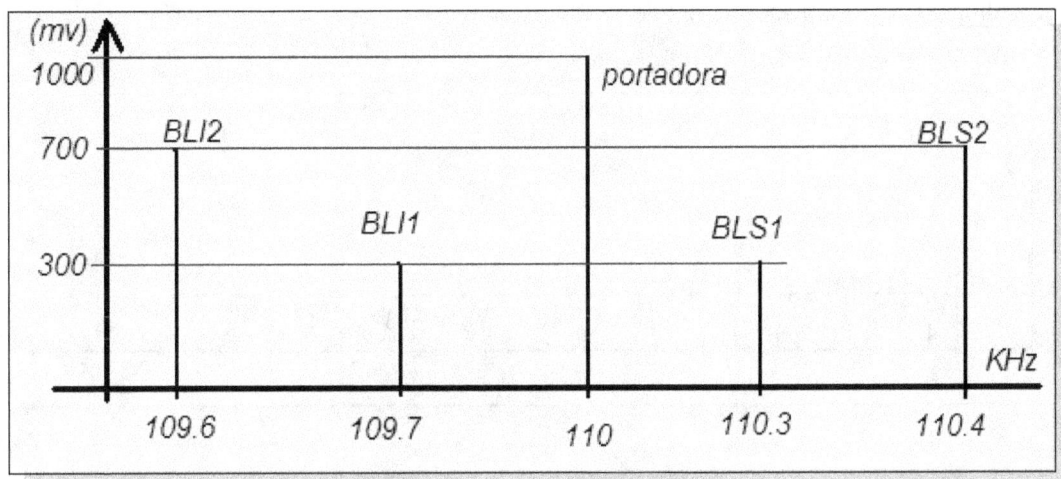

$$\begin{cases} w_{m1} = 2\pi(110.3 - 110)10^3 = 1884 \, rad/s \\ w_{m2} = 2\pi(110.4 - 110)10^3 = 2512 \, rad/s \\ w_c = 2\pi 110.10^3 = 690.8.10^3 \, rad/s \end{cases}$$

$$m_1 = \frac{600}{1000} = 0.6 \quad y \quad m_2 = \frac{1400}{1000} = 1.4$$

$$e(t) = 1000(1 + 0.6\cos 1884t + 1.4\cos 2512t)\cos 690.8.10^3 t \, (mv)$$

- ✓ $BLC1 = 600\cos 1884t \cos 690.8.10^3 t \, (mv)$, con $E_{m1} = 600mv$
- ✓ $BLC2 = 1400\cos 2512t \cos 690.8.10^3 t \, (mv)$, con $E_{m2} = 1400mv$
- ✓ $P_{Total} = \frac{E_c^2}{2R}\left(1 + \frac{m_1^2}{2} + \frac{m_2^2}{2}\right) = \frac{1^2}{200}\left(1 + \frac{0.6^2}{2} + \frac{1.4^2}{2}\right) = 0.0108w = 10.8mw$
- ✓ $P_{BLC1} = \frac{E_c^2}{2R}\frac{m_1^2}{2} = \frac{1^2}{200}\frac{0.6^2}{2} = 0.9mw$
- ✓ $P_{BLC2} = \frac{E_c^2}{2R}\frac{m_2^2}{2} = \frac{1^2}{200}\frac{1.4^2}{2} = 4.9mw$

Sistemas de Comunicaciones y Navegación en las Aeronaves

Solución Ejercicios de Comunicaciones Multiplex.

Problema 1 Receptor multicanal de 5 bandas

(a) Representar la MPX en frecuencia.

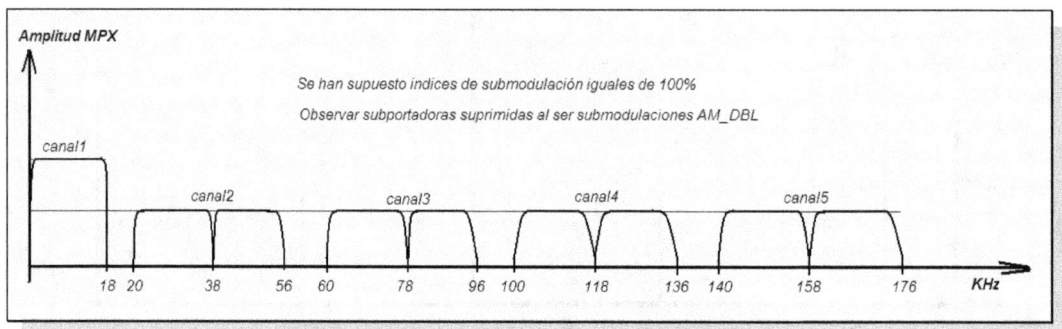

(b) Diseñar el receptor mediante diagrama de bloques.

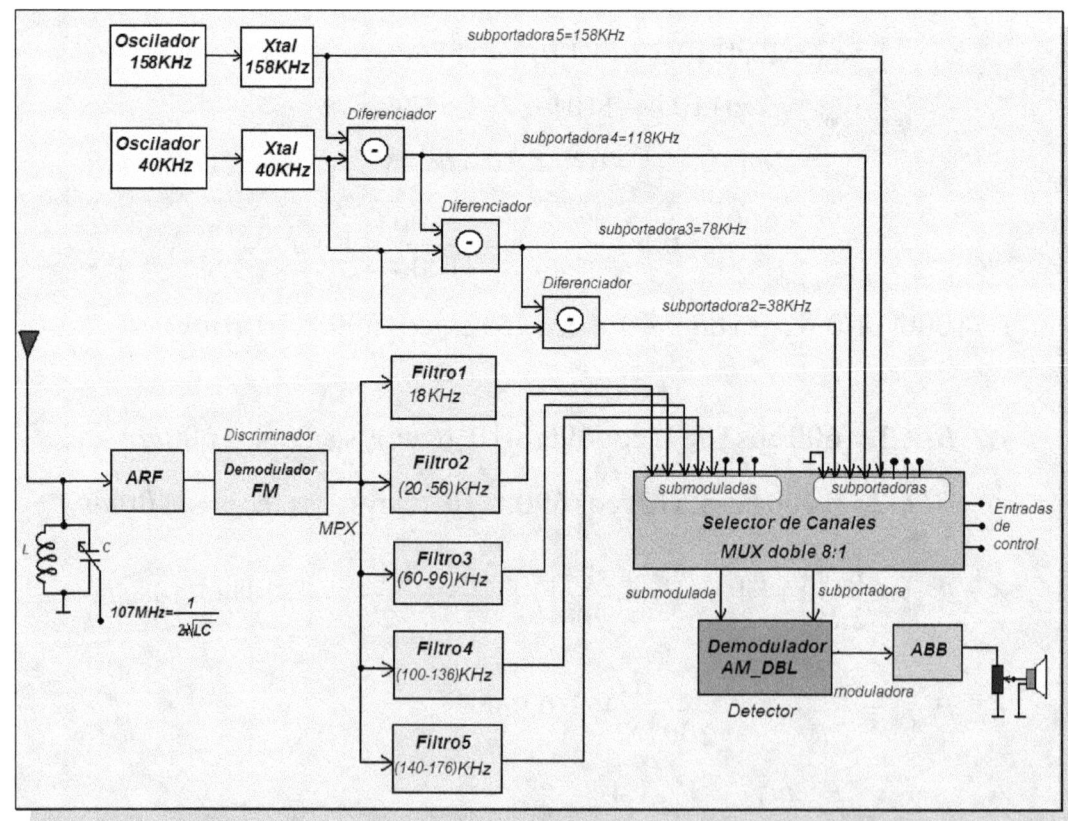

(c) ¿Qué filtros serán más precisos: los usados en la selección de bandas o el usado en la demodulación FM?¿Porqué?

Los primeros, ya que trabajan con frecuencias más bajas

Problema 2 Trasmisor multicanal de 5 bandas

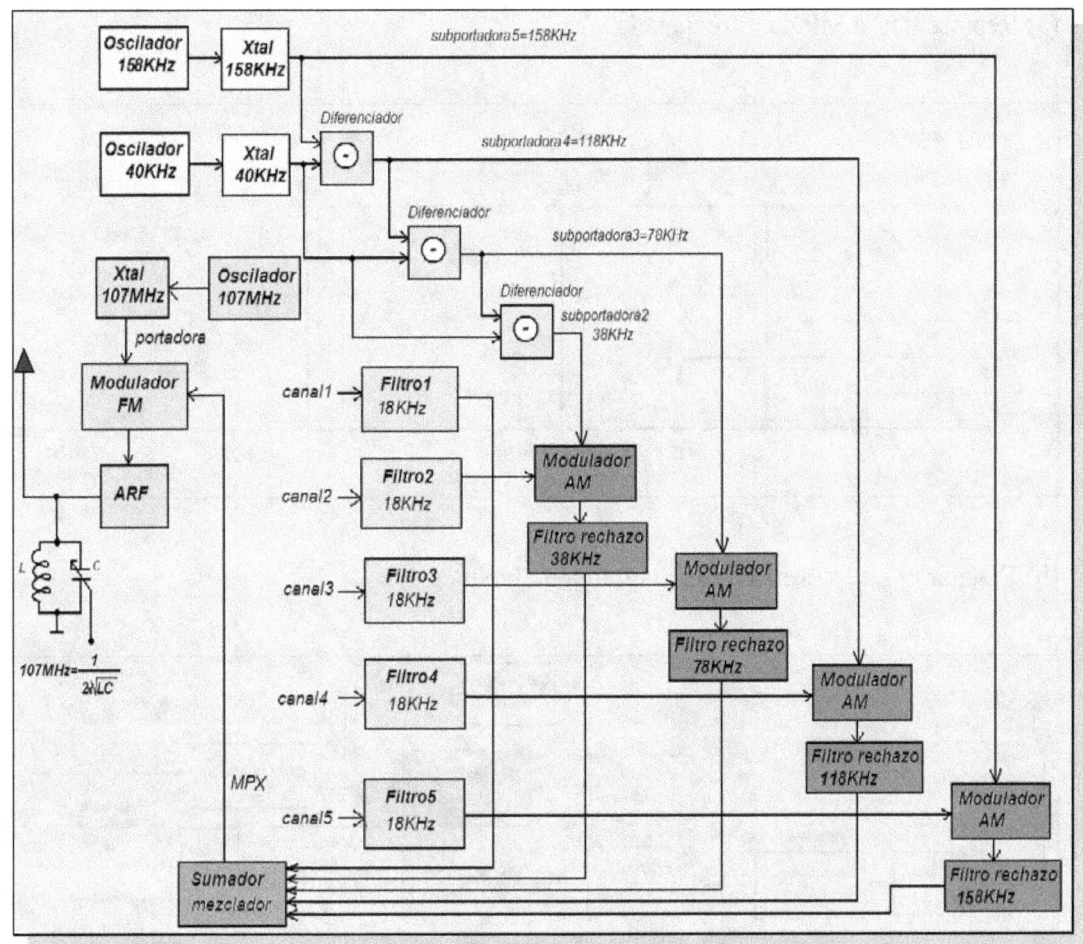

Sistemas de Comunicaciones y Navegación en las Aeronaves

Problema 3 Receptor Localizador ILS

(a) Representar la MPX en frecuencia.

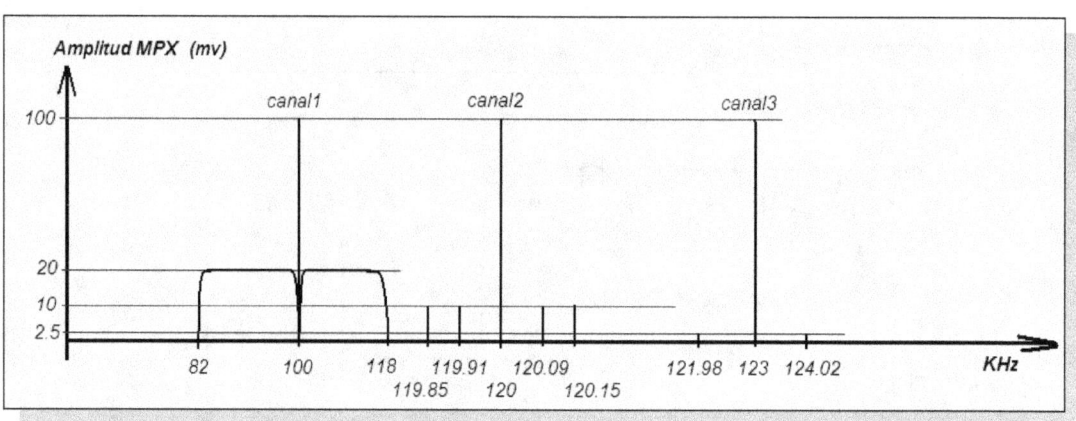

(b) Diseñar el receptor mediante diagrama de bloques.

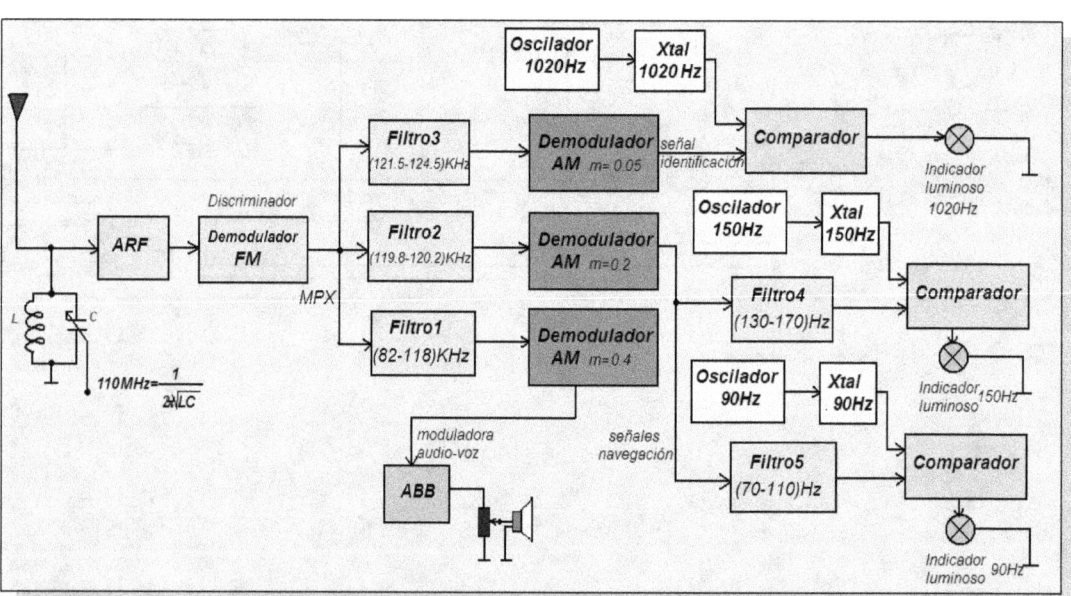

(c) ¿Depende la frecuencia f_i de la señal modulada del ancho de banda de la señal MPX?

No depende: $f_i = f_c + x(t)f_d$

(d) Si la desviación de frecuencia f_d es de 200KHz, ¿Cuál es el valor máximo y mínimo de f_i? ¿Y el ancho de banda de la señal modulada?

$f_i = [109.8 - 110.2]MHz$, $BW_{e(t)} = 400KHz$

Problema 4 Transmisor Localizador ILS.

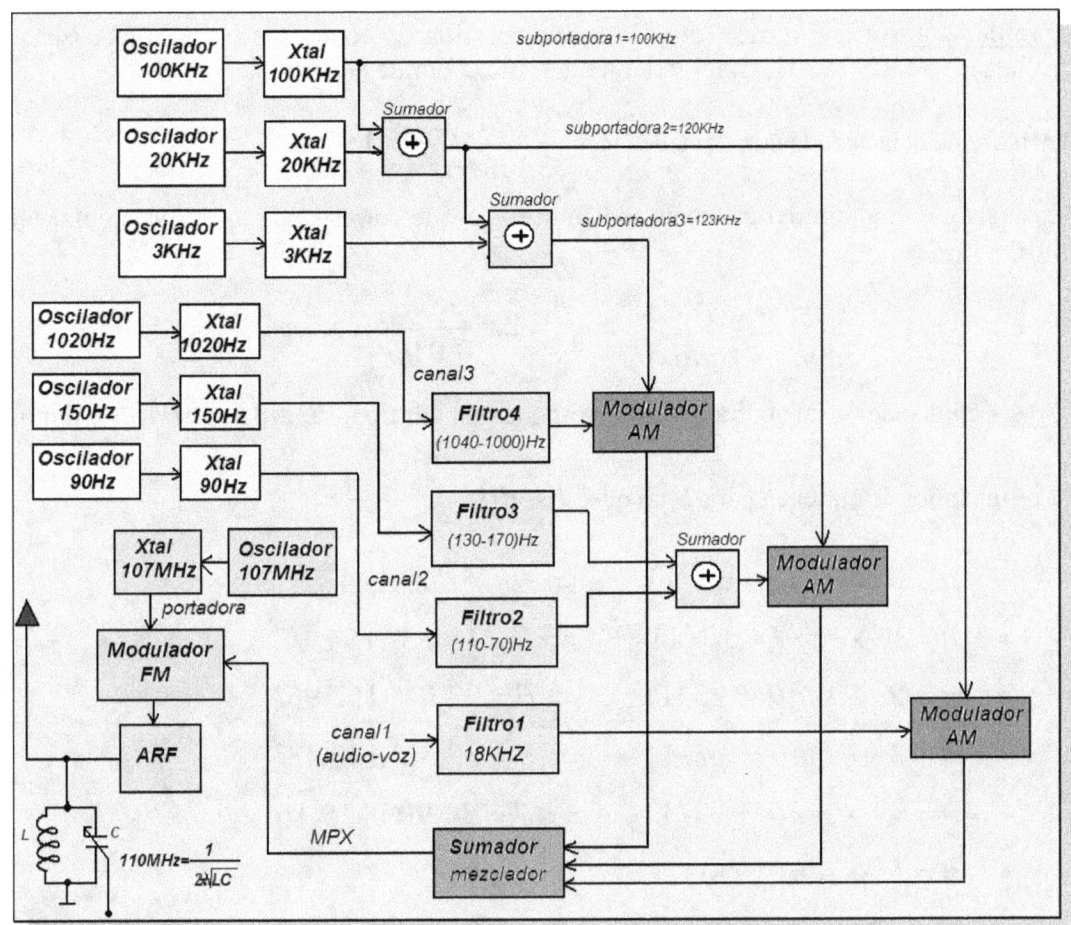

Sistemas de Comunicaciones y Navegación en las Aeronaves

Solución Ejercicios de Antenas.

Problema 1 Antena vertical de 2.5m. Alimentación en contrafase (señal directa/señal reflejada) a 330MHz. Máximos y mínimos sobre el ddr de elevación.

A la frecuencia dada le corresponde, $\lambda = \dfrac{300m/\mu s}{330MHz} = 0.91m$

Por tanto, a la altura del elemento radiante $h=2.5m$ le corresponde un valor angular tal que,

$$\left\{\begin{array}{l}\lambda \longrightarrow 2\pi rad \\ 2.5m \rightarrow hrad\end{array}\right\} \Rightarrow h = 2\pi \dfrac{2.5m}{0.91m} = 5.5\pi rad$$

Al ser alimentación en contrafase le corresponde un ddr tipo, $Bsen(hsen\theta)$. Por tanto,

Los máximos se obtienen para θ tal que, $hsen\theta = \pm\left(\dfrac{\pi}{2} + n\pi\right)$. Esto es:

- $n = 0 \rightarrow sen\theta = \pm 1/11 \quad\quad \Rightarrow \theta = 5.22°, 174.78°$
- $n = 1 \rightarrow sen\theta = \pm 3/11 \quad\quad \Rightarrow \theta = 15.83°, 154.17°$
- $n = 2 \rightarrow sen\theta = \pm 5/11 \quad\quad \Rightarrow \theta = 27.04°, 152.96°$
- $n = 3 \rightarrow sen\theta = \pm 7/11 \quad\quad \Rightarrow \theta = 39.52°, 140.48°$
- $n = 4 \rightarrow sen\theta = \pm 9/11 \quad\quad \Rightarrow \theta = 54.90°, 125.1°$
- $n = 5 \rightarrow sen\theta = \pm 1 \quad\quad\quad \Rightarrow \theta = 90°$

Los mínimos se obtienen para θ tal que, $hsen\theta = \pm(n\pi)$. Esto es:

- $n = 0 \rightarrow sen\theta = 0 \quad\quad\quad\; \Rightarrow \theta = 0°, 180°$
- $n = 1 \rightarrow sen\theta = \pm 1/5.5 \quad\; \Rightarrow \theta = 10.48°, 169.52°$
- $n = 2 \rightarrow sen\theta = \pm 2/5.5 \quad\; \Rightarrow \theta = 21.32°, 158.68°$
- $n = 3 \rightarrow sen\theta = \pm 3/5.5 \quad\; \Rightarrow \theta = 33.06°, 146.94°$
- $n = 4 \rightarrow sen\theta = \pm 4/5.5 \quad\; \Rightarrow \theta = 46.66°, 133.34°$
- $n = 5 \rightarrow sen\theta = \pm 5/5.5 \quad\; \Rightarrow \theta = 65.38°, 114.62°$

El ddr contiene 11 lóbulos diferentes.

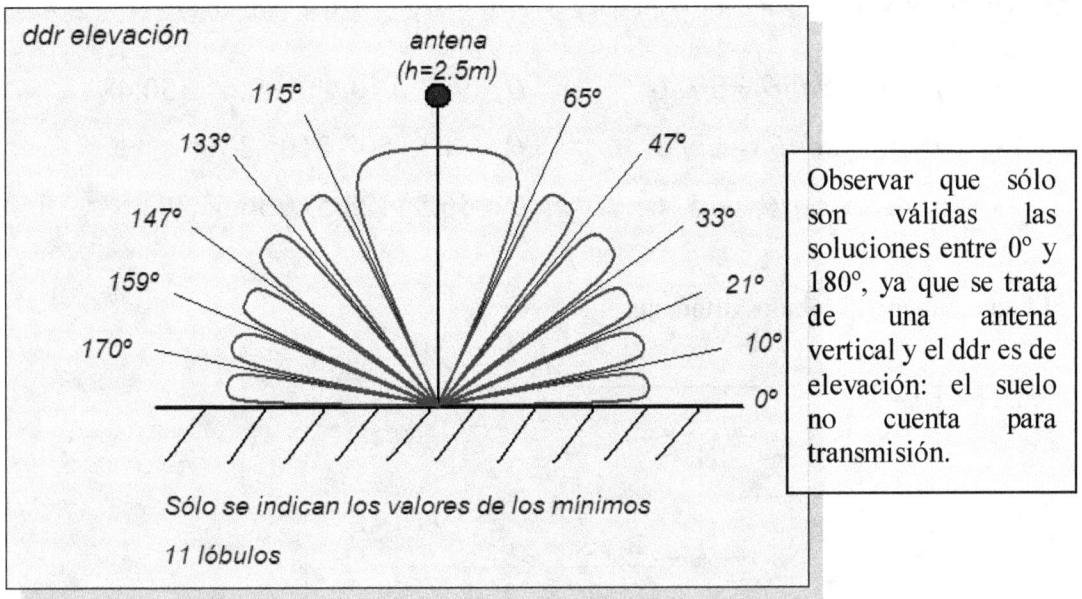

Problema 2 Array de dos antenas horizontales (a=15m). Alimentación en fase a 30MHz. Máximos y mínimos sobre el ddr horizontal.

A la frecuencia dada le corresponde, $\lambda = \dfrac{300m/\mu s}{30MHz} = 10m$

Por tanto, a la separación de cada elemento radiante del array, *a=15m* le corresponde un valor angular tal que,

$$\left\{\begin{array}{l}\lambda \longrightarrow 2\pi rad \\ 15m \to a(rad)\end{array}\right\} \Rightarrow a = 2\pi \dfrac{15m}{10m} = 3\pi rad$$

Al ser alimentación en fase le corresponde un ddr tipo, $A\cos(asen\theta)$. Por tanto,

Los máximos se obtienen para θ tal que, $asen\theta = \pm(n\pi)$. Esto es:

- $n=0 \to sen\theta = 0 \qquad\Rightarrow \theta = 0°, 180°$
- $n=1 \to sen\theta = \pm 1/3 \qquad\Rightarrow \theta = 19.5°, 160.5°, 199.5°, 340.5°$
- $n=2 \to sen\theta = \pm 2/3 \qquad\Rightarrow \theta = 41.8°, 138.2°, 221.8°, 318.2°$
- $n=3 \to sen\theta = \pm 1 \qquad\Rightarrow \theta = 90°, 270°$

Los mínimos se obtienen para θ tal que, $asen\theta = \pm\left(\dfrac{\pi}{2} + n\pi\right)$. Esto es:

- $n = 0 \rightarrow sen\theta = \pm 1/6 \quad \Rightarrow \theta = 9.6°, 170.4°, 189.6°, 350.4°$
- $n = 1 \rightarrow sen\theta = \pm 3/6 \quad \Rightarrow \theta = 30°, 150°, 210°, 330°$
- $n = 2 \rightarrow sen\theta = \pm 5/6 \quad \Rightarrow \theta = 56.5°, 123.5°, 236.5°, 303.5°$

El ddr contiene 12 lóbulos diferentes.

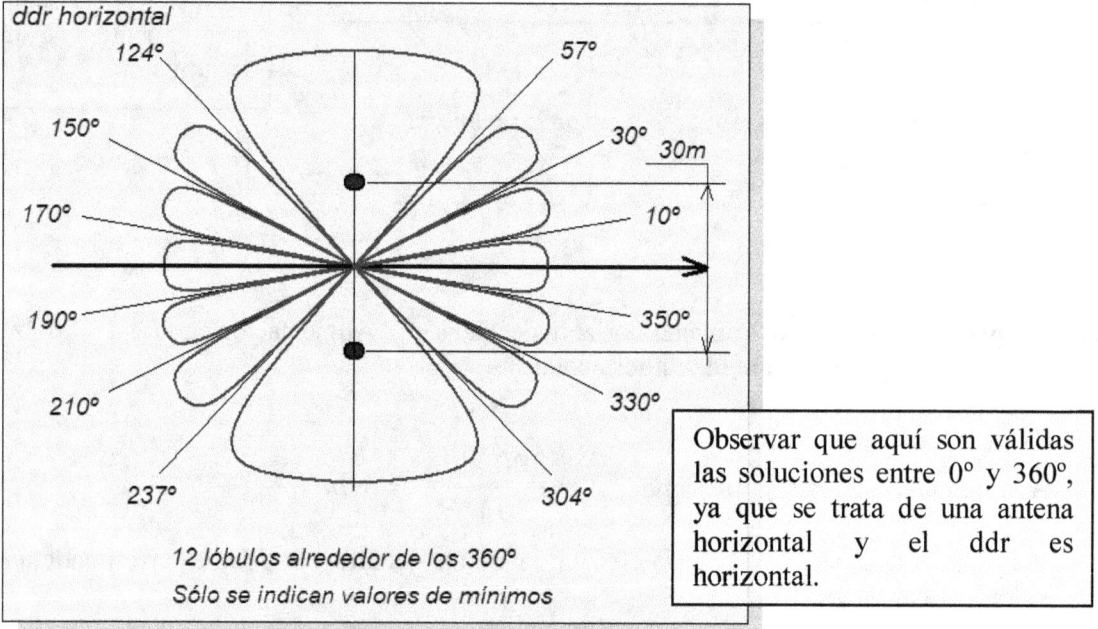

12 lóbulos alrededor de los 360°
Sólo se indican valores de mínimos

Observar que aquí son válidas las soluciones entre 0° y 360°, ya que se trata de una antena horizontal y el ddr es horizontal.

Introducción a las Comunicaciones Aéreas.

Las comunicaciones forman parte de uno de los sistemas prioritarios en la aeronave. De hecho, gran parte de los equipos de comunicaciones disponen de alimentación de emergencia para seguir manteniendo su funcionalidad, bajo circunstancias anormales de funcionamiento del sistema eléctrico. Como el resto de los sistemas de la aeronave, las comunicaciones están descritas en manuales de nomenclatura regulada específicamente para ellas. El sistema de regulación de normas ATA ("Air Transport Administration") marca el ATA23 como específico de este sistema.

La configuración de cualquier sistema de comunicaciones implica,

- ✓ Equipos de procesamiento de la comunicación: Transmisores, Receptores o Transceptores. Gestionan la comunicación en función de los parámetros de control que reciben.

- ✓ Paneles de control e indicación: Ubicados en el cockpit de la aeronave, accesibles en todo momento a la tripulación de vuelo de abordo ("Crew Member" o CM), permiten definir las características de la comunicación (tipo, banda, control de volumen, Tx o Rx, Frecuencia, ..), así como, visualizarlas.

Los sistemas de comunicación en la aeronave consisten en equipos del tipo "reemplazable" de forma rápida ("Line Replacement Unit" o LRU), instalados en estanterías ("racks") o huecos a medida sobre guías que los encajan en conectores donde se montan las líneas de transmisión y control. Se consideran dos tipos de LRUs según su ubicación dentro de la aeronave:

- ↳ "Remote Mounted": Sólo los paneles de control e indicación van instalados en el cockpit; el resto del sistema (gestión, alimentación, amplificación, ..) se instala en el compartimento de equipos electrónicos (CEE) o compartimento de aviónica. Este sistema se utiliza para equipos voluminosos y que requieran un grado de refrigeración elevado: el CEE es un compartimento refrigerado.

- ↳ "Panel Mounted": El aumento de la escala de integración de componentes ha permitido poder contar con equipos de volumen y peso cada vez más reducidos. En muchas ocasiones el equipo con su alimentación se integra con el panel de control y alimentación en una "pastilla" de dimensiones alto/ancho mínimas, aunque de importante profundidad. De esta forma, los equipos "panel mounted" se instalan formando racks de LRUs en el cockpit, sin que desde el exterior presenten problemas de espacio, aunque internamente tienen una profundidad elevada. Este sistema, cada vez más extendido, sobre todo en aviación ligera, tiene el problema de la acumulación de calor en los racks de montaje, debido a la gran densidad de equipos y de componentes internos, que hace que se requiera un sistema de refrigeración específico: por detrás de los paneles del cockpit se monta un equipo de ventilación forzada que permite mantener la temperatura del sistema dentro de un margen adecuado.

Los sistemas de comunicación en aviación comercial suelen tener una ubicación para control e indicación muy concreta:

Sistemas de Comunicaciones y Navegación en las Aeronaves

- ✓ En el Pedestal de Mando: Equipos del CM1 (piloto) y CM2 (copiloto) en cada lateral respectivo de los tripulantes. En algunas aeronaves en la parte trasera del pedestal se montan los equipos del CM3 (mecánico de vuelo).
- ✓ En el OverHeadPanel (OHP): Equipos del CM3 (mecánico de vuelo) y/o CM4 (observador). Además, otros equipos generales como el grabador de voces en cabina (CVR) o el panel de llamadas al CABIN y Exterior (CALLS).

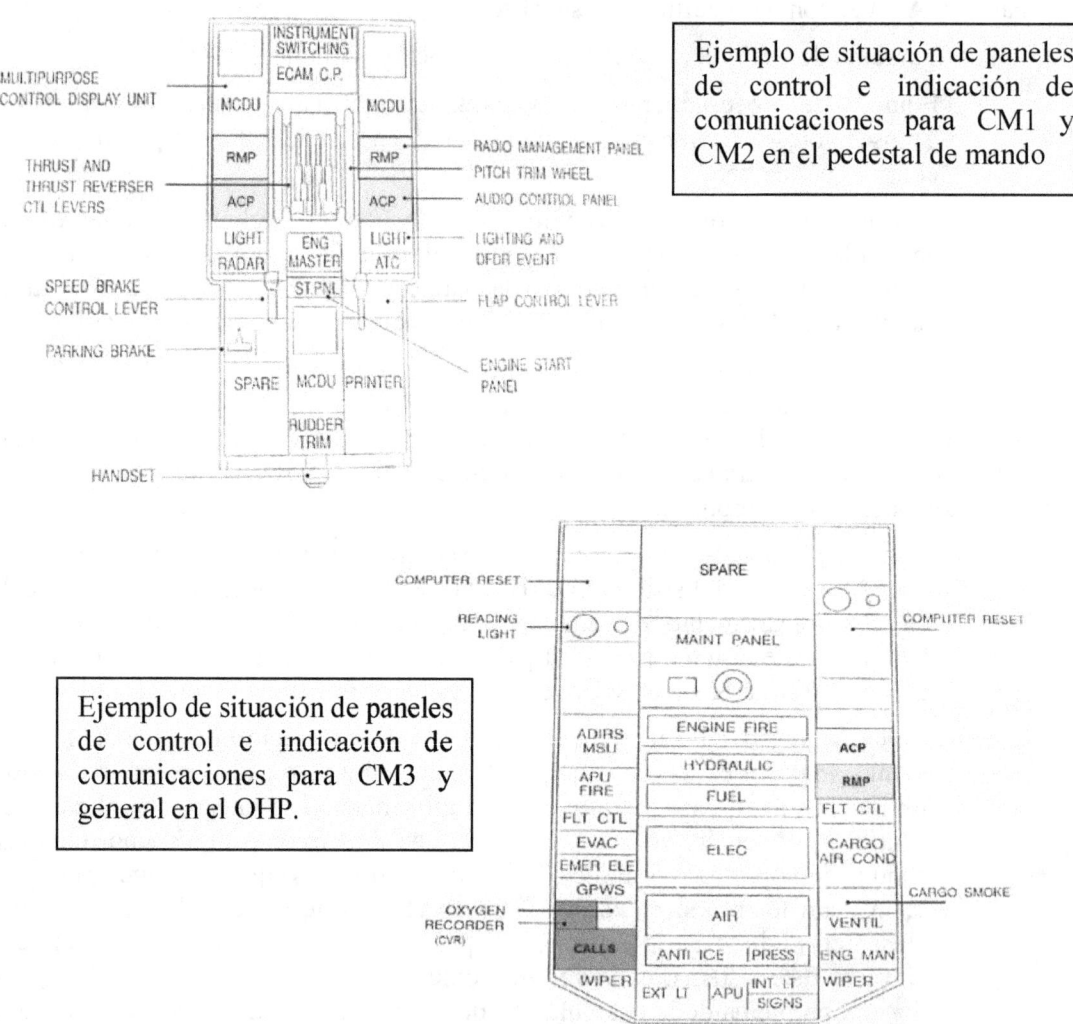

Ejemplo de situación de paneles de control e indicación de comunicaciones para CM1 y CM2 en el pedestal de mando

Ejemplo de situación de paneles de control e indicación de comunicaciones para CM3 y general en el OHP.

El ATA23 en un avión comercial pesado, que incorpora un sistema de comunicaciones completo, incorpora las siguientes referencias:

- Comunicaciones externas: Sistema de comunicaciones inalámbricas, basado en transceptores que utilizan la denominada radiotransmisión (R/T), es decir, la comunicación aire-tierra, vía aire. Incluye los siguientes subsistemas:

2. Sistemas de Comunicaciones Aéreas Externas

- VHF : Subsistema de comunicaciones continentales de corto alcance, basado en la comunicación de visión directa entre Tx y Rx ("sight to sight"). El avión suele incorporar tres equipos de VHF: el VHF1 y el VHF2 son específicos de los CM1 y CM2, respectivamente; el VHF3 está asignado a un sistema denominado ACARS ("Aircraft Comunication and Adressing Reporting System") para comunicación aire-tierra de datos ("reports") a discreción de la compañía aérea.
- HF: Subsistema de comunicaciones intercontinentales de largo alcance, basado en la comunicación por reflexión con la ionosfera. El avión suele incorporar dos equipos de HF.
- SELCAL ("Selective Calling"): Subsistema de control de llamadas entrantes de VHF y HF que permite que sólo lleguen a los CMs aquellas que sean específicas para su aeronave.
- SATCOM: Subsistema de comunicaciones global que utiliza una constelación de satélites geoestacionarios (MCS Satcom) o de órbita terrestre baja (Iridium SSC), para comunicar con cualquier parte del mundo. Comunicaciones fullduplex, accesibles a la tripulación y al pasaje.

- Comunicaciones Internas: Sistema de comunicaciones por cable (eléctrico o fibra óptica), basado en equipos que utilizan la denominada intercomunicación (I/C), es decir, la comunicación interior enlazando los diferentes espacios de la aeronave entre ellos (cockpit/cabin/bulk cargo/c.e.e./paneles exteriores). Incluye los siguientes subsistemas:
    - Interfónico: Permite las comunicaciones entre personal relacionado con la aeronave (CMs, TCPs, TMAs). Existen tres tipos dependiendo del enlace que realizan:
        - de cabina;
        - de vuelo;
        - de servicio.
    - PA o "Passenger Address": Avisos de audio desde el cockpit a los pasajeros en el Cabin.
    - Sistema de Entretenimiento del Pasaje (PES o IFE, "In Flight Entertainment"): Audio y Video para entretenimiento en cabina del pasaje. Sistemas individuales (por asiento) o comunes (por zona) de audio/video.
    - Grabador de Voces en Cabina, CVR o SSCVR ("Solid State Cockpit Voice Recorder"): Todas las comunicaciones sean I/C o R/T son grabadas por el CVR, además del "sonido ambiente" en el cockpit.
- Sistema de Integración de Audio AIS (Intercom): Control, supervisión y procesamiento de todo el audio (R/T, I/C, CVR). En aviación ligera se utiliza como AIS económico las cajas de distribución de audio.

- Sistema de Cabina de Intercomunicación y Datos CIDS (Audio/Datos): Control, supervisión y procesamiento de audio y de varios sistemas del cabin/cockpit como el Interfónico, PA, PES y Datos del Cabin (situación puertas de salida, humos, lavabos, luces, sistemas de emergencia..). Es una evolución del AIS implementada en aviación comercial pesada actual.

2. SISTEMAS DE COMUNICACIONES AÉREAS EXTERNAS

Índice:

- Introducción a las Comunicaciones Externas.
- Sistemas de Audio.
- Comunicaciones de VHF.
- Comunicaciones de HF.
- SELCAL.
- CPDLC.
- Comunicaciones por Satélite.
- Bibliografía Complementaria.

2.1 Introducción a las Comunicaciones Aéreas Externas.

Los sistemas de comunicaciones aéreas externas trabajan siempre con moduladoras simplex, independientemente de qué el canal de comunicación sea halfduplex o fullduplex.

La radiotransmisión (R/T), es decir, la comunicación aire-tierra, utilizando como medio de transmisión la atmósfera, implica el uso de al menos dos segmentos funcionales sincronizados:

- Segmento Aire: equipo de abordo redundante, basado en transceptores que usan LRUs y, que a su vez utilizan tres tipos de líneas de comunicación:
  - Líneas analógicas: señales que llevan la información modulada en forma analógica hacia/desde las antenas y a través de cables coaxiales de 50Ω.

2. Sistemas de Comunicaciones Aéreas Externas

- o Líneas de control: señales digitales en formato estándar (Por ejemplo, ARINC429 o ARINC629) procedentes de los paneles de control e indicación hacia el equipo transceptor, con las que se le indica cómo debe trabajar: modo(transmisión/recepción), frecuencia, nivel de volumen, AM, DBL, BLU, ..
- o Líneas discretas: señales de baja_impedancia/alta_impedancia que le indican a cada subsistema de R/T la configuración de redundancia con la que debe trabajar: en principio, la configuración normal es aquella en la que cada CM funciona con su línea de trabajo, es decir, CM1 con línea de equipos 1 y CM2 con línea de equipos 2; cualquier otra configuración se nombra como reconfiguración.
- o <u>Segmento Tierra</u>: Equipo de tierra basado en estaciones terrestres con ubicación fija y conocida por sus coordenadas geográficas (longitud/latitud) por todas las aeronaves. Además, sus características de funcionamiento (tipo de comunicación, banda, frecuencia, ..) también es pública. Su funcionamiento debe ser permanente a lo largo del tiempo.

Algunos sistemas de R/T pueden utilizar otro u otros segmentos adicionales, como puede ser el segmento espacial (constelación de satélites), en el caso del SATCOM.

A partir de aquí, se hará hincapié exclusivamente en el equipamiento del segmento aire, es decir, de la aeronave. Éste incluye dentro de cada subsistema de comunicación, los transceptores con sus paneles de control e indicación, las antenas y líneas de transmisión, un conjunto de equipamiento acústico por cada CM y un dispositivo de verificación de funcionamiento ("Built In Test Equipment" o BITE).

2.2 Sistemas de Audio.

Las comunicaciones de audio-voz exigen prestar una atención especial a la captación y reproducción del mismo en cuanto al entorno ambiente en el cockpit:

- Los micrófonos deben de ser capaces de reproducir la voz con claridad, rechazando por otro lado los sonidos no deseados.
- La reproducción de audio se puede dar a través de auriculares o bien a través de los altavoces de cabina ("loudspeakers"). Aunque los primeros se suelen utilizar para las comunicaciones específicas de audio-voz para R/T e I/C y los segundos para la reproducción de señales de identificación suministradas por las estaciones terrestres para navegación y, sobre todo, voces sintéticas (GPWS y TCAS), avisos ("Markers" o Radioaltímetro) y avisos de precaución ("cautions") y emergencia ("warnings").

Cada CM cuenta con un conjunto de elementos y accesorios para reproducción y captación de audio en el cockpit. Se nombra como equipamiento acústico individual y está compuesto por:

- ✓ "Boomset": Auriculares ("phones") más micrófono articulado en un mismo conjunto. Suelen incluir un control de volumen propio.

- ✓ "Headset": Auriculares sin micrófono.
- ✓ Micrófono manual ("HandMic"): Utilizado en combinación con el headset.
- ✓ Micrófono en la mascarilla de oxígeno: Utilizado en combinación con el headset en situación de emergencia de despresurización.
- ✓ Pulsadores para Transmisión o PTT ("Press To Talk"): En condiciones normales la R/T se encuentra en modo recepción. Para transmitir es necesario desacoplar la recepción y acoplar algún micrófono; para ello, se obliga mantener pulsado el PTT: cuando se suelta se pasa automáticamente al modo por defecto que es la recepción. Existen PTTs en el volante de mando o "sidestick", en el handmic y en los paneles de control de audio. En ocasiones se utiliza un circuito VOX que da paso al audio del micro en cuanto se percibe la voz del usuario; se suele usar en helicópteros.

Los ruidos en el cockpit son originados por distintas fuentes e imposibles de eliminar (motor, vibraciones paso del aire, ..).

Los ruidos audibles están comprendidos desde los 30Hz hasta las frecuencias más altas de audio, siendo muy importantes alrededor de los 8Khz. El audio-voz característico está definido entre 200Hz y 3KHz, por lo que al menos interesa filtrar el espectro de audio en los laterales de esta banda. Algunos micrófonos sólo reproducen audio de la banda de voz.

2.2.1 Micrófonos

Existen diferentes tipos de micrófonos, aunque todos ellos utilizan para acoplamiento jacks de conexión macho de 5mm de diámetro que incorpora ptt y tres terminales: mic_lo, mic_hi, gnd.

- Micrófono de carbón: Es la forma más antigua de micrófono que todavía puede encontrarse en aviación ligera. Basado en una cápsula cilíndrica aislante con dos tapas metálicas, una rígida y otra fina y flexible que actúa a modo de membrana o diafragma. El interior se ha rellenado con gránulos de carbón. El sonido produce deformaciones del diafragma, que cambian la presión sobre el carbón y, así, la resistencia entre las placas metálicas. La corriente es aproximadamente constante y se conecta a una resistencia en serie de valor relativamente alto, de manera que la tensión en la cápsula sea lineal respecto a los desplazamientos del diafragma y, así, la conversión sonido-tensión es fiel dentro de la banda (estrecha) de que es capaz.

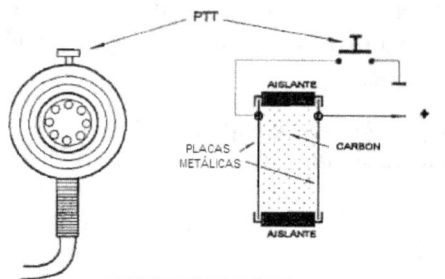

MICROFONO DE CARBON

La resistencia interna del micro varía entre 50Ω y 300Ω, con un valor medio de 150Ω, generando una fem de unos 2.5Vrms

- Micrófono Dinámico. Permiten una banda de audio más amplia. Una bobina unida al diafragma se mueve en el interior del campo magnético producido por un imán permanente cuando incide el sonido de la voz. La bobina produce una tensión inducida proporcional a los desplazamientos de la membrana, aunque esta tensión es tan pequeña que requiere de amplificación.

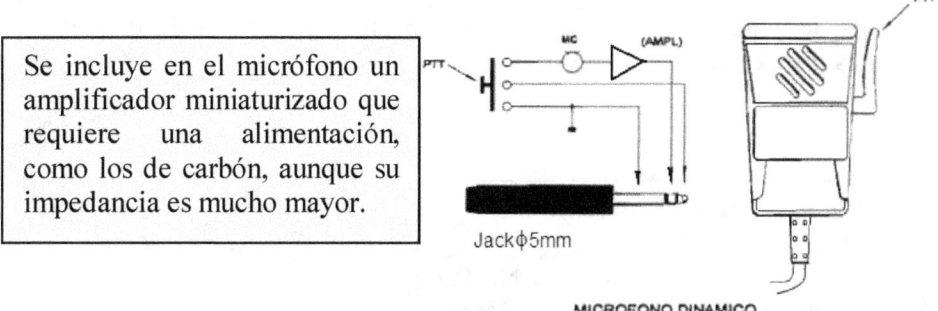

Se incluye en el micrófono un amplificador miniaturizado que requiere una alimentación, como los de carbón, aunque su impedancia es mucho mayor.

- Micrófono de cristal. Utiliza cristales cúbicos de sal que trabajan con efecto piezoeléctrico, de manera que al ser comprimidos por el diafragma generan una tensión proporcional y apreciable. No requieren polarización como los dinámicos, aunque presentan una elevada impedancia, por lo que no son intercambiables con los de carbón.
- Micrófono de condensador o "electreto". Utilizan un preamplificador para cargar las placas de un condensador variable donde una de ellas es el diafragma. Produce tensiones de descarga proporcionales a los desplazamientos de la placa-diafragma.

2.2.2 Altavoces y Auriculares

Componentes finales de los sistemas de audio. Están basados en el siguiente principio de funcionamiento:

Una bobina móvil, en el interior de un campo magnético fijo generado por un imán permanente, se alimenta con la señal eléctrica de audio. Esto produce desplazamientos longitudinales de la bobina, que a su vez está unida a un cono de cartón plastificado (diafragma), cuyo movimiento genera el sonido proporcional a los desplazamientos. El diafragma va sujeto en la periferia exterior a la armadura rígida del conjunto y por el centro a la bobina móvil.

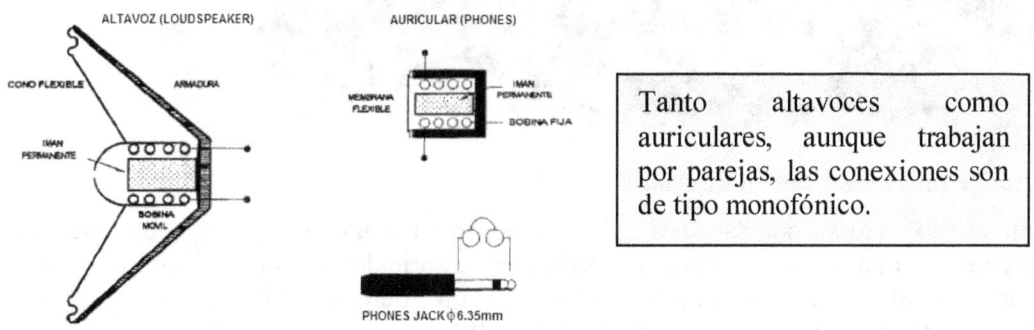

Tanto altavoces como auriculares, aunque trabajan por parejas, las conexiones son de tipo monofónico.

Sistemas de Comunicaciones y Navegación en las Aeronaves

- Los altavoces ("loudspeakers") usan conos de base de más de 3" y se utilizan para generar sonido ambiente en el cokpit. Trabajan con impedancia de 4Ω.
- Los auriculares ("phones") usan, en lugar de cono plastificado, una fina membrana circular de 1" o menos, unida a un conjunto bobina-cápsula de tamaño apropiado para adaptación al oído. Trabajan con impedancia de 500Ω.

Los jacks de conexión de los phones son macho de 6.35mm de diámetro y de dos terminales. Este es el caso del headset.

En un boomset se pueden usar dos jacks independientes para phones y mic, o bien uno sólo tipo NATO macho de 4 terminales y 6.35mm de diámetro.

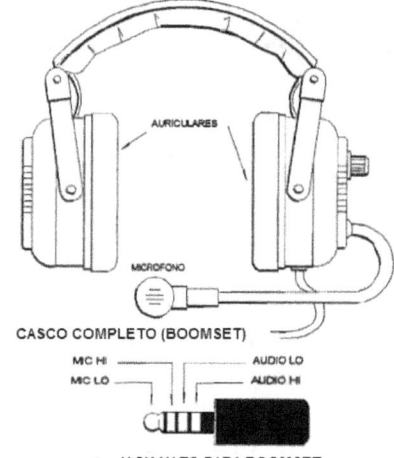

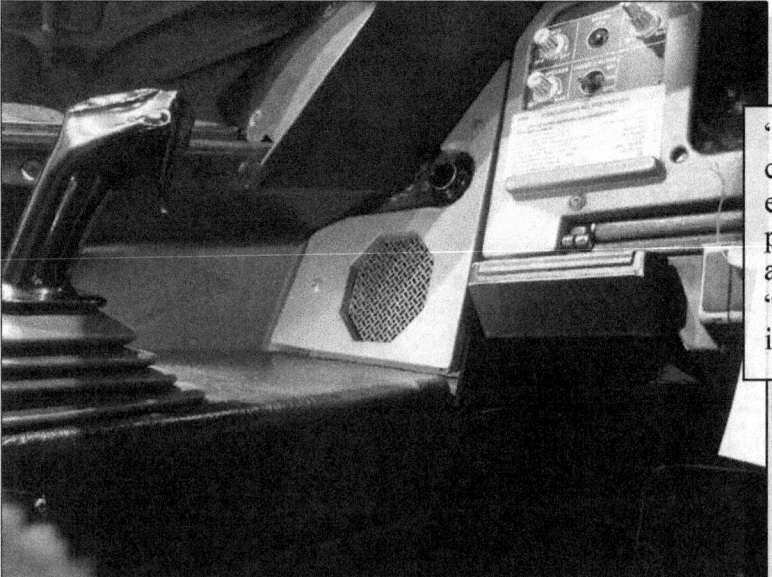

"Loudspeaker" del CM1 en el cockpit. Puede verse en la esquina superior el "knob" para control de volumen del altavoz (dentro del cuadro de "knobs" ocupa la posición inferior izquierda).

2.2.3 Paneles de Control de Audio

En ocasiones los equipos de COMM se conectan a un dispositivo económico que incluye un amplificador de audio con salidas para auriculares (tantas como tripulantes) y altavoz y, al menos, dos entradas de micro. Son las denominadas cajas de distribución de audio (Sistema de Integración de Audio o AIS).

2. Sistemas de Comunicaciones Aéreas Externas

Sin embargo, teniendo en cuenta que los equipos de NAV también van a generar señales audibles en el cockpit, cuando se dispone de un sistema de aviónica (NAV/COMM) completo, la distribución de audio exige contar con un panel de control de audio ("Audio Control Panel" o ACP) con más capacidad.

Habitualmente se utiliza un ACP por cada CM en el cockpit.

- ✓ Todas las entradas y salidas de los diferentes equipos de COMM y NAV se conectan a cada ACP. Sobre cada ACP se conecta el equipamiento acústico del CM asignado.
- ✓ Cada ACP permite la selección de micro hacia cada uno de los transmisores y de las salidas de audio, phones y/o loudspeakers, respecto de cada uno de los receptores.
- ✓ Incorporan amplificadores de aislamiento que garantizan la independencia completa entre elementos diferentes de salida y entrada, aunque exista una misma selección de audio para varios a la vez.

Un ejemplo de ACP para aviación ligera es el control de audio Bendix/King KMA24 propuesto a continuación.

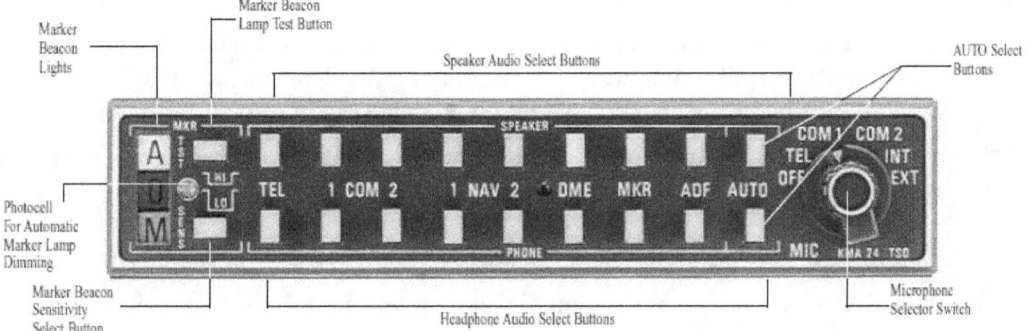

El KMA24 controla hasta tres transceptores y seis receptores, incluido un receptor interno de radiobalizas ILS ("Markers" o MKR) con control automático de iluminación ("dimming").

Para mantener las entradas de audio aisladas se utilizan amplificadores de aislamiento: las entradas se atenúan mediante una red resistiva, para después amplificar la señal para conseguir una salida igual a la entrada. En función de que la salida sea hacia phones o hacia speakers, el tratamiento será distinto:

- Amplificador de Phones: Una entrada de 1v (previa a la atenuación) producirá una salida de 1v y, como la impedancia de entrada y de salida son iguales, de 500Ω, la ganancia total en potencia del amplificador de aislamiento es 1=0dB. La potencia de salida ajustada es de 50mw sobre 500Ω.

- Amplificador de Speakers: Aquí también con una entrada de 1v (previa a la atenuación) se genera una salida de 1v pero, hay que tener en cuenta que la impedancia de salida es de 4Ω diferente a la de entrada de 500Ω. Por tanto, la ganancia de potencia $\left(W = \dfrac{V^2}{R} \right)$ será:

- $W_{in} = \dfrac{1^2}{500} w$ y $W_{out} = \dfrac{1^2}{4} w$
- La ganancia vendrá dada por, $G = \dfrac{W_{out}}{W_{in}} = \dfrac{500}{4} = 125$
- En dB: $G = 10 \log_{10} 125 = 21 dB$

Con los pulsadores superiores del panel frontal se seleccionan las entradas de audio hacia los speakers.

Con los pulsadores inferiores del panel frontal se seleccionan las entradas de audio hacia los phones.

Con el pulsador AUTO se activa sobre el speaker y/o phone pulsado el receptor correspondiente al transmisor seleccionado con el "knob" de selección de micrófono (TEL/HF/COM1/COM2).

Existe un circuito interno de silenciamiento ("muting") que, cuando se pulsa el micro (PTT) silencia el audio seleccionado en los speakers para evitar resonancia por realimentación recepción-transmisión.

El KMA24 permite utilizar dos entradas de audio directas, típicamente usadas para la señal de avisos audibles del radioaltímetro y la señal de llamada del radioteléfono (TEL), que van a parar a los phones y speakers y que no le afecta el circuito de silenciamiento.

El "knob" de selección de micrófono utilizado para acoplar un transmisor tiene las siguientes opciones:

- Para R/T: TEL (Radioteléfono aprobado), HF, COM1/COM2 (para VHF).
- Para PA: INT que permite comunicación interior de mensajes a la cabina de pasaje (altavoces de CABIN).
- EXT que permite comunicación con un panel de comunicaciones exteriores sobre el que se acopla un TMA desde tierra con phones, además de contar con un altavoz exterior.

El receptor de MKR opera en 75MHz y proporciona señales audibles y visuales de paso sobre radiobalizas ILS:

- Radiobaliza externa (OM): luz azul, audio de 400Hz.
- Radiobaliza media (MM): luz ámbar, audio de 1300Hz.
- Radiobaliza interna (IM): luz blanca, audio de 3000Hz.

El receptor de MKR permite dos tipos de sensibilidad (HI/LO) con lo que la detección de la radiobaliza correspondiente se realizará desde más lejos o más cerca, según interese en la aproximación. El botón de Test verifica la iluminación de las lámparas de Markers.

El KMA24 utiliza alimentación estándar seleccionable de 13.75vdc o 27.5vdc.

Otro panel de control de audio representativo puede ser el NAT AA-95, más rígido y rudo con prestaciones adaptadas al helicóptero, donde las vibraciones exigen otro tipo de paneles frontales, así como, contar con elementos internos que no se dañen con las mismas.

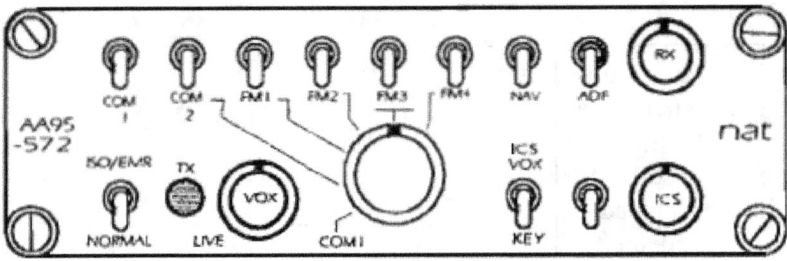

NAT AA-95

2.3 Comunicaciones de VHF.

El sistema de VHF (COMM) mandatorio en la aeronave está compuesto por dos transceptores de VHF. Un transceptor de VHF consiste en un receptor superheterodino de conversión simple o doble (2 etapas) y de un transmisor de AM.

La banda de VHF está comprendida entre los 118.000MHz y los 136.975MHz, definida por 760 canales diferentes, separados entre sí por un step de 25KHz. En el año 2005 surge en Europa la normativa 8.33 que recomienda empezar a utilizar transceptores de VHF con step de 8.33KHz, de manera que el número de canales de la banda se multiplica por tres (760x3): no es obligatorio sustituir los transceptores de step 25KHz, pero sí las nuevas aeronaves deben empezar a utilizar los de step 8.33KHz.

Los trasceptores de VHF trabajan en scs ("single chanell simplex"), es decir, moduladora simplex y canal único con frecuencia única para transmisión y recepción.

Existen dos posibilidades de instalación del sistema de VHF:

- ✓ En aviación comercial pesada se utiliza el montaje remoto, esto es, el transceptor de unos 20w se encuentra en el CEE, la antena de cuchilla en la parte superior o inferior del fuselaje y el panel de control e indicación en el cockpit.

- ✓ En aviación ligera se suelen utilizar equipos integrados ("panel mounted"), donde el transceptor de unos 10w y el control forman un único conjunto en el cockpit.

Las comunicaciones de VHF se realizan mediante "línea visual directa" ("sight to sight"), usando onda aérea. Entre el transmisor y el receptor no debe existir ningún obstáculo, ya que la onda se propaga bien sólo en el aire. El alcance a que da lugar este tipo de comunicación se determina utilizando la ecuación,

$$Range = 1.23\left(\sqrt{h_{Rx}} + \sqrt{h_{Tx}}\right)$$

Sistemas de Comunicaciones y Navegación en las Aeronaves

Donde *"Range"* es el radio de la cobertura horizontal en NM ("Nautic Miles") y h es la altura respecto del suelo del Rx y el Tx. Normalmente la altura de la estación terrestre es despreciable, frente a la altura correspondiente al nivel de vuelo de la aeronave.

Por ejemplo, para dos aeronaves que vuelen a 10000ft y 25000ft, la cobertura de VHF sería de 123NM y 200NM de radio máximo, respectivamente.

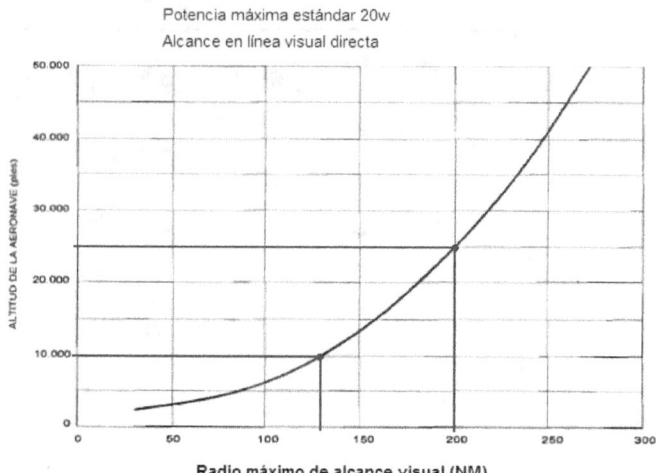

Vamos a realizar la descripción de un sistema de VHF basado en el transceptor de Bendix/King KY196, muy utilizado en aviación ligera.

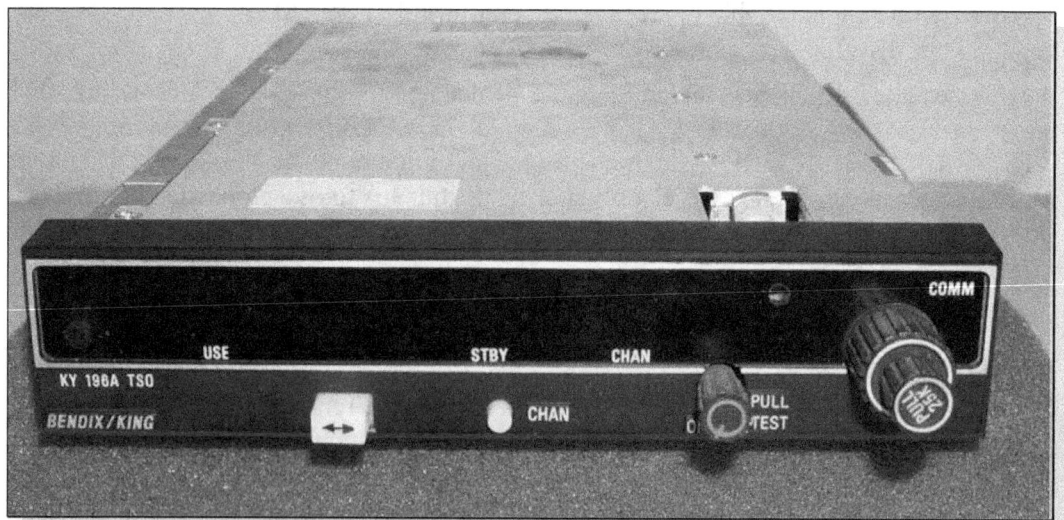

El KY196 es un equipo tipo pastilla "panel mounted", de ancho estándar de 16cm para realizar "apilamientos". El panel frontal está dedicado al control del equipo y pantalla ("display") de indicación. Incorpora los siguientes elementos típicos:

- ✓ Selector de frecuencia: doble "knob" concéntrico; el exterior define los MHz de uno en uno y el interior los KHz de 50 en 50; al tirar ("pull") del knob interior se añaden 25KHz.
- ✓ Interruptor de encendido, control de volumen y control de silenciamiento de ruido "squelch": Al sacar el "knob" hacia fuera ("pull") y ajustar el control a un volumen de ruido deseable, cuando se introduce de nuevo ("push") se activa el

2. Sistemas de Comunicaciones Aéreas Externas

squelch automático que silencia la salida del receptor cuando el nivel de ruido excede del nivel marcado.

- ✓ Pulsador CHAN: para modos de recuperación y programación de canales.
- ✓ Display de alta luminosidad y control de dimming: indicación de frecuencia actual en uso ("use") y frecuencia de "standby", además de modo transmisión (T) o recepción (nada).
- ✓ Pulsador de transferencia ("Xfer"): la frecuencia de standby se define con el selector de frecuencia. Al pulsar Xfer se intercambian los valores de frecuencias Use-Stby.

El KY196 consta de los siguientes circuitos:

- ✓ Un receptor VHF de conversión simple (1etapa) que utiliza las siguientes etapas:
    - o Preselector sintonizado basado en un circuito de diodo varactor;
    - o Amplificador de RF con transistores FET de ganancia controlada por el voltaje de sintonización, proporcional a la frecuencia de sintonización y procedente del oscilador maestro estabilizado (SMO).
    - o Mezclador y filtro de FI de 11.4MHz, monolítico (un solo bloque apantallado) a cristal.
    - o Amplificador de FI en circuito integrado.
    - o Control automático de ganancia (AGC) sobre las etapas de AIF y ARF.
    - o Control de ruido de fondo ("squelch"), basado en una puerta digital que permite/no_permite el paso de la señal detectada en el demodulador hacia al ABF.
- ✓ Un transmisor de banda ancha de 16w con transistores de potencia montados sobre un radiador de aluminio fundido, que incorpora a la salida de antena un filtro pasobajo para estabilización de la señal modulada.
- ✓ Una sección de control a microprocesador de 8bits (8048) con las funciones de:
    - o Incrementar/decrementar la frecuencia seleccionada.
    - o Almacenar los 9 canales programables por el usuario y los controles de brillo del display en memoria EAROM.
    - o Controlar la transferencia remota de frecuencias Use-Stby
    - o Control de la presentación de frecuencias en el display.
    - o Generar el código de frecuencia para el sintetizador del SMO.

Sistemas de Comunicaciones y Navegación en las Aeronaves

- ✓ Fuente de alimentación de tres secciones:
    - Regulador de 9v
    - Regulador de 5v
    - Fuente conmutada para el display de ±90v.

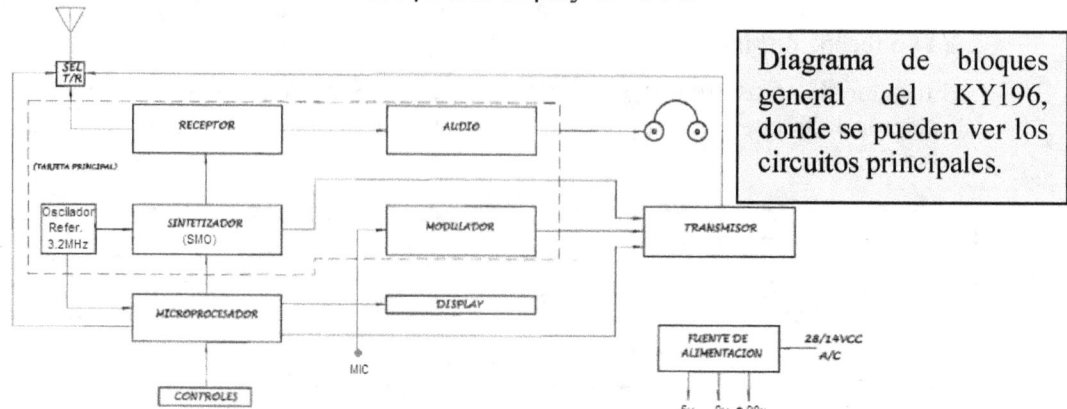

Diagrama de bloques general del KY196, donde se pueden ver los circuitos principales.

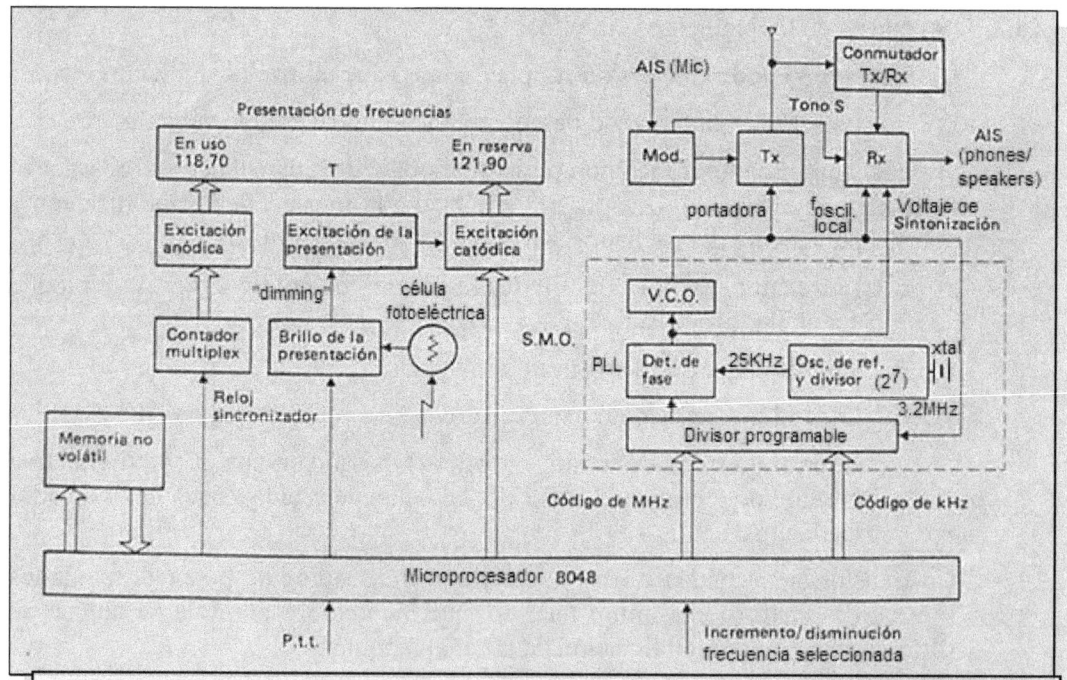

Diagrama de bloques del KY196, donde se puede ver con cierto detalle el circuito de control y el circuito sintetizador (SMO) controlados por microprocesador.

Sintetizador: Oscilador Maestro Estabilizado (SMO).

Se trata de disponer de un oscilador de precisión (frecuencia estabilizada) capaz de generar una amplia gama de frecuencias sin que se encarezca el circuito. A partir de un único cristal de cuarzo generador de la señal interna de referencia (3.2MHz), el SMO va a ser capaz de conseguir multitud de señales de diferentes frecuencias, todas ellas de precisión. El SMO tiene las siguientes funciones:

- Generar la señal de portadora para el transmisor, es decir las 760 frecuencias diferentes desde 118MHz a 136.975MHz de 25 en 25KHz.

- Generar la señal del oscilador local para el mezclador del receptor, es decir las mismas 760 frecuencias diferentes anteriores a las que se suma la frecuencia intermedia (FI) que aquí será de 11.4MHz.

- Generar el voltaje de sintonización de corriente continua proporcional a la frecuencia de sintonización (señal modulada) en el receptor y que necesita el ARF del receptor para amplificar sólo la frecuencia de sintonización.

El SMO es un oscilador de precisión compuesto por los siguientes elementos:

- Oscilador de referencia y divisor: Oscilador precisión de 3.2MHz, basado en un circuito integrado que utiliza un cristal de cuarzo para conseguir estabilidad. La señal de 3.2MHz se hace pasar por un contador digital de 7 etapas que divide la frecuencia por 128 (2^7), obteniéndose el valor del step de 25KHz.

- Detector de Fase o PLL ("Phase Lock Loop"): comparador de fases que recibe la señal de referencia de 25KHz y la señal de salida del "divisor programable", que será también de 25KHz cuando la salida del SMO sea exactamente la frecuencia que necesitamos. El PLL compara la fase de ambas señales y genera una señal de corriente continua a la salida (voltaje de sintonización):
    o Voltaje plano cuando el desfase entre entradas sea constante.
    o Voltaje en rampa positiva cuando el desfase entre entradas sea variable positivo (la frecuencia de salida del divisor programable es menor de 25KHz).
    o Voltaje en rampa negativa cuando el desfase entre entradas sea variable negativo (la frecuencia de salida del divisor programable es mayor de 25KHz).

- Oscilador controlado por tensión o VCO: genera una señal de frecuencia proporcional a la tensión de entrada. La tensión de entrada es la señal de salida del PLL, de manera que dependiendo de su variabilidad así será la estabilidad de la frecuencia de salida que coincide con la salida del SMO:
    o Con tensión plana la frecuencia de salida es estable y coincide con el valor requerido.
    o Con tensión de rampa positiva, la frecuencia de salida se incrementa.
    o Con tensión de rampa negativa, la frecuencia de salida disminuye.

- Divisor Programable: Recibe la señal de salida del VCO y divide su frecuencia en función de la selección de frecuencia que realizamos en el transceptor. Dependiendo de cómo sea la frecuencia del VCO respecto de la frecuencia seleccionada, así será su salida:

- Si $f_{VCO} > f_{selec.} \Rightarrow salida > 25KHz$
- Si $\boxed{f_{VCO} = f_{selec.} \Rightarrow salida = 25KHz}$
- Si $f_{VCO} < f_{selec.} \Rightarrow salida < 25KHz$

El valor entero en MHz seleccionado se divide por (118 a 136) multiplicado por la prescala (40): por ejemplo, si seleccionamos 135MHz, se divide por 135x40=5400, de manera que se obtiene para una entrada exacta de 135MHz: 135MHz/5400=25KHz.

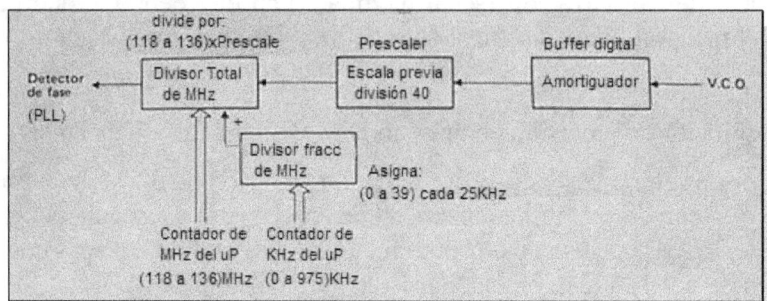

Al valor seleccionado en KHz se le asigna un número de 0 a 39, definido dividiendo los KHz seleccionados por 25. Este número se suma al del divisor de MHz.

Por ejemplo, si seleccionamos 135.125MHz, el divisor de MHz genera 135x40=5400; el divisor fraccional de KHz produce 125KHz/25=5 y, por tanto, el divisor total trabaja con 5405; para una entrada exacta desde el VCO de 135.125MHz: 135.125MHz/5405=25KHz

Receptor.

La etapa de RF utiliza sintonización mediante diodo varactor que trabaja con el voltaje de sintonización del SMO.

La señal recibida en antena pasa por el filtro paso-bajo común con el transmisor y, a través del selector Tx/Rx hacia el ARF basado en un transistor FET de doble puerta:

- la señal de entrada se aplica en la puerta1 y,
- el voltaje de AGC que controla la ganancia del FET en la puerta2.

La señal deseada se lleva después al mezclador, también basado en un FET de doble puerta:

- la señal deseada amplificada se aplica en la puerta1 y,
- frecuencia del oscilador local generada por el SMO en la puerta2.

A la salida del mezclador se obtiene la conversión a frecuencia intermedia de 11.4MHz, estabilizada a través de un filtro monolítico a cristal. Seguidamente se utilizan dos etapas de AFI que pasan la FI al detector.

La tensión del AGC se lleva a las dos etapas de amplificación de FI y al amplificador de RF, siendo capaces en conjunto de alcanzar una ganancia de 120dB (rango dinámico).

La señal detectada no puede atravesar la puerta del silenciador ("squelch") mientras no se cumpla que su nivel:

- ✓ Supera el ajuste del nivel de ruido, o
- ✓ Supera el ajuste del nivel de modulada.

A la salida del detector se muestrea el ruido a 8KHz, lo que permite mantener cerrada la puerta del silenciador (y que no pase la señal detectada) si la amplitud del ruido es superior a un valor predeterminado por el ajuste automático del silenciador.

Cuando se recibe una señal modulada, la salida de ruido del detector disminuye debido a la acción del AGC. De esta manera, la puerta del silenciador en modo automático se abre permitiendo el paso de la señal de audio.

El "squelch" se puede ajustar manualmente con el control de volumen ("pull out"): sólo cuando el nivel de señal modulada (S+N) supera el nivel de ajuste del silenciador, la puerta de control se abre y deja pasar el audio.

La tensión media de salida del detector se utiliza para determinar la tensión de AGC de las etapas de FI y ésta, a su vez, influye en la tensión de AGC de RF.

La señal sigue después atravesando un filtro paso-bajo, atenuador de frecuencias superiores a 2.5KHz, previo al ABF.

La señal de audio se lleva ahora, pasando por el control de volumen, hasta el circuito integrado preamplificador final de audio: la salida proporciona por encima de 100mw sobre una carga de 500Ω.

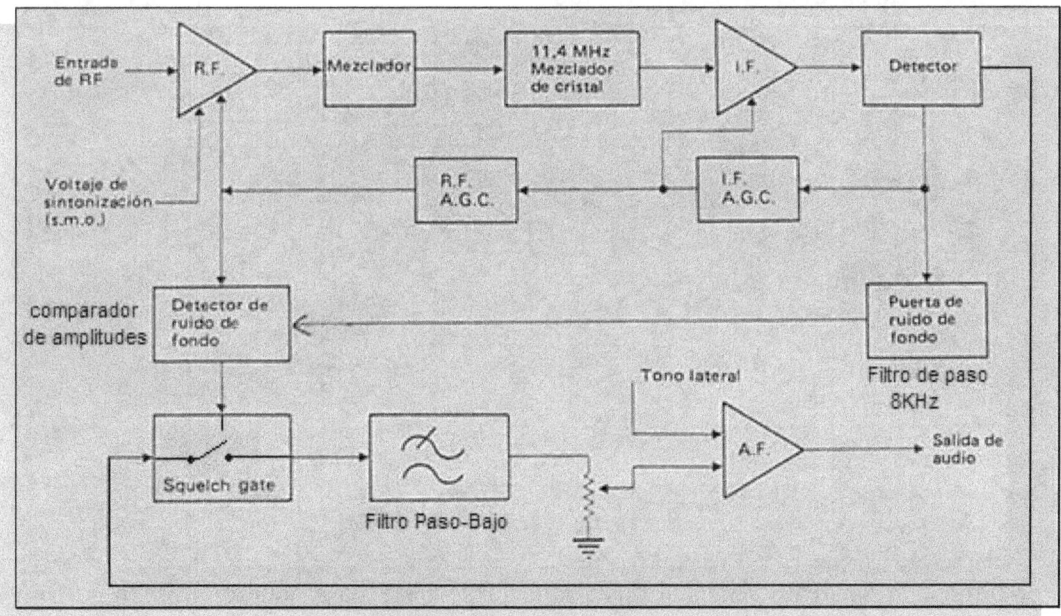

Transmisor.

Envía a la entena 16w de RF en AM.

Desde el SMO se lleva la RF de portadora a un preamplificador específico de RF. Esta entrada se manipula con el circuito de conmutación Tx/Rx poniendo a masa la transmisión cuando la señal de PTT no esté activa. En caso contrario la RF preamplificada se pasa a un amplificador de potencia cuya ganancia se maneja con la salida del modulador.

La cadena moduladora comprende,

- ✓ Preamplificador microfónico, capaz de generar un nivel de moduladora que proporcione posteriormente hasta un 85% de modulación.
- ✓ Limitador que impide que se alcance un nivel de moduladora que produzca 100% o más de modulación.
- ✓ Etapa de conmutación Tx/Rx basada en un transistor FET que actúa como interruptor electrónico, cortando la línea microfónica durante la recepción o conectándola durante la transmisión cuando existe señal de PTT.
- ✓ Excitador del modulador controlado por la señal de la etapa de conmutación Tx/Rx permite el paso de la señal moduladora hacia el modulador, parte de la cual se utiliza como tono lateral ("side tone") inyectado en el receptor durante la transmisión.
- ✓ Modulador de la señal de 27.5vdc con la señal de audio: este nivel de tensión variable con la forma de la moduladora es lo que va a controlar la ganancia de los transistores de la etapa de potencia; de esta manera, la señal de portadora adquiere más o menos potencia (amplitud) en función de cómo hacemos variar la ganancia de la etapa amplificadora.

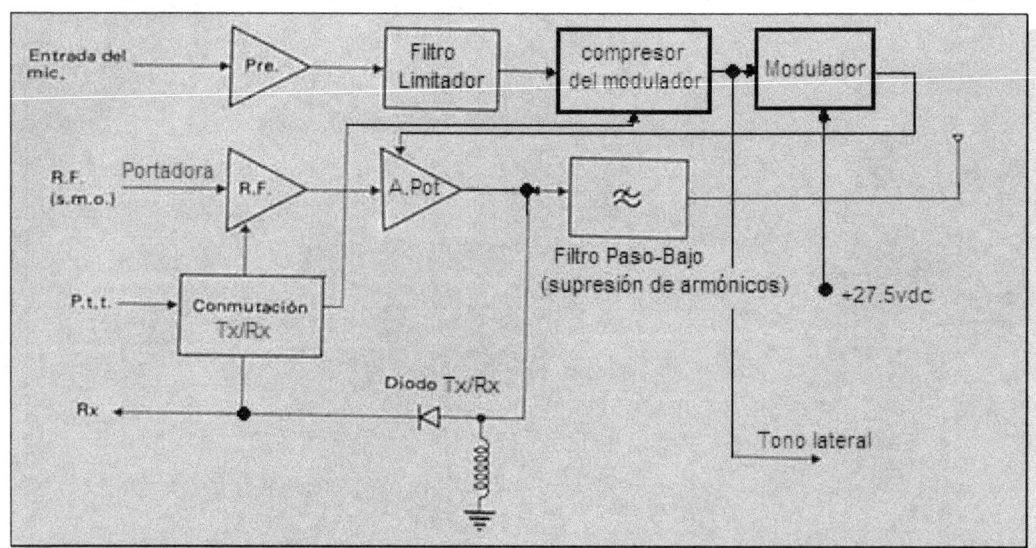

Por último, la señal de potencia ya modulada se hace pasar por el filtro paso-bajo supresor de armónicos superiores de la RF hacia la antena.

Durante la recepción el diodo para Tx/Rx se encuentra en polarización directa conectando la señal recibida de la antena, a través del filtro paso-bajo, al ARF del receptor. En la transmisión el diodo para Tx/Rx se polariza en inverso, desconectando los circuitos del receptor de la antena.

Microprocesador: Control y Display.

El microprocesador 8048 de 8bits utiliza 4Kb de memoria ROM que contienen las instrucciones del programa de control.

El uP envía un código de 24bits al sintetizador (SMO) utilizado para determinar la relación de división de referencia en el divisor programable. Se envía además otro código de 24bits correspondiente a la frecuencia "use", para cuando se produce la transferencia con la de "stby". Estos códigos además de almacenarse en el uP se guardan en memoria alterable eléctricamente (EAROM) de 1400bits a las que se tiene acceso cuando el sistema se reinicializa.

El display indicador es del tipo de descarga gaseosa, utilizando un circuito de "dimming" basado en una célula fotoeléctrica como sensor de la luz ambiente, para controlar la intensidad luminosa del indicador: a mayor luz ambiente, mayor intensidad luminosa en el display y viceversa.

Especificaciones del KY196

Banda Frecuencias: 118.000MHz a 136.975MHz con step de 25KHz

Alimentación: 27.5vdc/1A

Receptor:
- ✓ Sensibilidad: 2uv producen no menos de 6db (S+N/N) con 1KHz al 30%.
- ✓ Selectividad: -6dB a ±8KHz mínimo

    -40dB a ±17KHz máximo

    -60dB a ±22KHz máximo
- ✓ Modulación cruzada: una entrada simultánea de una señal fuera de resonancia modulada al 30% y una señal deseada sin modular, la salida de audio no es mayor de -10dB respecto de la salida con entrada señal deseada modulada 30%.
- ✓ Salida de audio,
    - o Ganancia: 2uv al 30% sobre 1KHz producirán 100 mw sobre carga de 200Ω a 500Ω.
    - o Respuesta en frecuencia: entre 300Hz y 2500Hz el nivel de la salida de audio no variará en más de 6dB.
    - o Frecuencias superiores a 5750Hz deben atenuarse al menos en 20dB
    - o Distorsión armónica: menor del 7.5% con modulación al 30%

        menor del 20% con modulación al 90%

Sistemas de Comunicaciones y Navegación en las Aeronaves

- ✓ AGC: desde 5uv a 10000uv la salida de audio no varía más de 3dB.
- ✓ Squelch: automático por nivel de ruido (ajuste interno). Desarme manual para uso por nivel de modulada.

Transmisor:
- ✓ Estabilidad en frecuencia: 0.0015%
- ✓ Potencia de RF: 16w mínimo. Entre 25-40w sobre una carga de 52Ω al extremo de una línea de transmisión de 5 pies de longitud.
- ✓ Modulación: AM 70%
- ✓ Micrófono: de carbón o dinámico con preamplificador (100mvrms sobre 100 Ω)
- ✓ Circuito microfónico: impedancia de entrada de 150Ω con alimentación de micrófono de carbón de 20vdc
- ✓ Ciclo de carga: 1min Xmit/4min Rec.

Antena: Polarizada verticalmente y omnidireccional. Para adaptar a 52 Ω con VSWR<1.5

Comprobaciones en Línea (en rampa) con el sistema de VHF

- ♦ Desconectar el squelch automático y comprobar el ruido de fondo, así como, el funcionamiento del control de volumen.
- ♦ Verificar la iluminación de todos los segmentos del display indicador, además del funcionamiento del "dimming" tapando el sensor fotoeléctrico varias veces.
- ♦ Activar el "squelch" manual en un canal que no esté en uso. Oprima el PTT y hable por el micrófono, comprobando ruido de fondo y tono lateral.
- ♦ Establecer una comunicación recíproca con una estación usando Rx y Tx si es posible; por ejemplo, en Madrid la Rx se comprueba en 126.20MHz (continuo), 118.70 MHz (Torre) y 127.50MHz (Barajas); la Tx se prueba en 119.00MHz usando un "walkie-talkie". Comprobar intensidad y calidad de la señal.
- ♦ No transmitir en 121.5MHz (Canal de Emergencia). No transmitir si se está repostando combustible. No interrumpir comunicaciones ATC-Aeronave.

Vamos a realizar ahora la descripción de un sistema de VHF de montaje remoto, para instalación del transceptor en rack de radio, con control independiente en el cockpit. Se trata del Bendix/King KTR908, de aplicación en el ámbito civil y militar de aeronaves que se mueven en niveles de vuelo elevados (incluida la estratosfera).

El **KTR908** es un equipo de estado sólido ("solid state" o SS) asociado al control KFS598 que incluye un display de alto brillo, control de "dimming", selectores de frecuencia y control de volumen/"squelch". El transceptor KTR908 consta de los siguientes circuitos:

2. Sistemas de Comunicaciones Aéreas Externas

- ✓ Un receptor VHF de conversión simple (1etapa) que utiliza las siguientes etapas:
    - Preselector sintonizado basado en un circuito de diodo varactor;
    - Amplificador de RF con transistores MOSFET de ganancia controlada por el voltaje de sintonización, proporcional a la frecuencia de sintonización, procedente del oscilador maestro estabilizado (SMO).
    - Mezclador activo MOSFET y filtro de FI de 11.4MHz, monolítico a cristal.
    - Amplificador de FI en circuito integrado de dos etapas.
    - Control automático de ganancia (AGC) sobre las etapas de AIF y ARF.
    - Control de ruido de fondo automático y manual.
- ✓ Un transmisor de banda ancha de 20w con transistores de potencia montados lateralmente sobre radiador de aluminio fundido, que incorpora a la salida de antena un filtro paso-bajo para estabilización de la señal modulada.
- ✓ Fuente de alimentación de tres secciones:
    - Regulador de 12v
    - Estabilización de 27.5v
    - Fuente conmutada generadora de +185v/+9v/+5v/-26v para elementos diversos del control.

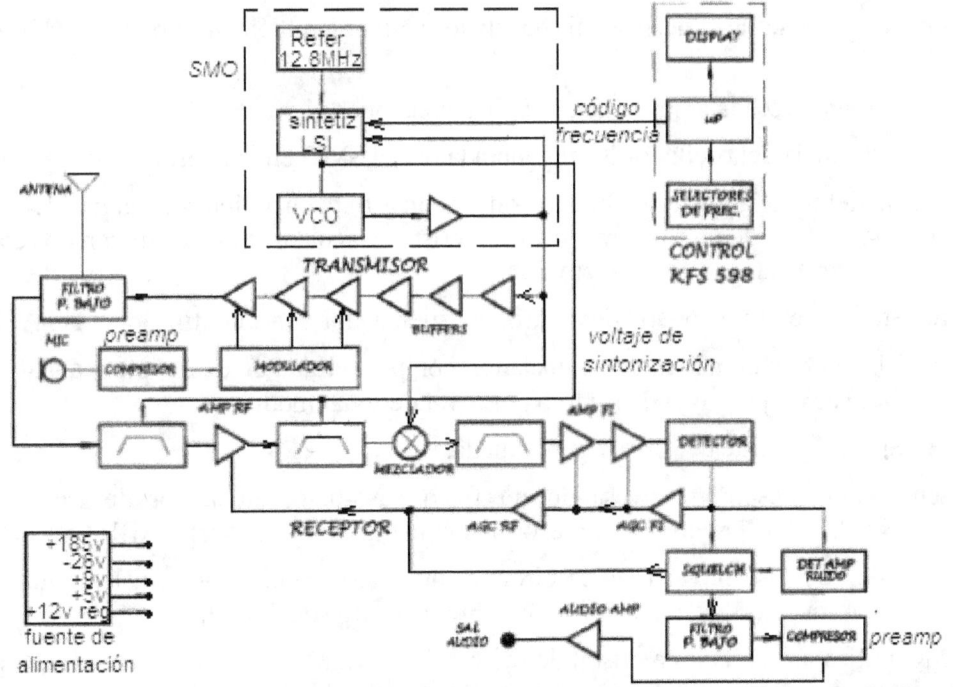

Diagrama de bloques del transceptor KTR908, donde se puede ver con cierto detalle los circuitos correspondientes al SMO, transmisor/modulador y receptor.

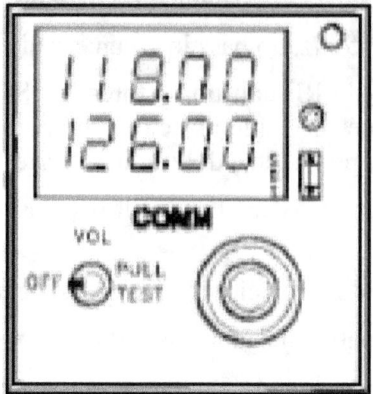

Panel frontal del control KFS598 basado en microprocesador.

Receptor del KTR908.

La señal recibida en antena pasa por el filtro paso-bajo común con el transmisor, donde es conmutada hacia el receptor por los diodos de paso Tx/Rx. Un preselector sintonizado a varactor que utiliza la tensión de sintonización del SMO, suprime las señales imagen y no deseadas (espurias). Un ARF MOSFET de doble puerta proporciona:

- Ganancia de bajo ruido sobre la señal de entrada aplicada en la puerta1 y,
- el voltaje de AGC que controla la ganancia del MOSFET en la puerta2.

La señal deseada se lleva después al mezclador activo, también basado en un MOSFET de doble puerta:

- la señal deseada amplificada se aplica en la puerta1 y,
- frecuencia del oscilador local generada por el SMO en la puerta2.

A la salida del mezclador se obtiene la conversión a frecuencia intermedia de 11.4MHz, estabilizada a través de un filtro monolítico a cristal. Seguidamente se utilizan dos etapas de AFI que transladan la FI al detector.

El transistor detector y la puerta de control del silenciador van a continuación del AFI.

- ✓ El control automático del silenciador, con posibilidad de desacoplo manual, para activación por nivel de ruido o por nivel de señal modulada.
- ✓ Supera el ajuste del nivel de modulada.

La señal sigue después atravesando un filtro paso-bajo, atenuador de frecuencias superiores a 2.5KHz, previo al compresor de audio (preamplificador) y ABF.

La señal de audio se lleva hasta el circuito integrado amplificador final de audio: la salida proporciona por encima de 100mw sobre una carga de 500 Ω.

El SMO utiliza un oscilador a cristal de referencia de 12.8MHz y un CI tipo LSI ("Large Scale Integration") nombrado como sintetizador, donde se han integrado el divisor programable y el PLL. El VCO recibe información de control de corriente continua procedente del sintetizador LSI. Esta tensión de control entrada del VCO se pasa por un filtro paso-bajo y se aplica al control de frecuencia a varactor del ARF en el receptor. Por otro lado, la salida del VCO una vez aislada se redirige hacia:

- El sintetizador LSI del SMO para la comparación por realimentación de frecuencia deseada con frecuencia de salida.
- El receptor, para inyección de la frecuencia del oscilador local en el mezclador.
- Los amplificadores separadores (buffers preamplificadores) del transmisor como RF de portadora.

El amplificador del transmisor de tres etapas está controlado por,

- El armado (acoplo) del PTT y,
- La salida lógica del bloqueo de fase indicadora de posible disfunción del PLL.

En caso de que alguna de las dos señales de control anteriores sea negativa, el transmisor se desacopla.

Transmisor/Modulador del KTR908.

La activación de la señal de PTT genera una frecuencia de salida del VCO (SMO) 11.4MHz superior a la frecuencia seleccionada y presentada en el display "use". Los buffers preamplificadores y de transmisión se activan produciendo una salida de unos 20w.

La modulación hará que la salida del modulador se desplace entre masa y la tensión de alimentación: el regulador serie del modulador está activado por un amplificador que sigue al compresor de audio del micrófono (preamplificador); se trata de conseguir un alto porcentaje de modulación sin alcanzar sobremodulación.

Detrás de los amplificadores de transmisión de potencia se hace pasar la señal modulada por el filtro paso-bajo supresor de armónicos superiores y, de aquí, a la antena.

Por otro lado, una pequeña porción del audio modulador se lleva a la salida, a efectos de escucha propia ("sidetone").

Fuente de Alimentación del KTR908.

Los 27.5vdc de las barras de dc de la aeronave alimentan la placa principal a través de un fusible, un filtro antiparasitario doble y un interruptor a transistor.

Un transistor de potencia proporciona los 12vdc regulados necesarios en el modulador, transmisor y amplificador de audio. Las restantes secciones del transceptor y panel de control se alimentan desde un regulador conmutado:

- La salida del filtro de entrada de 27.5vdc se lleva hacia un regulador de referencia generador de +5vdc.
- La salida del rectificador/filtro de +10vdc y la referencia de +5vdc se aplican al amplificador de error.

- o La salida del amplificador de error es un impulso que se aplica al modulador de ancho de impulso ("pulse width modulator" o PWM) a través de un filtro en lazo.
- o El filtro en lazo proporciona un nivel de dc proporcional a la altura del impulso de entrada hacia el PWM

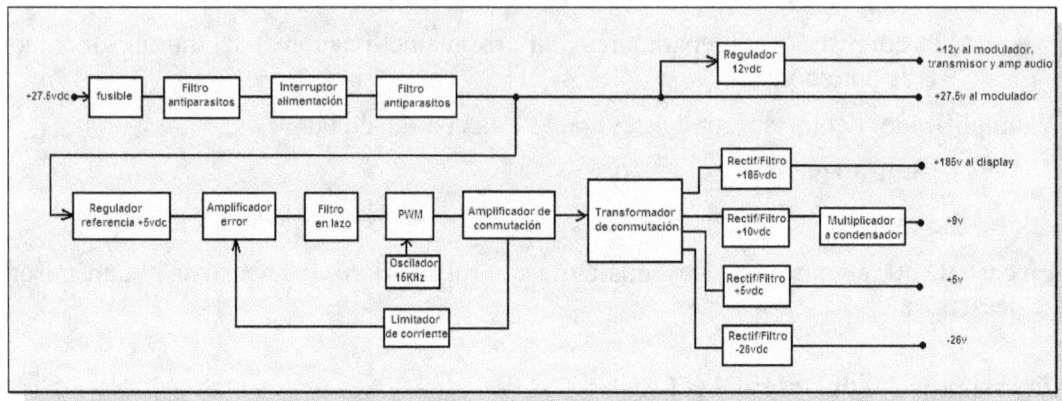

- Un oscilador de 15KHz aplica un impulso triangular a la entrada del PWM.
- El PWM genera impulsos a la frecuencia de 15KHz de anchura correspondiente al nivel de dc de la entrada principal (salida del filtro en lazo).
- El amplificador de conmutación entrega impulsos al primario del transformador de conmutación produciendo en su secundario una onda pulsatoria con la misma forma que la salida del PWM.
- La señal se rectifica/filtra en diferentes valores dependiendo de la salida de secundario considerado, proporcionando +185vdc, +5vdc, -26vdc y +10vdc.
- La salida de +10vdc se filtra de nuevo mediante un regulador/multiplicador a condensador para generar +9vdc.
- Un circuito limitador de corriente protege los transistores amplificadores de potencia: un exceso de corriente en el transformador de conmutación fuerza al PWM a producir impulsos más cortos. Así, con anchos de pulsos cortos se reduce la potencia de salida de la fuente de alimentación.

Especificaciones del KTR908

Banda de Frecuencias:
- 118.000MHz a 136.975MHz con step de 25KHz (modo civil)
- 118.000MHz a 151.975MHz con step de 25KHz (modo militar)

Alimentación: 27.5vdc/0.4ARec/7.0AXmit

Altitud Máxima: 55000ft

2. Sistemas de Comunicaciones Aéreas Externas

Temperatura funcional KTR908: -55°c a +70°c

Receptor:
- ✓ Sensibilidad: 2uv producen no menos de 6db (S+N/N) con 1KHz al 30%.
- ✓ Selectividad: -6dB a ±10KHz mínimo
                    -60dB a ±20KHz máximo
- ✓ Salida de audio,
    - o Ganancia: 2uv al 30% sobre 1KHz producirán 100 mw sobre carga de 200Ω a 500Ω.
- ✓ AGC: desde 5uv a 200mv la salida de audio no varía más de 3dB.
- ✓ Squelch: automático por nivel de ruido (ajuste interno). Desarme manual para uso por nivel de modulada.

Transmisor:
- ✓ Potencia de RF: 20w mínimo.
- ✓ Modulación: AM 85 a 98%
- ✓ Micrófono: de carbón o dinámico con preamplificador (120mvrms sobre 100Ω)
- ✓ Circuito microfónico: impedancia de entrada de 150 Ω con alimentación de micrófono de carbón de 20vdc
- ✓ Ciclo de carga: 1min Xmit/4min Rec.

Antena: Polarizada verticalmente y omnidireccional. Para adaptar a 52 Ω con VSWR<1.5

Control KFS598:
- Temperatura funcional: -55°c a +70°c
- Alimentación: generadas todas en el transceptor KTR908
    - o +10vdc/450mA
    - o -26vdc/6.2mA
    - o +185vdc

El sistema de VHF de una aeronave comprende el sistema de COMM en la banda de 118.000 a 136.975 MHz (step 25KHz) y el sistema de NAV en la banda de 108.00 a 117.95MHz (step 50KHz). Los equipos NAV de abordo van a ser exclusivamente receptores, a diferencia de los equipos COMM que son transceptores. Sin embargo, existen circuitos comunes entre ambos equipos, situación que se puede aprovechar para ofrecer al mercado sistemas más económicos: en ocasiones se utilizan paneles de control de NAV/COMM únicos que usan un equipo remoto con circuitos comunes para ambos sistemas.

Este es el caso de los ejemplos propuestos a continuación.

Sistemas de Comunicaciones y Navegación en las Aeronaves

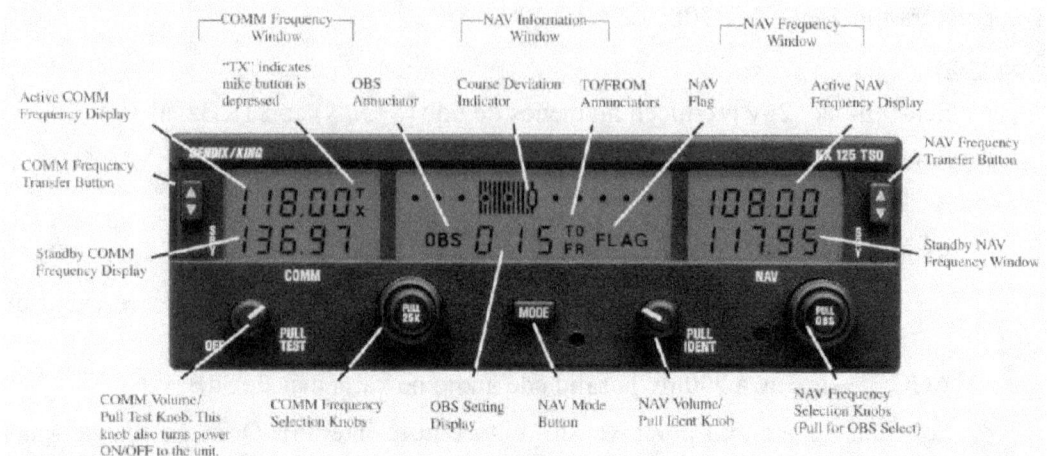

Bendix/King KX125: NAV/COMM económico donde se han integrado controles para COMM y NAV independientes y una tercera ventana con información para NAV que permite el no tener que utilizar un instrumento indicador de NAV adicional específico.

- Alimentación: a 13.75vdc/Rec0.4A/Xmit6.0A
- Potencia de transmisión: 5w min
- Modulación: 70% a 98%. Distorsión menor del 15% al 70% de modulación.

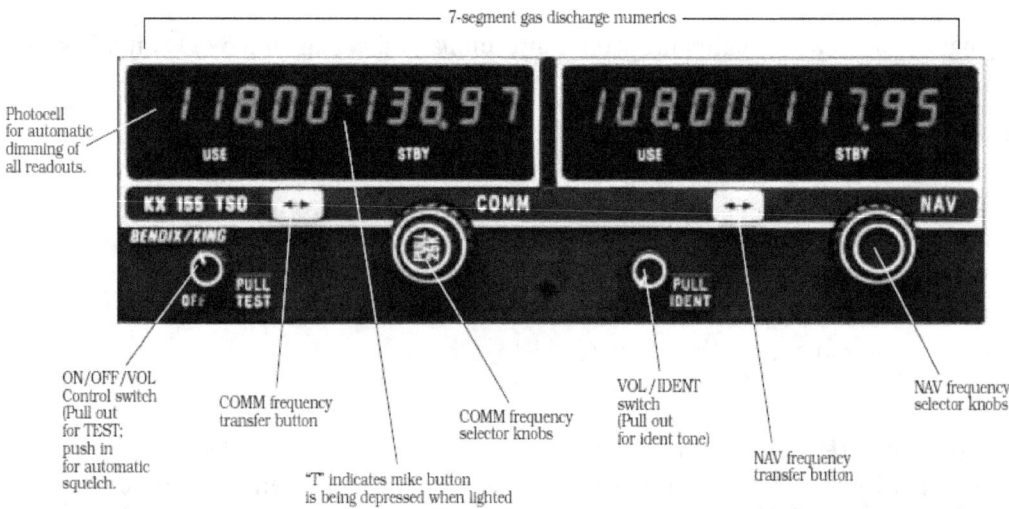

Bendix/King KX155: NAV/COMM de controles independientes integrados. Display de descarga gaseosa de alta iluminación y segmentos de gran tamaño.

- Alimentación: a 13.75vdc/Rec0.7A/Xmit8.5A
- Potencia de transmisión: 10w min
- Estabilidad en frecuencia: ±0.0015%.

2.4 Comunicaciones de HF.

Los sistemas de comunicaciones de HF se utilizan en las aeronaves que efectúan vuelos sobre rutas que en alguna parte se encuentran fuera de la cobertura de los sistemas de VHF. En general, se dice que las comunicaciones VHF son aplicables a rutas continentales, mientras que las comunicaciones HF son específicas de las rutas intercontinentales.

La banda de HF, comprendida entre los 2MHz y los 30MHz, proporciona una cobertura de largo alcance debido al uso de ondas reflejadas (ver Cap5.1). Esto es, para estas frecuencias predomina la componente de onda aérea de tipo reflejada que permite su reflexión cuando alcanza la ionosfera y la permite regresar a tierra. Si el receptor se encuentra a suficiente distancia del transmisor, la componente de onda terrestre en HF tiene un nivel muy pequeño. El reflejo de las ondas con la ionosfera produce también atenuación, tanto mayor cuanto más elevada sea la frecuencia de HF utilizada.

Debido a las variaciones en altura e intensidad de las capas ionosféricas se deben utilizar diferentes frecuencias a lo largo del día, para distintos niveles de vuelo y, dependiendo de la temporada estacional. La propagación de las señales de HF no es tan predecible como en el caso de las señales de VHF.

En la práctica, dentro de cada área de comunicación se va a contar con un rango de frecuencias de operación variable, definido entre un valor inferior (LUF, "lowest") y otro superior (MUF, "maximum"). Aunque dependen del ciclo solar día/noche y de la estación del año, es habitual que valores LUF durante el día de entre 4 y 6MHz, caigan rápidamente a 2MHz con la puesta de sol. Respecto de los valores MUF podemos encontrar rangos entre 8 y 20MHz. Así, cada estación terrestre de HF define alrededor de su cobertura una carta de operación de frecuencias válidas, función de la hora del día (GMT) y el día del año, especificando claramente los valores de LUF y MUF (Ver ejemplo de la Tabla siguiente).

La cobertura típica de una estación de HF oscila entre los 500km y los 2500km, suficiente para cubrir los huecos transoceánicos dejados por las comunicaciones de VHF.

El tipo de modulación que se usa, espaciado entre canales, especificaciones de ancho de banda de canales y operación en general en la banda de HF se detalla en la norma ARINC719.

Sistemas de Comunicaciones y Navegación en las Aeronaves

La banda de comunicaciones aéreas de HF, como puede observarse, es estrecha. Teniendo en cuenta que una comunicación de audio voz con modulación AM requiere un ancho de banda de 7KHz, que incluyendo el margen de seguridad para evitar solapamientos se convierte para cada canal en al menos 8KHz. En HF se ha optado por trabajar con modulación en banda lateral única (SSB), por lo que el ancho de banda es de 3.5KHz (incluido margen de seguridad, ya que el ancho de banda del canal es de 3.1KHz), que permite además operar con menos potencia para misma cobertura.

La norma actual exige transceptores con modulación en banda lateral única, en particular en USB, aunque el equipo pueda disponer además de otros tipos de modulación, como puede ser LSB o AM (con portadora). Son equipos que deben de poder reinsertar la portadora original, previo a la detección de la moduladora.

El sistema de HF va a resultar un sistema de comunicaciones bastante más complejo y, por tanto, más caro, que el de VHF. En particular, una amplia banda de RF afectada profundamente por la reflexión de las ondas con la ionosfera y el uso de antenas resonantes abordo que evitan tener que disponer de antenas de grandes dimensiones, exigen contar con dispositivos eficaces para sintonización alrededor de la antena de la aeronave, que deben de funcionar de forma automática adaptándose a cada canal y manteniendo el SWR variable dentro de un nivel aceptable.

Cada uno de los dos sistemas de HF de la aeronave está compuesto por:

- Transceptor: Contienen el receptor, transmisor o excitador y amplificador de potencia. Tiene conexión con el AIS de la aeronave para disponer de micrófono, radioteléfono y PTT. Además, cuenta con salidas hacia el sistema de SELCAL.

- Unidad de Control y presentación o CDU ("control display unit"): Panel de control frontal de frecuencia de sintonización ("use"), control de volumen/squelch, selección de canal programable, control de modo de modulación y display para presentación de todos los datos de control.

- Unidad de sintonía de antena o ATU ("Antenna Tuning Unit"): Suministra un acoplo entre antena y línea de transmisión del transceptor de 50Ω. Si no existiera la ATU, para cada canal de sintonización dentro de la banda de HF se tendría una SWR con la antena diferente. La norma exige que dentro de toda la banda de HF el SWR debe ser siempre menor de 1.3. La ATU suele montarse cerca de la antena en algún lugar no presurizado del fuselaje. Normalmente es una unidad sellada y presurizada, por ejemplo, con nitrógeno. La ATU funciona de manera que cuando se selecciona un canal concreto en el transceptor, se produce una conmutación interna en el acoplador que conecta la alimentación de RF de la antena a través de los componentes reactivos adecuados, con los que se consigue que la longitud efectiva de la antena sea de un cuarto de longitud de onda y, por tanto, se vea desde el transceptor con 50Ω de impedancia.

- Antena: El tipo de antena utilizada depende del tipo de aeronave (avión o helicóptero), así como, de la velocidad y nivel de vuelo de crucero de la misma. De cualquier forma la antena debe ser vista por el transceptor siempre con una carga de 50Ω.

2. Sistemas de Comunicaciones Aéreas Externas

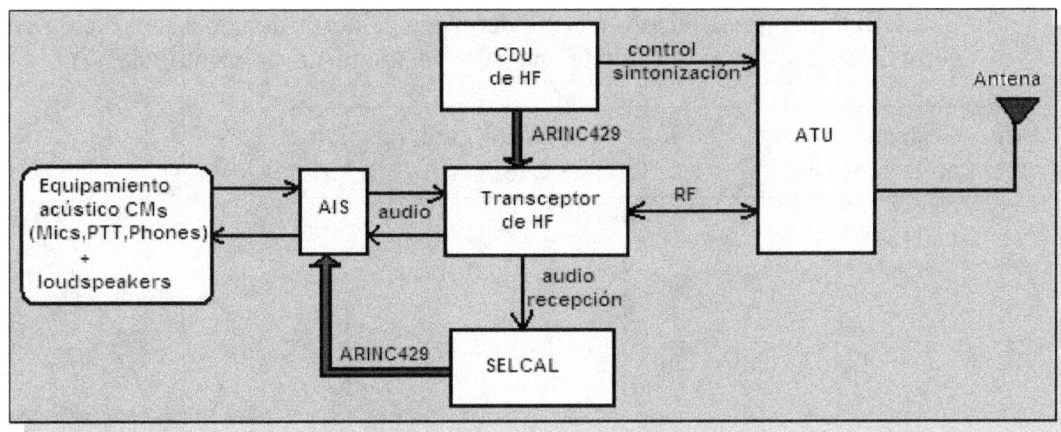

Las antenas utilizadas en comunicaciones de HF pueden ser:

- <u>De hilo</u>: Usadas todavía en aviación ligera, siendo las más antiguas de todas. Consiste en un cable de acero revestido de cobre tensado y conectado entre la punta del estabilizador vertical y la parte delantera del fuselaje. Longitud de 20 a 80ft define un monopolo de cuarto de longitud de onda. En helicóptero el "long wire" consiste en una barra delgada a lo largo de la parte inferior del colín.

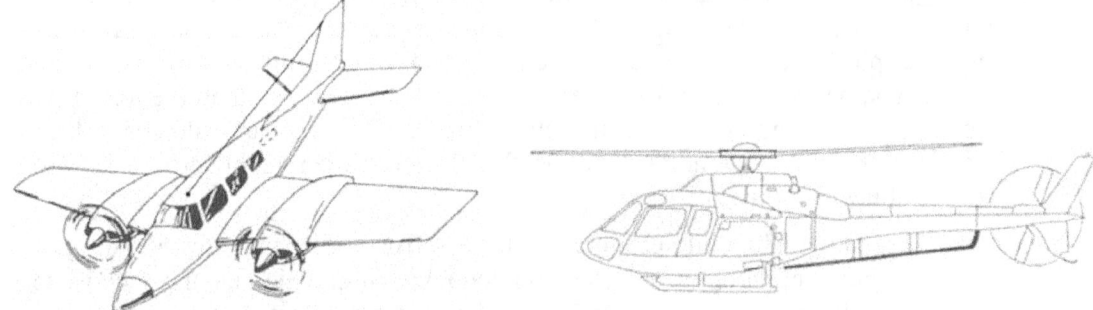

- <u>De sonda</u> ("probe"): En helicópteros la antena de hilo es inviable y lo más práctico es utilizar una varilla rígida ("whip") o un monopolo helicoidal (hélice) de dimensiones restringidas que se suelen colocar delante de la cúpula apuntando longitudinalmente. Las antenas de sonda en aviones se sitúan en los extremos del ala o en la parte superior del estabilizador vertical.

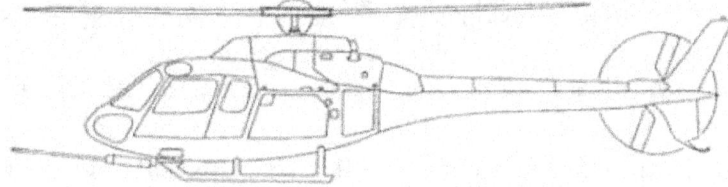

- "<u>Shunt</u>": Solución habitual en aviación pesada, consiste en un disco circular o placa plana conductores (plano de tierra) en el interior del estabilizador vertical, sobre el que se monta un mástil metálico aislado siguiendo el borde de ataque del estabilizador. Ambos elementos, disco/placa y mástil constituyen un condensador que concentra la RF de la recepción o transmisión hacia/desde el transceptor de HF.

El mástil se monta inclinado respecto del plano de tierra, debido a su posición en el estabilizador, por lo que define una polarización plana inclinada ("slant").

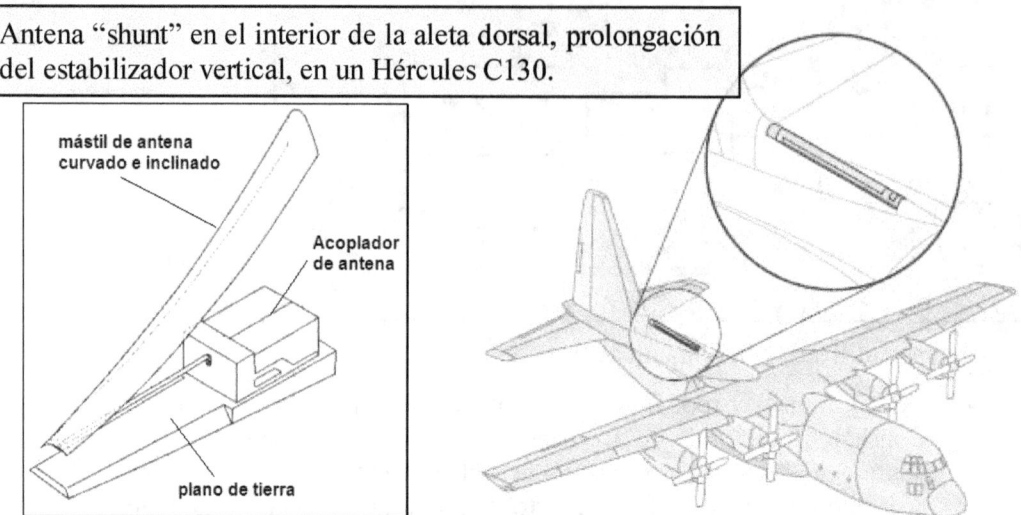

Antena "shunt" en el interior de la aleta dorsal, prolongación del estabilizador vertical, en un Hércules C130.

- De rendija ("notch"): El fuselaje metálico de la aeronave puede actuar como antena de bocina o apertura de RF si en alguna parte específica se crean unas rendijas por las que pueda escapar o entrar la RF en transmisión o recepción. Se utiliza una pequeña sonda basada en un condensador cerca y en el interior de las rendijas, de manera que el fuselaje actúa como cavidad resonante alrededor de la sonda captadora. Las rendijas (aperturas) se suelen realizar en el lateral y la base del estabilizador vertical.

Las antenas de sonda y las de hilo están expuestas a sufrir descargas de rayos. Por ello, suele ser normal que incorporen una protección denominada drenaje de chispa: consiste en un tubo sellado lleno de nitrógeno con dos electrodos separados que conecta la antena a masa; una tensión de entrada superior a 16Kv en antena genera un salto de chispa entre electrodos, produciéndose el drenaje de carga hacia la masa de la aeronave, evitando así la descarga en el equipo de HF. Este sistema sirve también para drenaje de la acumulación de carga estática en antena.

Cuando la instalación de HF es doble el equipo que transmite interrumpe el funcionamiento, tanto en transmisión como en recepción, del otro equipo. Suele hacerse uso por cada sistema de HF de un circuito de enclavamiento que se encarga de inhibir al otro equipo, como medida de protección frente a tensiones inducidas por el sistema transmisor.

Aunque la norma para comunicaciones en HF es la utilización de USB, es habitual encontrar equipos con posibilidad de modulación en LSB, AM (dos bandas laterales y portadora) o AME (AM equivalente o compatible: SSB con portadora). También se incorpora en ocasiones radiotelefonía, que proporciona comunicación semiduplex (una frecuencia para transmisión y otra distinta para recepción).

La norma ARINC719 establece una banda de HF para uso civil comprendida entre 2.8MHz y 24MHz con step de 1KHz. El servicio militar para HF define una banda entre

2. Sistemas de Comunicaciones Aéreas Externas

los 2MHz y 30MHz con step de 0.1KHz, dando lugar a un total de 280000 canales diferentes.

Algunos equipos de HF utilizan lo que se denomina "clarificador" en la CDU. En la recepción en SSB la fase de la portadora reinsertada sobre la señal sintonizada no es importante; sin embargo, su frecuencia debe ser muy precisa: una desviación de sólo ±20Hz produce un claro deterioro de la calidad de la moduladora detectada. El clarificador es un control manual de la frecuencia de la portadora reinsertada en la recepción cuando se usa modulación SSB. Hoy en día la aplicación de sintetizadores de frecuencia muy estables da lugar a salidas en el SMO de gran precisión que hacen innecesario el uso de este tipo de control.

Transceptor de HF, modelo ASB125 de Sunair electronics inc. Observar el mando clarificador, así como, el de "squelch" independiente del control de volumen. Modos de modulación, USB, AM, TEL y LSB.

Transceptor de HF

Transmisor: La señal de PTT activa el conmutador Tx/Rx en modo transmisión de manera que la antena, a través de la ATU se conecta a la salida del amplificador de potencia para la transmisión. Al mismo tiempo, dicho conmutador desacopla el ARF del receptor de la ATU. La señal de micrófono amplificada adecuadamente se introduce como moduladora en el modulador balanceado generador de modulación en DSB; este modulador utiliza como portadora una señal de frecuencia fija y muy estable para producir AM completa y, posteriormente, se rechaza la portadora para generar una salida en DSB.

Un filtro de paso de banda muy estrecha de 3.5KHz como máximo, suprime una de las dos bandas laterales, dependiendo del tipo de SSB seleccionada. Observar que la señal modulada obtenida está basada en una portadora de frecuencia fija (IF). La señal modulada en SSB se translada en frecuencia de IF a RF utilizando un mezclador.

El mezclador del transmisor usa como frecuencia del oscilador local el valor de la frecuencia seleccionada (canal de transmisión) al que se le suma el valor de IF (frecuencia de portadora). A continuación se utiliza un filtro de RF que deja pasar sólo la frecuencia del canal seleccionado, definida como $f_{RF} = (f_{OL} - f_{portadora})$.

Por último, un amplificador proporciona la potencia necesaria a la señal modulada antes de pasarla a la antena a través de la ATU.

Sistemas de Comunicaciones y Navegación en las Aeronaves

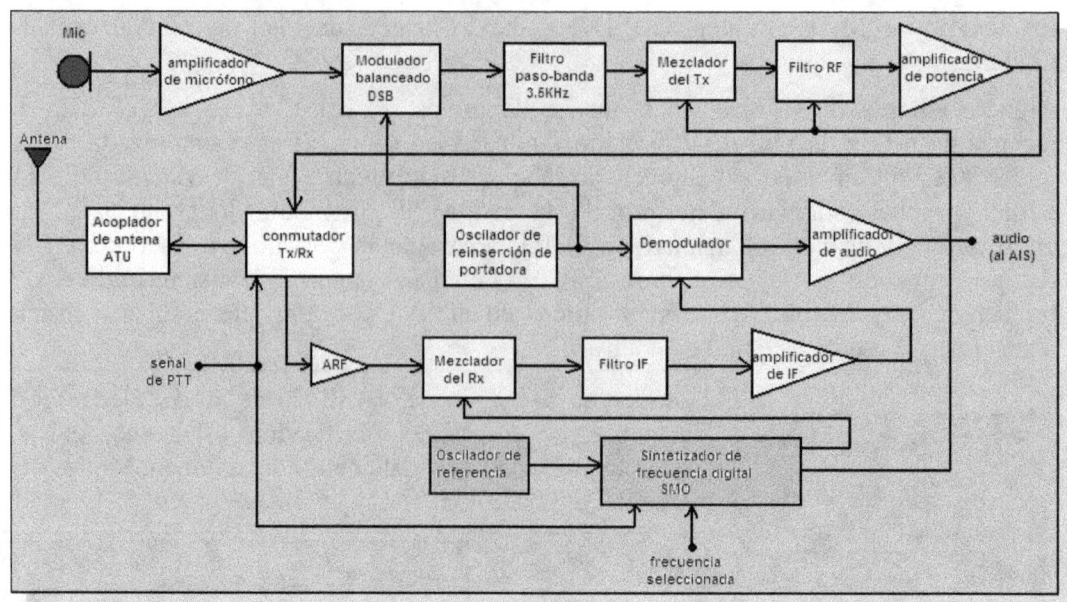

Receptor: Sin señal de PTT el conmutador Tx/Rx se encuentra en modo recepción de manera que la antena, a través de la ATU se conecta al amplificador sintonizador de RF. La RF sintonizada pasa al mezclador del receptor que utiliza como frecuencia del oscilador local la frecuencia seleccionada más un valor fijo de frecuencia intermedia (IF) generado por el sintetizador del SMO.

Un filtro de IF deja pasar sólo aquella señal de frecuencia $IF = (f_{OL} - f_{RF})$ que se amplifica en las etapas del AIF. El demodulador detector recibe la señal modulada SSB de IF y le suma una portadora fija y estable generada internamente (reinserción de portadora de valor IF), tras lo cual ya se puede aplicar el proceso típico de detección.

Por último, las etapas de ABF se encargan de proporcionar potencia a la salida de audio obtenida.

Unidades de Acoplamiento de Antena

Las antenas de HF más prácticas hoy en día, considerando aeronaves que vuelan a gran velocidad y altitud y no disponen del espacio suficiente para albergar una antena de cualquier tamaño, son las de rendija y "shunt", ambas ubicadas en el estabilizador vertical.

Tanto las antenas de hilo, como las de sonda tienen el problema de la elevada carga estática que recogen y su susceptibilidad a los rayos.

Sin embargo, las rendijas y los "shunt" presentan una variación de impedancia importante a lo largo de todo el rango de la banda de HF, que da lugar a un SWR variable con valores impracticables. Comparada la variación de SWR de una antena de HF de rendija con la dada por una antena de cuchilla de VHF, cada una respecto de su banda, se observa claramente la diferencia entre ambas:

2. Sistemas de Comunicaciones Aéreas Externas

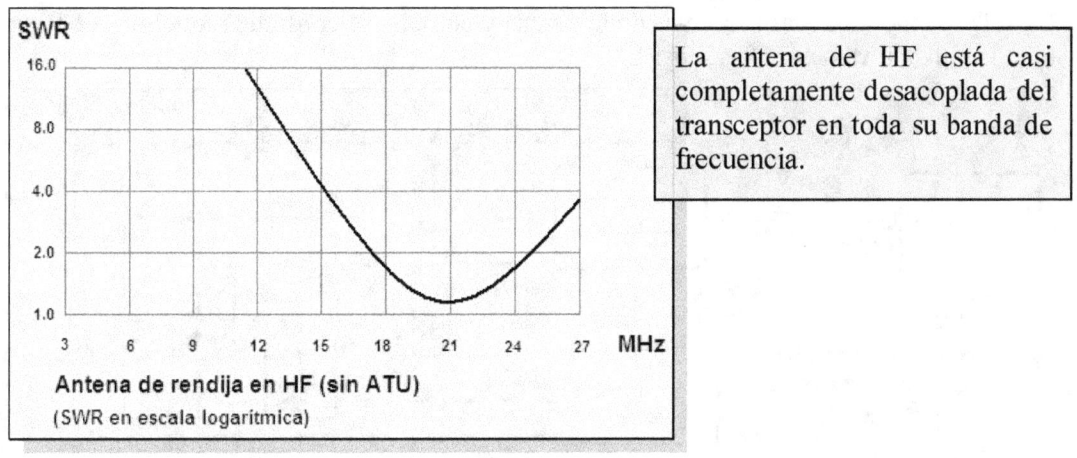

La antena de HF está casi completamente desacoplada del transceptor en toda su banda de frecuencia.

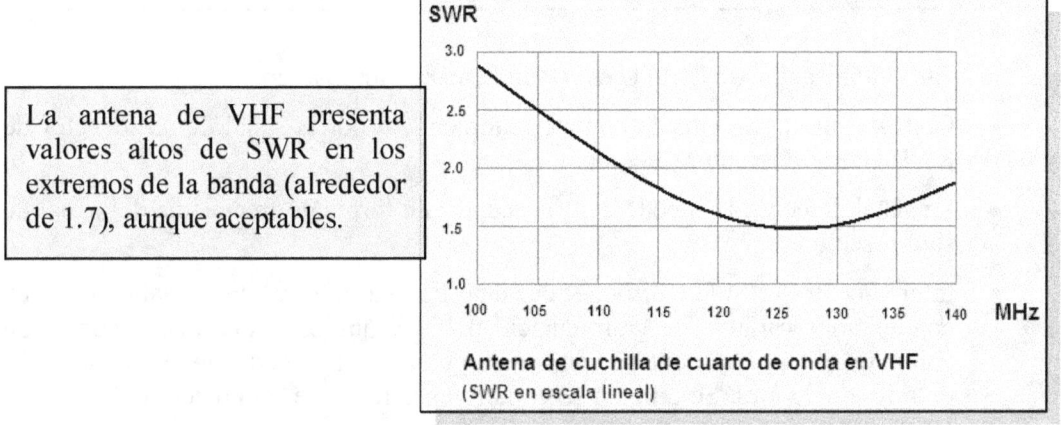

La antena de VHF presenta valores altos de SWR en los extremos de la banda (alrededor de 1.7), aunque aceptables.

Esta es la razón de ser de las unidades de acoplamiento de antena (unidad de sintonización de antena o ATU) en HF.

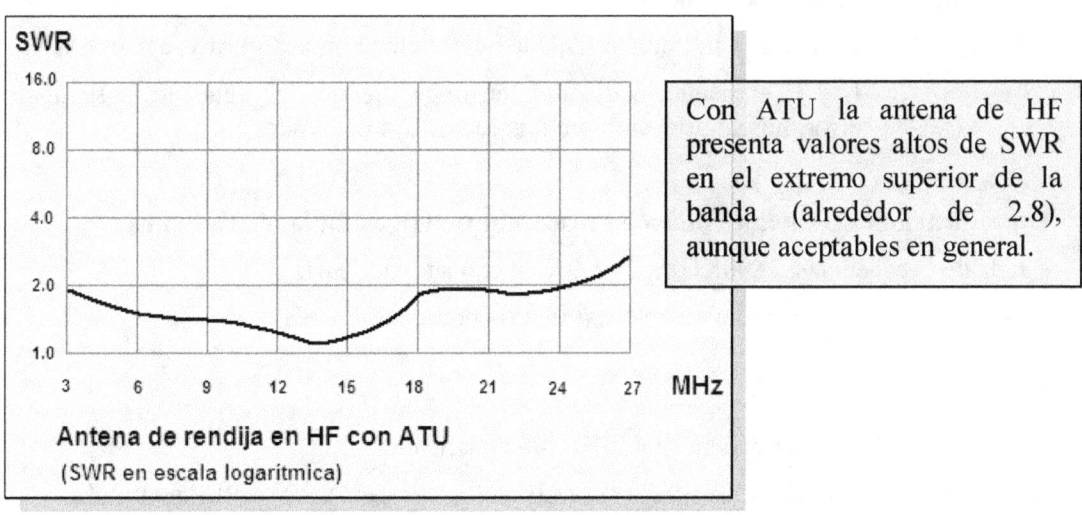

Con ATU la antena de HF presenta valores altos de SWR en el extremo superior de la banda (alrededor de 2.8), aunque aceptables en general.

Sistemas de Comunicaciones y Navegación en las Aeronaves

La ATU se monta en las cercanías de la antena y con ella se consigue reducir el SWR en toda la banda a valores inferiores a 2.0.

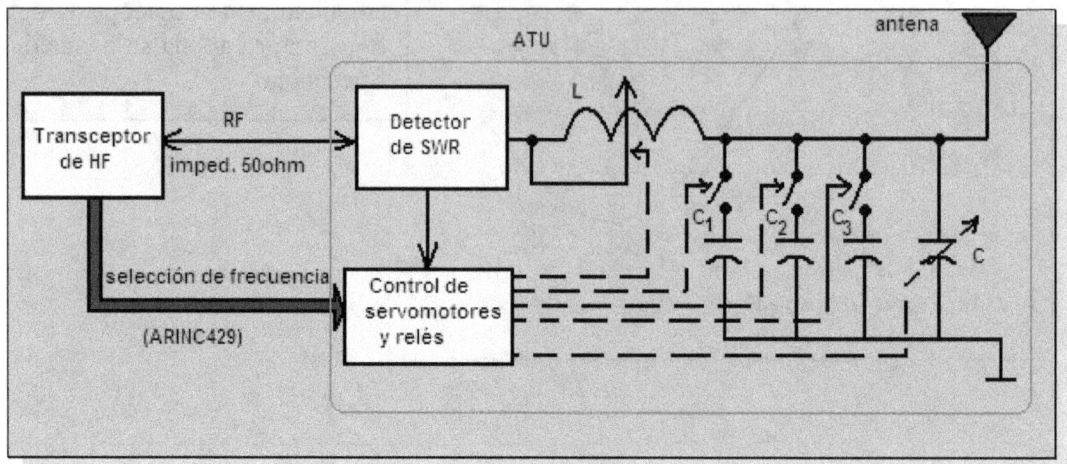

El ajuste de sintonización de la ATU es completamente automático:

- Consiste en un circuito de control realimentado por la señal de un detector de SWR entre transceptor y antena.
- La señal de control procede del transceptor en forma de frecuencia del canal de sintonización.
- Internamente la ATU dispone de una bobina de núcleo variable (L), un condensador variable de gran capacidad (C) y una serie de condensadores de valor fijo ($C_1, C_2, C_3, ..$) que se conectan en paralelo a C mediante la conmutación de relés de control. Se utilizan servomotores para mover el núcleo de L y variar la capacidad de C.
- Cuando el SWR detectado excede del valor previsto para la frecuencia de sintonización utilizada se genera una señal de error en la ATU que permite la alimentación de servomotores y relés:
  - cambia el valor de L y C de acoplamiento con la antena y, así, el SWR;
  - L y C aumentan o disminuyen dependiendo del signo de la señal de error, buscándose siempre una reducción del SWR.

Especificaciones Generales de un Transceptor de HF estándar ARINC719

Banda de Frecuencias: 2800KHz a 24000KHz con step de 1KHz

Modo funcionamiento: Simplex en canal único, modulación USB

Transmisor:
- ✓ Estabilidad en frecuencia: ±20Hz, sin clarificador.
- ✓ Potencia de RF: 400w PEP ("Peak Envelope Power"). 200w PEP nominal.

2. Sistemas de Comunicaciones Aéreas Externas

- ✓ Micrófono: de carbón o dinámico con preamplificador (100mvrms sobre 100 Ω)
- ✓ Respuesta en frecuencia del circuito microfónico: se permiten variaciones no mayores de ±6dB respecto del nivel de 1KHz en la banda de frecuencias 350Hz a 2500Hz.
- ✓ Señal modulada en frecuencia: por debajo de (f_c-100Hz) y por encima de (f_c+2900Hz), las señales estarán atenuadas al menos 30dB, respecto del nivel de 1KHz.
- ✓ Protección de enclavamiento: en un sistema doble sólo puede operar al mismo tiempo un único transmisor en base al principio, "lo primero que llega es lo primero que se atiende".

Receptor:
- ✓ Sensibilidad: 4uv (AM) o 1uv (SSB) producen no menos de 10db (S+N/N) con 1KHz al 30%.
- ✓ Selectividad: -6dB entre (f_c+300Hz) y (f_c+3100Hz) mínimo

  -35dB entre f_c y (f_c+3500Hz) máximo
- ✓ Operación: para evitar problemas de interferencias entre canales próximos, las operaciones en canales de AM se realizarán con separaciones de 6KHz.
- ✓ Salida de audio,
    - Circuito bifilar aislado de tierra.
    - Impedancia de salida de 300 Ω o menos, que suministra 100 mw sobre carga de 600Ω.
    - Respuesta en frecuencia: entre 300Hz y 3500Hz el nivel de la salida de audio no variará en más de 6dB.
    - Respuesta en frecuencia para SELCAL: entre 300Hz y 1500Hz el nivel de la salida de audio no variará en más de 3dB entre cualquier par de frecuencias.
- ✓ AGC: Para una entrada desde 5uv a 1v la salida de audio no varía más de 6dB. Para una entrada superior a 1v la salida de audio no varía más de 2dB.

A continuación se proponen un par de sistemas de HF reales típicos.

Bendix/King KHF950

Diseñado específicamente para aeronaves de ala fija, utiliza los siguientes elementos:

- Panel frontal de control en el cokpit: típico KCU951 o el KCU1051con ALE ("Automatic Link Establishment")
- Amplificador de potencia y Acoplador de antena: KAC952
- Receptor/Excitador: KTR953

Los equipos KAC952 y KTR953 son de tipo remoto, diseñados para operar hasta 55000ft en un entorno despresurizado.

CDU ("Control Display Unit") estándar KCU951 asociada al sistema KHF950. Observar como en HF sólo se presenta la frecuencia en uso, además del modo de modulación y el canal donde se guarda.

El sistema KHF950 proporciona:

- Acceso a las 280000 frecuencias diferentes dentro de la banda de 2MHz a 30MHz con capacidad de operación simplex (transmisión y recepción con la misma frecuencia) y semiduplex (transmisión y recepción con diferentes frecuencias).
- Memoria no volátil con capacidad para 99 canales programables con el control estándar KCU951 o 100 canales ALE y 100 canales manuales con el control KCU1051.
- Indicación digital en el display de la frecuencia de operación.
- Capacidad de sintonización para una amplia variedad de antenas: antenas de hilo ("wire antennas"), antenas de rendija y, las más utilizadas, antenas "shunt".

2. Sistemas de Comunicaciones Aéreas Externas

Especificaciones del KHF950.

- ✓ Alimentación: 27.5vdc/Rec1.9A/Xmit(modo A3H voz)19A
- ✓ Temperatura de trabajo:
    - o Unidades remotas: -55°C a +70°C
    - o Control/Display: -20°C a +70°C
- ✓ Altitud: 55000ft
- ✓ Frecuencia de operación: 2000KHz a 29999.9KHz con step de 100Hz (280000 frecuencias)
- ✓ Modos de operación:
    - o BLU o SSB: USB y LSB
    - o Teléfono: modo A3J voz
    - o AM: modo A3H voz
- ✓ Transmisor. Potencia de transmisión de RF:
    - o En SSB: 150w PEP nominal
    - o En AM: 37.5w de portadora
- ✓ Acoplador de antena: acoplamiento posible con,
    - o Antenas de hilo de longitud 20 a 70ft.
    - o Antenas de rendija de longitud 10 a 25ft. Recomendables para operación por encima de 30000ft.
    - o Antenas "shunt" montadas en el borde de ataque del estabilizador vertical.
- ✓ Receptor. Salida de audio: 100mw nominal sobre carga de 500 Ω
- ✓ Compatibilidad SELCAL: compatible con llamadas en formato ARINC596 y ARINC714.

Bendix/King KHF990

Diseñado específicamente para helicópteros, utiliza los siguientes elementos:

- Panel frontal de control en el cokpit: estándar de tamaño reducido KFS594 o el KCU1051con ALE ("Automatic Link Establishment")
- Acoplador de antena: KAC992
- Transceptor: KTR993

El sistema KHF990 proporciona:

- ↳ Acceso a 19 canales programables y a las 280000 frecuencias diferentes dentro de la banda de 2MHz a 30MHz con capacidad de operación simplex y semiduplex.

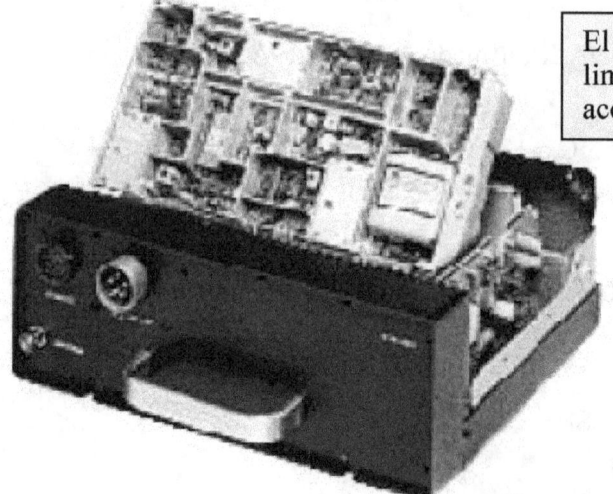

El Transceptor KTR993 no tiene limitaciones de distancia respecto del acoplador de antena KAC992.

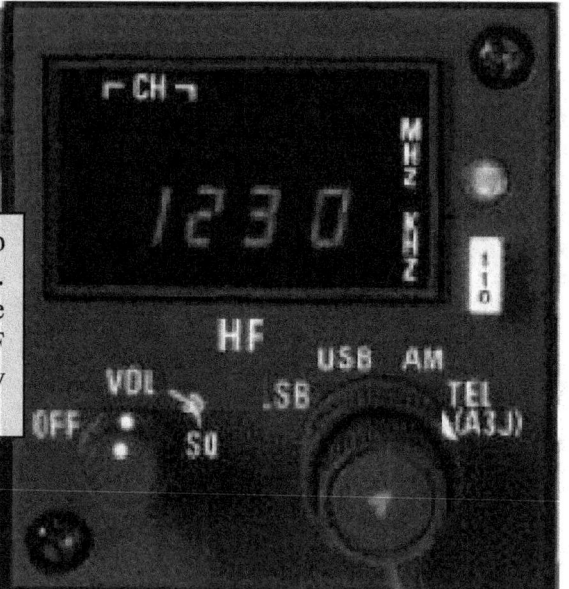

CDU estándar KFS594 de tamaño reducido asociada al sistema KHF990. Permite trabajar con el modo de modulación exigido por la norma de HF (USB), pero también en LSB, AM y radiotelefónia.

- Flexibilidad de instalación en el helicóptero: peso total del sistema reducido; paneles de control (CDU) de dimensiones mínimas; el transceptor puede montarse donde haya espacio para ello, no existiendo limitaciones prácticas de situación respecto del acoplador de antena.
- Sintonización en antena rápida: menor de 2 segundos.
- El acoplador de antena está herméticamente sellado, lo cual permite que se pueda colocar en una posición totalmente expuesta en el helicóptero.
- El acoplador de antena es específico para antenas de sonda ("probe antenna").

2. Sistemas de Comunicaciones Aéreas Externas

Especificaciones del KHF990.

- ✓ Alimentación: 27.5vdc/Rec1.5A,41w/Xmit(modo A3H voz)16.5A,453.7w
- ✓ Temperatura de trabajo:
    - o Unidades remotas: -55°C a +70°C
    - o Control/Display: -55°C a +70°C
- ✓ Altitud: 55000ft
- ✓ Frecuencia de operación: 2000KHz a 29999.9KHz con step de 100Hz (280000 frecuencias); 245 canales semiduplex de radiotelefonía; 19 canales programables
- ✓ Modos de operación:
    - o BLU o SSB: USB y LSB
    - o Teléfono: modo A3J voz
    - o AM: modo A3H voz
- ✓ Transmisor. Potencia de transmisión de RF:
    - o En SSB: 150w PEP nominal
    - o En AM: 37.5w de portadora
- ✓ Acoplador de antena: de estado sólido, completamente automático, empaquetado en tubo presurizado.
- ✓ Antena de sonda ("probe antenna").
- ✓ Receptor. Salida de audio: 100mw nominal sobre carga de 500 Ω
- ✓ Compatibilidad SELCAL: compatible con llamadas en formato ARINC596 y ARINC714.

ALE es un método por el que el sistema de HF establece enlaces de comunicación automáticas. A cada equipo de HF se le asigna una dirección independiente (código de identificación). Cuando se quiere realizar una comunicación simplemente se selecciona la dirección del equipo correspondiente y se pulsa el PTT. Este proceso de selección de frecuencia elimina la necesidad de buscar la frecuencia más adecuada, reduciendo la carga de trabajo del piloto.

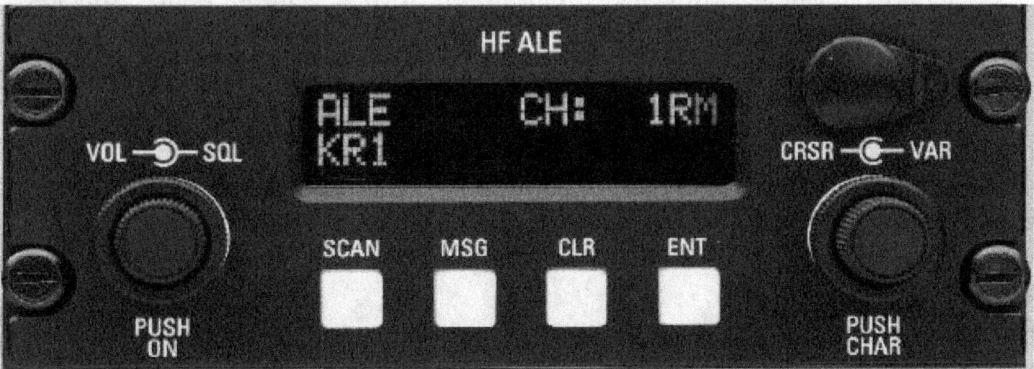

La CDU KCU1051 permite trabajar con ALE en los sistemas KHF950 y KHF990. Permite almacenar hasta 100 canales cada uno de los cuales incluye información referida a frecuencias de transmisión y recepción, modo de modulación, nivel de potencia y código de identificación. Cuando el canal correspondiente se selecciona, la CDU proporciona al sistema de HF los parámetros de sintonización de antena adecuados que posibilita una sintonización rápida.

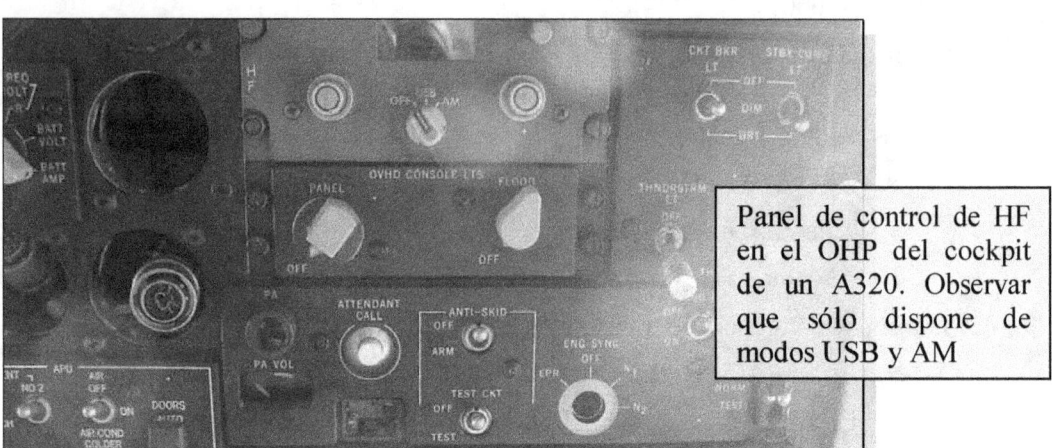

Panel de control de HF en el OHP del cockpit de un A320. Observar que sólo dispone de modos USB y AM

2.5 SELCAL.

El sistema de llamada selectiva ("SELective CALling") reduce el trabajo de la tripulación de vuelo alertando de la necesidad de responder a mensajes entrantes. Esto es, permite que una estación de tierra llame a una aeronave o grupo de aeronaves sin que la tripulación de vuelo tenga que controlar de forma continua la frecuencia de la estación. El sistema de SELCAL opera con los equipos de VHF y HF, aunque en la práctica se utiliza más en HF:

- En las rutas de largo alcance (oceánicas) las comunicaciones de audio-voz son de carácter intermitente.
- Con modulación SSB es más difícil operar el silenciador de ruido ("squelch"), ya que no existe portadora en la transmisión que es lo que se utiliza para localizar la presencia de un canal de transmisión al sintonizar una determinada señal.

Desde la estación de tierra la señal de VHF o HF incorpora sobre la moduladora de audio-voz otra señal codificada que es lo que va a procesar el equipo de SELCAL de abordo. Una vez demodulada la señal de VHF o HF, un decodificador de SELCAL extrae el código de la señal sintonizada y lo compara con un código fijo asignado a la aeronave.

Los códigos de SELCAL son únicos para cada aeronave, determinados por el control de tráfico aéreo (ATC).

2. Sistemas de Comunicaciones Aéreas Externas

Panel de codificación de SELCAL ubicado en el compartimento de equipos electrónicos donde se puede observar el código asignado a la aeronave.

Si el código de entrada coincide con el código de la aeronave se activa una alerta visual y audible indicando a los tripulantes de vuelo a través de qué equipo se está recibiendo la señal (VHF1, VHF2, ...,HF2): los tripulantes dan paso a la señal conmutando el interruptor de alerta correspondiente.

El código SELCAL transmitido está definido por dos pulsos de RF de duración *(1±0.25)s* separados *(0.2±0.1)s*. Cada pulso contiene dos tonos que modulan al 90% la portadora del canal de transmisión. Por tanto, cada código SELCAL contiene en realidad 4 tonos.

Los tonos disponibles se definen a partir de la ecuación siguiente:

$$f_n = anti\log(0.054(n-1)+2) \quad , \quad \text{con } n = 12,13,.....,27$$

Dando lugar a 16 tonos de valores en frecuencia descritos en la tabla a continuación.

Los tonos transmitidos son combinación de los 16 tonos posibles para el sistema. Estos tonos han sido elegidos de manera que no están armónicamente relacionados; es decir, no hay posibilidad de confusión con los productos de intermodulación a que den lugar.

Código	*Frecuencia(Hz)*	*Código*	*Frecuencia(Hz)*
A	312.6	J	716.1
B	346.7	K	794.3
C	384.6	L	881.0
D	426.6	M	977.2
E	473.2	P	1083.9
F	524.8	Q	1202.3
G	582.1	R	1333.5
H	645.7	S	1479.1

2.6 Comunicaciones controlador-piloto por enlace de datos (CPDLC)

El aumento de la densidad de tráfico aéreo civil junto con la exclusión de gran cantidad de espacio aéreo para uso militar, hacen que las frecuencias de RF para comunicaciones estén saturadas, a pesar de la habilitación de nuevas normas (Por ejemplo, la 8.33KHz en VHF). Una solución puesta en práctica desde hace tiempo es la sustitución de parte de las comunicaciones de audio-voz mediante mensajes realizados por enlace de datos ("data link") aire-tierra.

Esta es la base del ACARS ("Aircraft Comunication Addresing and Reporting System") que a partir del equipo de VHF3 de abordo es capaz de efectuar intercambios de información entre la tripulación de vuelo en la aeronave y la compañía aérea en tierra a la que pertenecen.

El ACARS es un sistema de procesamiento de datos digital, pero que utiliza la radiotransmisión de VHF para llevar a cabo la comunicación aire-tierra. Las estaciones de tierra forman parte de varias redes ACARS de cobertura global que trabajan a diferentes frecuencias VHF: las redes más importantes son SITA en Europa/Asia/Oceania/África/Sudamérica y ARINC en USA. Las redes ACARS terrestres se encargan de conectar con las bases de las compañías aéreas.

Cobertura aproximada de la red de comunicaciones SITA en la zona de Europa, Medio-Este y Norte de África, dada para una altitud de 30000ft. Observar el número de estaciones utilizadas en tierra para proporcionar esta cobertura. La frecuencia de operación en esta zona es de 131.725MHz.

2. Sistemas de Comunicaciones Aéreas Externas

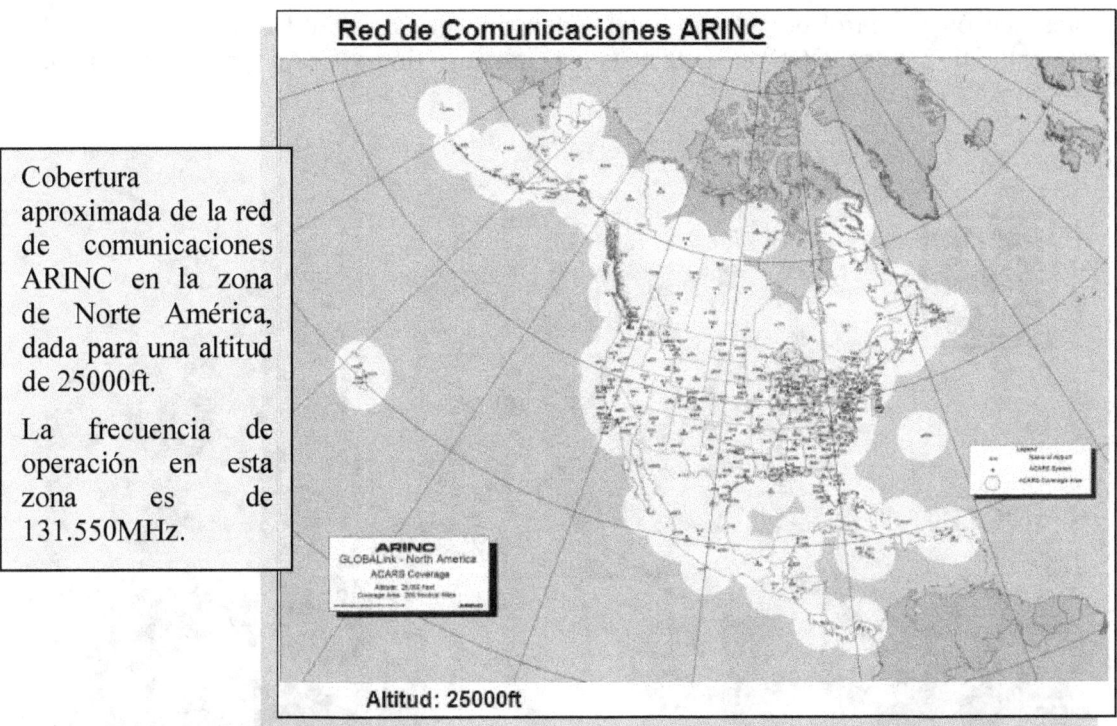

Cobertura aproximada de la red de comunicaciones ARINC en la zona de Norte América, dada para una altitud de 25000ft.

La frecuencia de operación en esta zona es de 131.550MHz.

El programa de desarrollo de enlace de datos más importante es el CPDLC ("Controller Pilot Data Link Comunication"), que pretende convertirse en un estándar de comunicaciones digitales para VHF y HF entre piloto y controlador en tierra.

El CPDLC soluciona el problema de la saturación de canales ya que el enlace de datos es digital de moduladoras multiplex y automático, a diferencia de las comunicaciones en VHF y HF de tipo analógicas y moduladoras simplex.

El CPDLC no pretende sustituir las comunicaciones de audio-voz analógicas sino complementarlas, permitiendo una descongestión del sistema actual y mejora de su efectividad.

Para ello, se han diseñado dos sistemas de enlace de datos en función de la cobertura que han de cubrir:
- corto alcance continentales en VHF con el enlace de datos también en VHF denominado VDL ("VHF Data Link");
- largo alcance intercontinentales en HF con el enlace de datos también en HF denominado HFDL ("HF Data Link").

El sistema ACARS, aunque procesa los datos de manera digital, utiliza transmisión analógica mediante canal único de VHF, lo cual restringe su uso en zonas de elevada densidad de tráfico aéreo, ya que cuando una aeronave enlaza con tierra, las demás deben esperar.

El CPDLC, aparte de poder trabajar con VHF y HF, no limita la transmisión de datos a un único canal de comunicación aire-tierra, sino que selecciona de forma automática el más adecuado según el tráfico aéreo de la zona, por lo que muchas aeronaves pueden estar en contacto con la misma estación terrestre al mismo tiempo, a través de diferentes canales. El CPDLC se concreta abordo en un equipo que utiliza una CDU para presentación y control de enlace de datos denominada DCDU ("DataLink CDU"). El sistema utiliza dos DCDUs instaladas en la parte inferior del panel central de instrumentos en el cockpit.

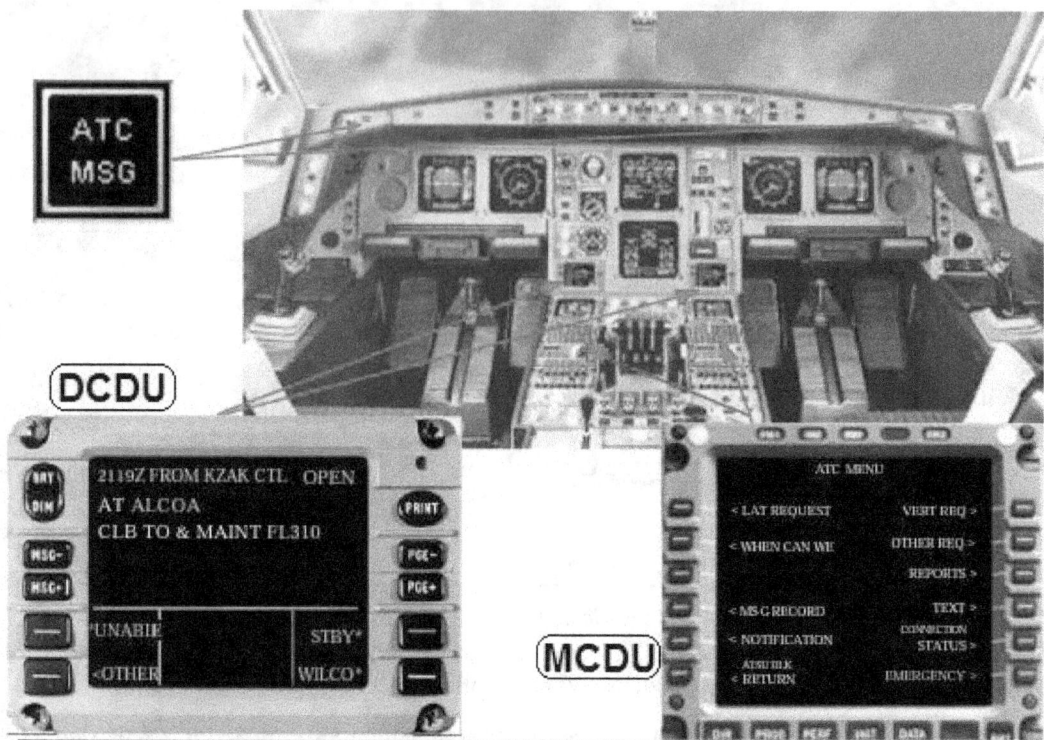

El control de la comunicación CPDLC se lleva a través de las DCDUs. Cuando el control de tráfico aéreo (ATC) transmite un mensaje a la aeronave, se activa el aviso de "ATC MSG" y los CMs acceden a él pasando el control a las DCDUs a través del "ATC MENU" de las MCDUs.

A efectos del Control Operacional de la Aeronave (AOC o "Aircraft Operational Control") se espera que las comunicaciones en las distintas etapas "Out-Off-On-In" (OOOI) de la aeronave sean las siguientes:

Comunicaciones en el Control Operacional de la Aeronave (AOC COMM)				
Out	*Off*	*On*		*In*
"On the ground"	"Takeoff end Departure"	"En route"	"Arrival and Landing"	"On the ground"
Audio-voz				
VHF	VHF	VHF/HF	VHF	VHF
Enlace de Datos				
VDL	VDL	VDL/HFDL/Satcom	VDL	VDL

2. Sistemas de Comunicaciones Aéreas Externas

Por otro lado y, respecto de las comunicaciones de datos mediante CPDLC para el AOC, algunas de las situaciones a tener en cuenta en cada una de las etapas OOOI de la aeronave son las que se indican a continuación.

Comunicaciones en el Control Operacional de la Aeronave ("Data Link")				
Out	*Off*	*On*		*In*
"On the ground"	*"Takeoff end Departure"*	*"En route"*	*"Arrival and Landing"*	*"On the ground"*
Aire-Tierra				
Información de tripulación Datos de combustible Comprobación del enlace de datos	Datos de motor	Informes de posición Informes de tiempos estimados y retrasos Informes de mantenimiento Informes meteorológicos Información de motor	Tiempos estimados de llegada Información de motor Informes de mantenimiento Solicitud de puerta de desembarque Solicitud de aprovisionamiento	Información de tripulación Información de combustible Datos del CMC (Mantenimiento Centralizado)
Tierra-Aire				
Información del aeropuerto Plan de vuelo Datos de Hoja de carga y centrado Datos meteorológicos ATIS "Ground Handling"	Actualización de plan de vuelo Actualización de tráfico aéreo Información meteorológica	Actualización de plan de vuelo Informes meteorológicos Turbulencias intercontinentales	Puerta de desembarque asignada Datos de pasaje y tripulación ATIS (Información de Tránsito Aéreo)	Información de rodaje ("taxiing") "Ground Handling"

2.6.1 Enlace de Datos en VHF (VDL)

Enlace de datos efectivo para rutas continentales que utiliza la misma banda de VHF que las comunicaciones de audio-voz analógicas de VHF.

Cuenta con las siguientes características técnicas:

- VDL utiliza modulación digital en fase diferencial (DPSK).
- La velocidad de transmisión de datos es elevada de 31.5Kb/s, por lo que se pueden definir comunicaciones de banda ancha y alta velocidad. Comparado, por ejemplo, con el sistema ACARS que ofrece un máximo de 2.4Kb/s, la diferencia es apreciable: VDL trabaja con más de 10 veces su velocidad máxima.
- El "step" separación entre canales es de 25KHz, igual que en VHF COMM.

- El enlace de datos aire-tierra utiliza CSMA ("Carrier Sense Multiple Access") de forma automática: previo a la transmisión en un canal seleccionado se intenta recibir en el mismo, de manera que si hay presencia de portadora, el transceptor espera para volver a intentar la transmisión. Es decir, es necesario determinar si el canal y sus recursos se encuentran disponibles para efectuar la transmisión. Se pretende evitar la colisión entre transmisiones en el mismo canal. El problema de empezar a transmitir cuando no se detecta ya ninguna portadora (CSMA persistente) es que puede haber otros usuarios esperando para hacer lo mismo y, entonces, se generan colisiones. La solución está en esperar un tiempo aleatorio y volver a escuchar antes de empezar a transmitir (CSMA no persistente). En cualquier caso, si se detecta alguna colisión se finaliza la transmisión y comienza de nuevo el proceso.

El sistema VDL al trabajar en VHF, banda de RF de altas prestaciones, con CSMA que permite la reducción de esperas innecesarias y colisiones de transmisiones, banda ancha y alta velocidad, constituye un sistema de comunicaciones muy eficiente.

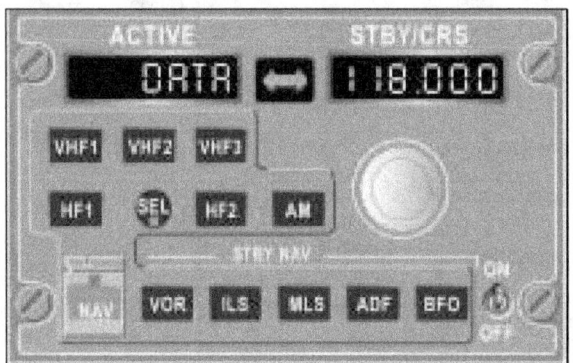

Cuando se trabaja con enlace de datos en VHF se usa el equipo de VHF3 y en los RMPs (Paneles de Gestión de Radiofrecuencias), se indica mediante el mensaje "DATA" en la ventana de frecuencia activa.

2.6.2 Enlace de Datos en HF (HFDL)

Enlace de datos efectivo para rutas transoceánicas, así como para rutas en latitudes elevadas donde el sistema de SATCOM no está disponible. En general el coste de utilizar HFDL es inferior al del uso de SATCOM, además de que se trata de la única tecnología de enlace de datos disponible en el Polo Norte, proporcionando cobertura en las rutas polares entre Norteamérica y el Este de Europa y Asia.

La utilización de HFDL se incrementa con el paso de los años debido a que:

- ✓ Ofrece una cobertura de largo alcance al estar basada en señales de la banda de HF.
- ✓ Cobertura simultánea en varias frecuencias o canales (típicamente en 60 a la vez).
- ✓ Cobertura global transoceánica debido a la localización estratégica de las 14 estaciones terrestres de HFDL existentes.
- ✓ Equipamiento de abordo relativamente sencillo.
- ✓ Adquisición de señal rápida.

Por otro lado, HFDL aún presenta algunos problemas que se han de subsanar:
- ✓ Velocidad de enlace de datos muy baja, por lo que el sistema es inadecuado para comunicaciones de banda ancha de alta velocidad. Dependiendo de las condiciones de propagación de señales que prevalezcan la velocidad de transmisión de datos será de 300, 600, 1200 o 1800bps.

La norma asociada a HFDL es ARINC635. En esta se especifican las características técnicas del protocolo de comunicación digital en HF:
- HFDL utiliza modulación digital en fase (PSK).
- Para el enlace con una estación terrestre se usa multiplexación por división de frecuencia (FDM), es decir, se puede contactar con la estación a través de múltiples canales, en frecuencias diferentes.
- Posteriormente, el enlace de datos aire-tierra utiliza multiplexación por división de tiempos (TDM), esto es, cuando una aeronave enlaza con tierra en un canal concreto, la transmisión de datos no es continua sino en el intervalo de tiempo que se le asigne: es posible que en este mismo canal haya varias aeronaves transmitiendo, por lo que desde tierra se controla quien debe enlazar la comunicación en cada momento.
- Desde la estación de tierra se reconoce a cada aeronave porque llevan asignadas un código específico de 24bits denominado "dirección".
- La aeronave transmite inicialmente su dirección de 24bits a tierra y una vez localizada se le asigna una dirección de enlace de datos de 8bits, que se debe de utilizar en cada bloque de transmisión de datos.
- Además, cada vez que enlaza la aeronave con tierra le envía información de su posición geográfica (coordenadas de longitud y latitud).

2.7 Comunicaciones por Satélite

Hasta ahora las comunicaciones propuestas aire-tierra han consistido en estaciones terrestres que comunican con aeronaves siempre por encima o a nivel de la superficie terrestre. La cobertura de la comunicación depende de la curvatura terrestre que la limita en todos los casos.

Las comunicaciones por satélite utilizan un conjunto de satélites como estaciones de enlace con las aeronaves (constelación de satélites) siempre por encima del nivel de vuelo más alto posible, de manera que ahora a la aeronave le llega la señal desde arriba, no afectando la curvatura terrestre a la cobertura de la transmisión.

La constelación de satélites actúa siempre de intermediario en la comunicación aire-tierra; es decir, la estación terrestre enlaza con los satélites y estos a su vez con las aeronaves y, viceversa.

Sistemas de Comunicaciones y Navegación en las Aeronaves

Se consideran dos tipos de comunicaciones por satélite:

- Constelación de satélites geoestacionarios: todos los satélites se encuentran en órbitas geosíncronas, es decir giran a la misma velocidad angular que la tierra. La distancia a la tierra de una órbita geoestacionaria es de aproximadamente 35700Km.

- Constelación de satélites no geoestacionarios: los satélites se encuentran en órbitas no geosíncronas, por simplicidad, de posicionamiento por debajo de los 35700Km (órbita terrestre baja), es decir, girando con velocidades angulares superiores a la de rotación de la tierra.

Vamos a tratar a continuación un ejemplo de cada tipo de comunicaciones por satélite.

2.7.1 MCS SATCOM
("Multichannel Aviation Satellite Comunications").

Sistema de comunicaciones móvil global que proporciona servicios de datos ("data link") y audio-voz aire-tierra.

Los elementos que componen el MCS Satcom son:

- Segmento espacial ("Space Segment") o Constelación de satélites ("Satellite Network")
- Segmento terrestre o GES ("Ground Earth Stations")
- Segmento avión o AES ("Aircraft Earth Stations")
- Redes de telecomunicaciones de datos y voz, públicos y privados.

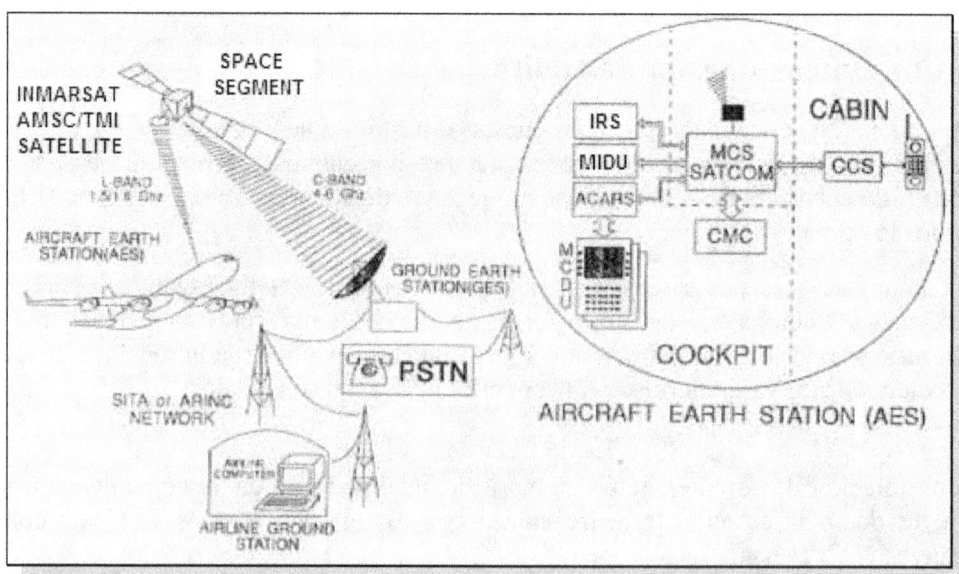

2. Sistemas de Comunicaciones Aéreas Externas

El segmento espacial está compuesto por una constelación de satélites en órbitas geosincrónicas (geoestacionarios), proporcionando servicios de comunicación de audio-voz y transmisión de datos, como intermediario entre el segmento terrestre y el segmento avión.

Existen dos proveedores del segmento espacial para el MCS Satcom:
- INMARSAT ("International Maritime Satellite Organization"), de cobertura global
- AMSC/TMI ("American Mobile Satellite Consortium"/"Telesat Mobile Inc"), de cobertura para América del Norte.

Cada estación del segmento terrestre, con una posición fija en tierra, tiene el equipo adecuado para comunicarse con las redes terrestres y, a través de los satélites, con las aeronaves:
- Las GES proporcionan a los usuarios diversas rutas de comunicaciones de datos y de voz:
  - Para AOC se utilizan las redes SITA o ARINC que conectan con la base de la compañía aérea, del mismo modo a como lo hace el ACARS de forma directa a través de VHF.
  - Enlaces óptimos dentro de las redes telefónicas públicas conmutadas o PSTN.
  - Utilizando cable submarino, satélite y enlaces de microondas, aunque evitando conexiones de satélite múltiples cuando sea posible.
- Las GES están situadas estratégicamente de forma global para proporcionar redundancia y diversidad alrededor de toda la extensión terrestre.
- La aeronave se conecta a una GES a través de un satélite que esté a la vista (enlace "sight to sight"), en función de la "tabla de preferencia de servicio" seleccionada en el equipo del AES. El enlace se realiza mediante MW en la banda C con frecuencias entre 4 y 6GHz.

La estación terrestre a bordo de la aeronave (AES) está compuesta por el equipamiento de aviónica y antenas adecuado para enlazar con el segmento espacial como intermediario para contactar con el GES.
- La AES acepta mensajes de audio-voz y datos de varias fuentes, utilizando como "interfaces" los siguientes elementos:
  - ACARS, para enlace de datos con la compañía aérea. Por ejemplo, a efectos de mantenimiento, utilizando los datos procedentes del CMC ("Centralized Maintenance Computer").
  - IRS ("Inertial Reference Unit"), que proporciona la posición y velocidad de la aeronave respecto de tierra.

Sistemas de Comunicaciones y Navegación en las Aeronaves

- o MIDU ("Multipropose Interactive Display Unit"), panel de control e indicación de audio-voz del teléfono del cockpit.
- o MCDU ("Multipropose Control Display Unit"), CDU utilizada para control e indicación de mensajes ACARS.
- o CCS ("Cabin Comunication System"), que representa los teléfonos individuales de los pasajeros en el "Cabin".
- o Comunicaciones ATC ("Air Trafic Control") a efectos de circulación aérea, a través de la MIDU.

⊹ La información se codifica y modula con portadoras de MW en la banda L entre 1.5 y 1.6GHz, con la que se enlaza el segmento espacial.

MCS Satcom Segmento Espacial

La constelación de satélites INMARSAT utiliza satélites geoestacionarios repartidos alrededor del ecuador, siendo la única que ofrece cobertura global (en realidad entre ±82° de latitud, no abarcando los polos).

Cada satélite de la constelación tiene asignadas varias estaciones fijas de tierra (GES) con las que enlazan en la banda C de MW.

INMARSAT lleva ya 4 generaciones de satélites, siendo la actual la I4 con 4 satélites que son capaces de ofrecer servicios muy diversos, desde comunicaciones aéreas o marítimas a servicios meteorológicos o de cualquier otra índole privada. La constelación I5 de 3 satélites tiene previsto entrar en funcionamiento a finales del 2014.

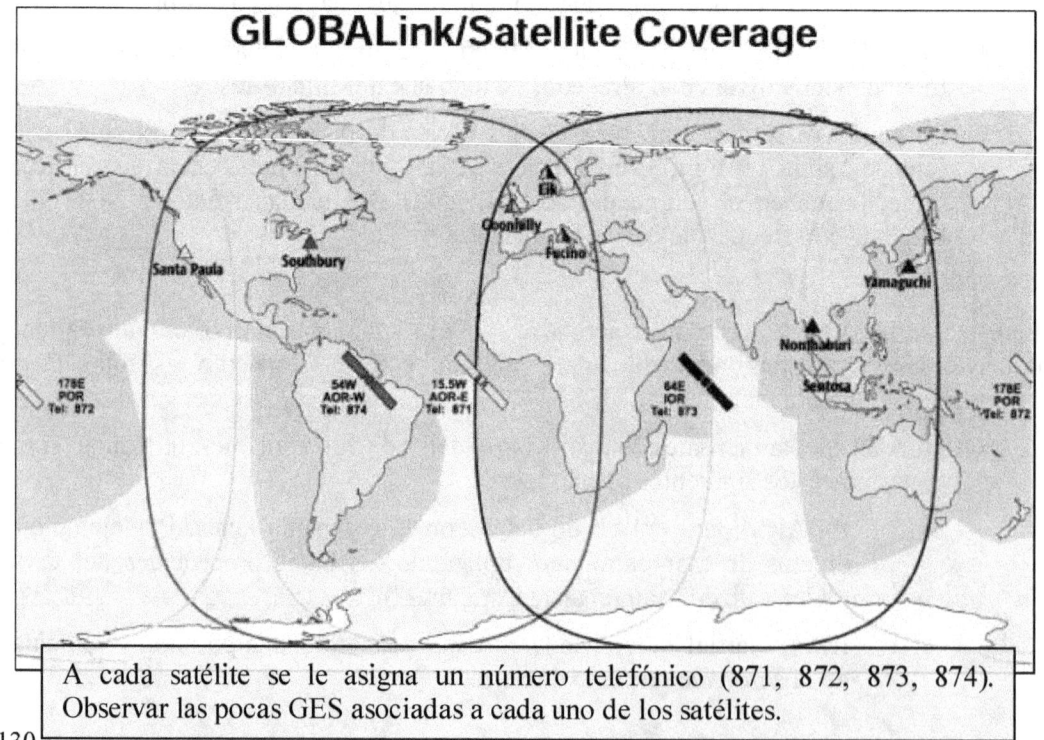

A cada satélite se le asigna un número telefónico (871, 872, 873, 874). Observar las pocas GES asociadas a cada uno de los satélites.

2. Sistemas de Comunicaciones Aéreas Externas

A efectos de comunicaciones aéreas I4 tiene las siguientes prestaciones técnicas:

- Cada satélite cubre con un haz global único hasta un tercio de la superficie terrestre completa, sin incluir las zonas polares.
- Enlace de datos : Servicio aeronaútico SB64 ("swiftbroadband") o Swift64, que ofrece servicios de datos digitales (ISDN) a 64Kbits/s.
- Comunicaciones audio-voz: En modos Aero-I y Aero-H
- Tres niveles de terminales,
    - Aero-L (Low Gain Antenna 0dB): Para cubrir los servicios ACARS y ADS ("Automatic Dependant Surveillance" o próximo sistema de ATC). 1 canal de datos a 600/1200bits/s. No permite transmisión voz.
    - Aero-H (High Gain Antenna, 12dB): Calidad media de voz a 9600bits/s. 1 a 11 canales de datos/voz a 600 hasta 10.5Kbits/s.
    - Aero-I (Intermediate Gain Antenna, 6dB): Calidad baja de voz a 4800bits/s. 1 a 7 canales de datos/voz a 600 hasta 4.8Kbits/s.

La constelación I5 será capaz de ofrecer Global Express: operación en la banda K de MW (20 a 30GHz) con capacidad de servicios de hasta 50Mbits/s y anchos de banda muy superiores a los actuales de la banda C con la constelación I4.

MCS Satcom AES

Un equipo de abordo MCS Satcom típico se compone de los siguientes elementos:

- "Satellite Data Unit" o SDU: Computador procesador de las señales del sistema.
- "High Power Amplifier" o HPA: Instalado entre la SDU y la antena, proporciona la potencia de transmisión suficiente para que el sistema trabaje en la banda L de MW para su enlace con la constelación de satélites. Hay veces que incorpora un circuito de reducción de ruido y entonces se nombra como HPA/LNA ("High Power Amplifier/Low Noise Amplifier").
- "High Gain Antenna" o HGA: Situada en la parte superior del fuselaje, se trata de una antena altamente direccional que debe orientarse hacia el satélite operativo más cercano para realizar el enlace de comunicaciones. Ganancias típicas de 3dB, respecto a antena de referencia omnidireccional.
- "Beam Steering Unit" o BSU: Equipo encargado de la orientación adecuada de la antena de forma continua hacia el satélite de enlace.
- "Multipropose Interactive Display Unit" o MIDU: Panel de control táctil del sistema.
- Panel de Control Satcom: Ubicado en el OHP, se utiliza para proporcionar indicaciones visuales y audibles de transmisión y recepción de llamada.

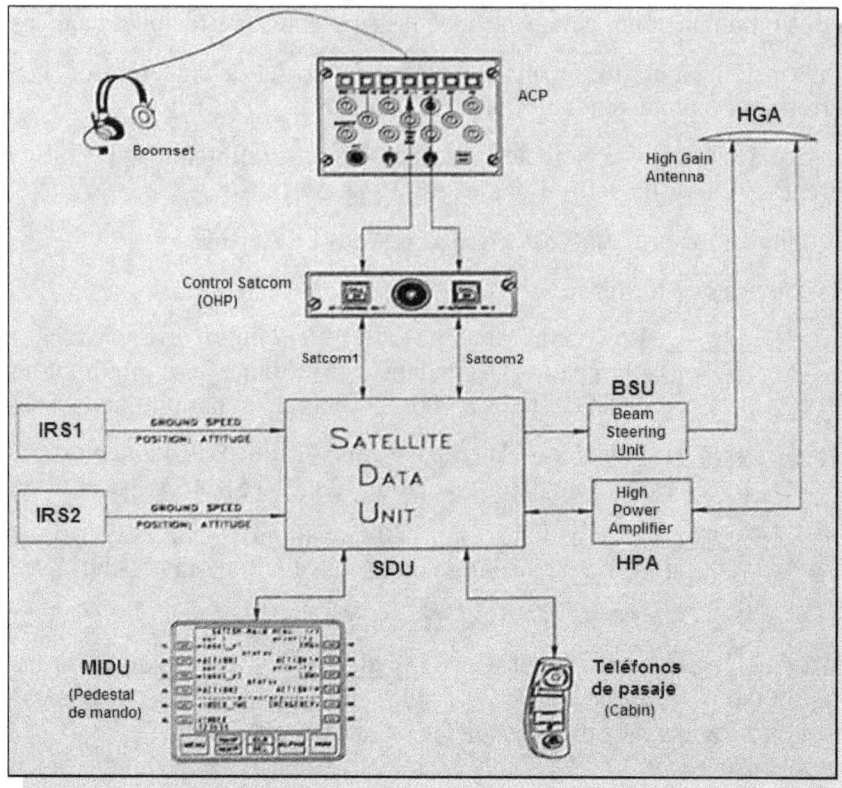

El sistema SATCOM es "fullduplex", disponiendo de canales independientes y simultáneos para transmisión y recepción.

La SDU de abordo conoce la posición de cada satélite y, además, recibe información del IRS (Sistema de Referencia Inercial) de la posición y velocidad actual de la aeronave respecto de tierra.

De esta manera, la SDU calcula la posición relativa de la aeronave al satélite en servicio más adecuado, corrigiendo el efecto Dopler por movimiento de la misma y afinando aún más la orientación de la antena, al considerar también la propia actitud de la aeronave (cabeceo, alabeo, guiñada). Esta información se traduce en la BSU en señales eléctricas de alimentación en antena, que generan un haz estrecho que apunta en todo momento al satélite de enlace.

La tripulación de vuelo controla el sistema a través de la MIDU, donde aparecen las indicaciones de funcionalidad del mismo. Por ejemplo, permite la introducción de números de teléfono, manuales o programados, indicación de la urgencia de la llamada a realizar, conexión con una determinada GES, progreso de la llamada, ..

El panel de control de Satcom dispone de dos teclas dobles CALL/ON para Satcom1 y Satcom2, que pulsamos para transmitir o recibir una llamada. Al hacerlo, en los ACPs (Paneles de Control de Audio) el control de HF se transfiere al Satcom, HF1 para Satcom1 y HF2 para Satcom2. Por tanto, durante las llamadas Satcom queda desactivado el sistema de HF correspondiente. Con una llamada entrante de Satcom se activa un aviso audible a través del altavoz del panel de control Satcom.

2. Sistemas de Comunicaciones Aéreas Externas

A la SDU están conectados los teléfonos del pasaje a través del CCS (sistema de comunicaciones en cabina) y el teléfono del cockpit al que se asignan dos canales.

Ejemplo de IGA (incluye BSU): Honeywell AMT3500.

Ejemplo de HGA (incluye BSU): Honeywell AMT700.

Radome de estabilizador vertical de Boeing para cubrir antenas del MCS Satcom.

Ejemplo de SDU (Honeywell MCS7200): Tipo HDU (High-Speed Data Unit). Soporta antenas HGA, IGA y LGA. Operación en Swift64, es decir red de servicios digitales interactivos (ISDN) a 64Kbits/s por canal.

Ejemplo de HD (Honeywell HD710): Integración de "High Power"/"Low Noise Amplifier"/"Diplexer". Equivalente al HPA que incluye el conmutador Tx/Rx (Duplexor o diplexer).

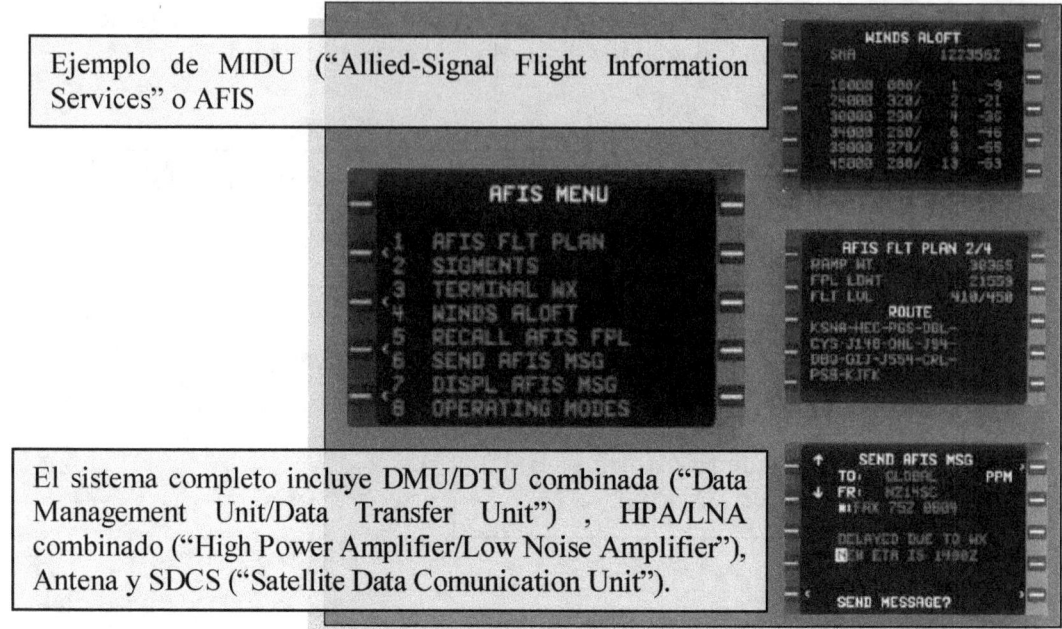

2.7.2 Iridium SSC ("Satellite Service Comunication")

Sistema de comunicaciones móvil global que proporciona servicios de datos ("data link") y audio-voz aire-tierra y que pretende solucionar los problemas de cobertura del MCS Satcom, así como, la complejidad del equipo de abordo (AES).

Iridium se caracteriza por:

- ✓ 66 satélites activos. El proyecto inicial era de 77 satélites, como el número atómico del Iridio, de ahí el nombre de la constelación.

- ✓ Satélites repartidos en 6 planos orbitales a 780Km de altura. Se habla de "Low Earth Orbits" o LEO.

- ✓ La constelación proporciona cobertura global real, incluyendo polos, océanos y aerovías.

- ✓ El problema es que la compañía inicial quebró entrando en bancarrota. Sin embargo, mientras el gobierno americano mantiene la constelación actual, se prevé una nueva constelación privada entre 2015 y 2017 (Iridium NEXT).

- ✓ El sistema proporciona servicios de audio-voz y enlace de datos, con las siguientes características técnicas:
    - o Transmisión de Voz con velocidad 2.2 a 3.8Kbits/s con incorporación de algoritmos de compresión-descompresión agresivos.
    - o Transmisión de Datos con velocidades hasta 10Kbits/s. Si hay compresión la velocidad se reduce a 2400bits/s.

2. Sistemas de Comunicaciones Aéreas Externas

- ✓ En Julio 2011 la FAA americana aprobó el uso de Iridium en el enlace de datos FANS ("Future Air Navigation System"), permitiendo enlace de datos para ATC dentro de FANS incluso en las áreas donde INMARSAT no da servicio.
- ✓ Características técnicas del Equipo de abordo:
    - o Comunicación aeronave-satélite en banda L (1616 y 1626.5MHz) usando accesos TDMA (multiplexación temporal) y FDMA (multiplexación en frecuencia).
    - o Antenas tipo "hockey puck" (circulares de perfil bajo) o de cuchilla, omnidireccionales con ddr de elevación a partir de unos 10°, de montaje en la parte superior del fuselaje, de 50ohm de impedancia que operan con polarización circular dextrógira (RHCP) y SWR inferiores a 1.5.
    - o Se puede usar una única antena común Iridium-GPS por cercanía de frecuencias de ambos sistemas.
    - o Modulación en QPSK (PSK en cuadratura de fase).
        - ▪ PSK utiliza cambio de fase binario (hay veces que se nombra como BPSK): o hay inversión de fase (+180°) o no hay (+0°).
        - ▪ QPSK utiliza cuatro valores de cambio de fase posibles combinando dos señales de misma frecuencia desfasadas 90° entre sí: se nombran como posibilidades (1,1), (1,-1), (-1,1) y (-1,-1).
    - o Cada canal FDMA contiene 4 "slots" TDMA o direcciones de transmisión/recepción: antes de transmitir en un canal determinado se anuncia en las 4 direcciones con TDMA, es decir dividiendo el tiempo en cuatro intervalos. Si el canal no está ocupado se permite el enlace en el mismo, sino se prueba en otro canal (FDMA).
    - o Canales espaciados 41.666KHz, de BW 31.5KHz cada uno.

Un satélite aparece por el horizonte cada 55s y, entonces es cuando se puede comunicar con él. Sin embargo, un satélite permanece a la vista sólo durante 7min. Cuando desaparece se corta el enlace de la comunicación y hay que buscar otro nuevo satélite en el horizonte.

Cada satélite mantiene contacto con otros satélites contiguos (de 2 a 4 a su alrededor): de esta manera la información circula creando una red por toda la constelación. Sólo cuando un satélite está a la vista de alguna estación terrestre (sólo existen 4), es cuando enlaza con ella. Las comunicaciones entre satélites y satélites y estaciones terrestres es a 20 y 30GHz.

Honeywell Airsat1

Equipo de abordo que utiliza el sistema de comunicaciones por satélite Iridium de tipo "Lowcost" para aviación ligera, como alternativa para proporcionar comunicaciones audio-voz mediante radioteléfono fullduplex.

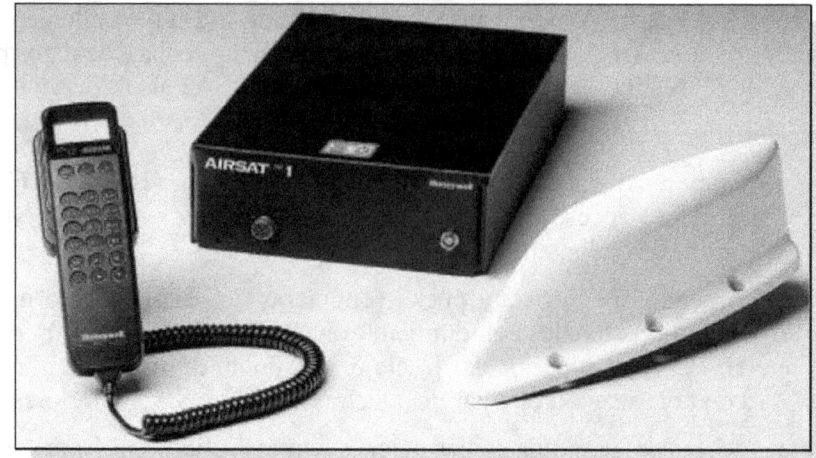

Comprende una ITU ("Iridium Transceiver Unit"), Radioteléfono ("Digital Handset") y Antena de cuchilla omnidireccional (baja ganancia, "top-mounted", ARINC761). Soporta GSM audio-voz y mensajes de voz.

Especificaciones Técnicas:

- ✓ Banda de frecuencia: 1616 a 1626.5MHz
- ✓ Modulación: QPSK
- ✓ Temperatura de operación: -20°C a +60°C.
- ✓ Operación: DCS ("Double Chanell (fullduplex) Simplex (modulating)")
- ✓ Potencia de transmision: 6w max
- ✓ Antena: ARINC761, ddr horizontal omnidireccional, ddr elevación a partir de 8°, RHCP, ganancia 0dB.

Bibliografía Complementaria y Referencias

Otros lugares de consulta de este tema pueden ser:

- ✓ *"Radiosistemas del Avión".* J.Powell. Paraninfo.
- ✓ *"Sistemas de Comunicación por Satélite",* S. Robledo, Empuje, 1999.
- ✓ *"En la vanguardia europea: AE certificada para comunicaciones CPDLC",* L.Calvo, AvionReveu
- ✓ *"Aircraft communications and navigation systems. Chapter5",* ?
- ✓ *"VHF Data Link Mode 2",* B.Celik, 2013
- ✓ *Brochure "Global Aviation Surveillance System",* Aireon, 2012
- ✓ *Brochure "MCS-7100 Series Satellite Comunications",* Honeywell, 2006
- ✓ *Brochure "Honeywell SATCOM Systems",* Honeywel, 2013
- ✓ *Brochure "AFIS",* Allied-Signal., 1998
- ✓ *Brochure "Airsat1 SATCOM System",* Honeywell, 2001.

3. SISTEMAS DE COMUNICACIONES AÉREAS INTERNAS

Índice:

- Introducción a las Comunicaciones Aéreas Internas
- Sistema de Interfonía.
- "Cockpit Voice Recorder".
- CIDS .
- "Passenger Address".
- Sistema de Entretenimiento del Pasaje.
- Bibliografía Complementaria.

3.1 Introducción a las Comunicaciones Aéreas Internas.

El sistema de audio o sistema de integración de audio (AIS) de una aeronave presenta una gran variedad de formas y prestaciones.

- En una aeronave pequeña, como una avioneta, puede ser simplemente una caja de conexiones con un amplificador de audio y la conmutación apropiada para controlar el audio de radiotransmisión e interior de interfonía hacia/desde los equipos acústicos "phones/speakers/mics"
- En una aeronave comercial pesada puede ser un sistema complejo que se encargue del procesamiento de todo el audio de las distintas zonas de la aeronave (cockpit, cabin, cee, bodegas, ..) interconectándolas, del entretenimiento y mensajes del pasaje, así como, de la comodidad de su vuelo en el "cabin", supervisando datos sobre humos, luces, lavabos, puertas, .. Un ejemplo de AIS complejo es el CIDS ("Cabin Intercomunication Data System") de los aviones Airbús.

El sistema de audio de una aeronave comercial con pasaje comprende,

- <u>Interfono</u> o I/C : permite las comunicaciones entre los distintos tipos de personal relacionados con la aeronave, siempre vía cable:

- o Interfono de vuelo: Comunicaciones entre la tripulación de vuelo (CMs) y entre los CMs y el mecánico TMA en tierra, a través del panel de control de potencia externa, o en el compartimento de aviónica.
- o Interfono de cabina: Comunicaciones entre el cockpit y los paneles de control de audio de los auxiliares de vuelo en el cabin o entre los distintos paneles de control de audio repartidos por el cabin.
- o Interfono de servicio: Comunicaciones a través de la red de "jacks" repartidos por los diferentes habitáculos de la aeronave (cockpit, cabin, bodegas, cee, ..)
- Consignación del pasaje o PA ("Passenger Address"): Permite que se realicen anuncios de voz y señales luminosas, desde el cockpit a los pasajeros en el cabin, a través de altavoces y luces repartidas por todo el habitáculo.
- Sistema de llamadas (CALLS): Permite que la tripulación de vuelo (CMs), auxiliares de vuelo (TCPs) y mecánicos de tierra (TMAs) atraigan la atención de unos sobre otros mediante señales luminosas y audibles.
- Sistema de Entretenimiento del Pasaje (PES): Permite la utilización de video y audio (música) de entretenimiento durante el vuelo, individualizado o colectivo en el cabin.
- Grabador de Conversaciones en Cabina o CVR ("Cockpit Voice Recorder"): Todo el audio de R/T, I/C, CALLS, PA y ambiente del cockpit se graba como medida de seguridad, siguiendo los requisitos mínimos exigidos por la normativa vigente al respecto.

Un ejemplo de AIS de prestaciones reducidas, pero de carácter económico, muy utilizado en aviación ligera es el sistema "TranscomII" de Sigtronics.

- ✓ Consiste en tres "cajas de distribución de audio", interconectables entre sí, cada una de las cuales permite el acoplamiento de los "boomset" (phones/mic) de dos tripulantes de vuelo.

3. Sistemas de Comunicaciones Aéreas Internas

✓ La caja principal es para el piloto y copiloto e incluye además conexión del PTT-ICS ("Press To Talk-Inter Comunication Switch") para cada uno.
- o Proporciona la alimentación al sistema completo, a través del cable de conexión al jack auxiliar de alimentación del avión a 12v, o bien, mediante una pequeña batería interna.
- o Utiliza unos jack macho para recepción/transmisión del audio del avión: jack de 5mm tres terminales para Mic y jack de 6.35mm dos terminales para Phones.
- o Dispone de una conexión doble para jacks macho de 3.5mm para conectar un Rx/Tx auxiliar (por ejemplo, para distribuir música).
- o Cuenta con un control de volumen y un control de squelch general para todo el sistema.

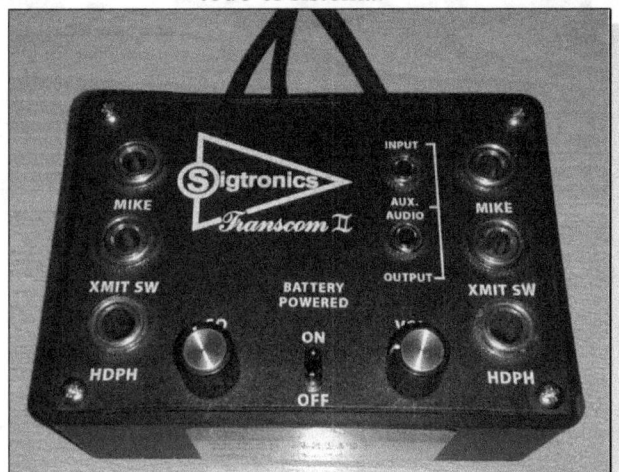

Caja principal del sistema TranscomII, donde se puede observar las conexiones hembra de piloto y copiloto, conexiones auxiliares y controles de volumen, squelch y on/off

Sistema TranscomII completo acoplado a Transceptor de VHF KY196 y boomset conectado en lado izquierdo del piloto en la caja principal.

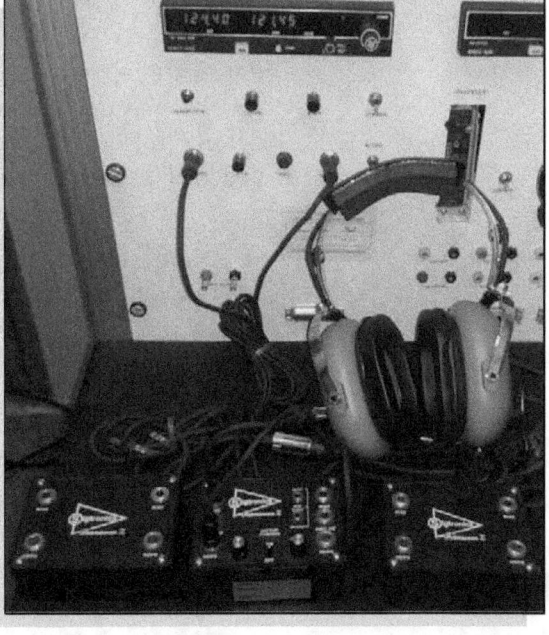

✓ Las dos cajas de audio auxiliares se conectan a la caja principal a través de conexiones DIN. Cada una de ellas permite la conexión de dos Boomset.

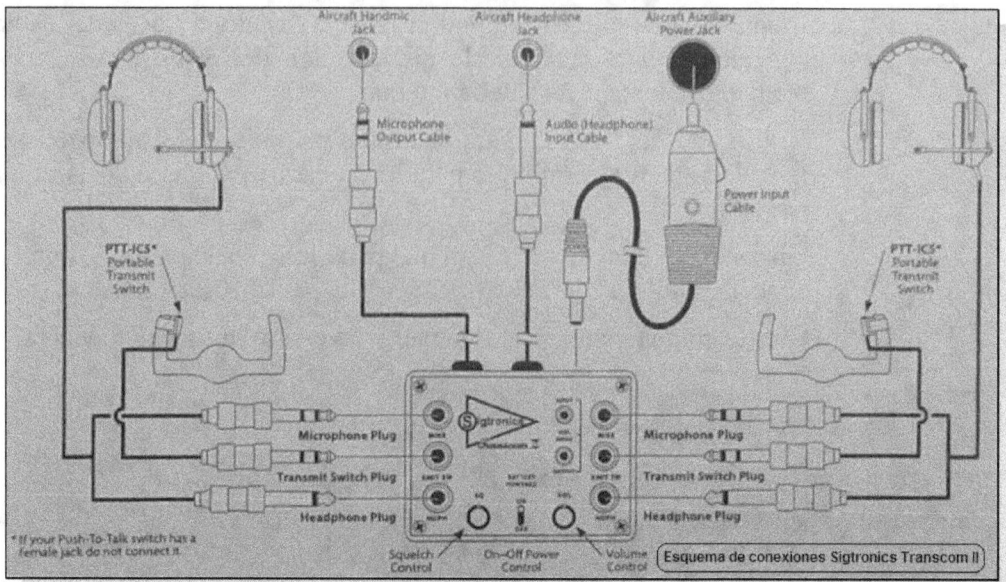

3.1.1 Descripción de un Sistema de Audio Completo

A continuación se va a realizar la descripción del Sistema de Audio para R/T e I/C de una aeronave comercial de pasaje pesada (Airbús A320) como ejemplo característico. En los siguientes apartados se tomará este avión como referencia.

El sistema comprende los siguientes subsistemas:

- Sistema de Control e Indicación:
  - En el cockpit: Aquí podemos encontrar los siguientes elementos,
    - Paneles de Control de Audio (ACPs): permiten la selección de los sistemas de comunicación, tanto en Tx como en Rx, además del control de volumen de las señales de audio en Rx. Dos en pedestal de mando y un tercero en OHP.
    - Paneles de Gestión de Radio (RMPs): utilizados para la selección de las frecuencias de radio comunicación y navegación. Dos en pedestal de mando y un tercero en OHP.
    - Panel de Llamadas (CALLS): Llamadas de atención desde el Cabin("Attendants")o desde panel de potencia exterior("Mech")
    - Conmutador de Audio ("Audio Switching"): usado para la reconfiguración del sistema de audio en caso de fallo en ACPs.
    - Equipamiento Acústico de cada CM: comprende 2 "loudspeakers" con control de volumen independiente, "PTT switches" en "sidesticks" de CM1 y CM2, 2 "hand mics", 3 "headsets", 3 "boomsets" y 3 "oxygen mask mics".

3. Sistemas de Comunicaciones Aéreas Internas

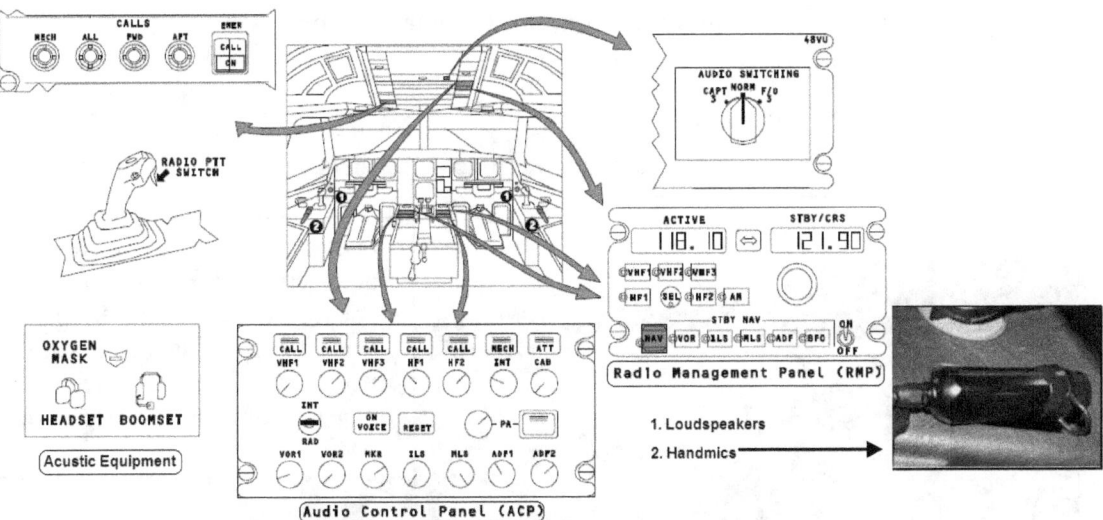

- En el Cabin: Nos encontramos con los siguientes componentes,
    - Panel de "Attendant" Delantero o FAP ("Forward Attendant Panel"): Control de los diferentes sistemas del Cabin por los TCPs.
    - Paneles de "Attendant" Auxiliares o AAPs ("Aditional Attendant Panels"): Control dedicado a cada zona del Cabin. Instalados cerca de las puertas, puede haber hasta tres.
    - Panel de Comprobación y programación o PTP ("Programming and Test Panel"): Al lado del FAP, permite verificar y reprogramar el CIDS del Cabin.

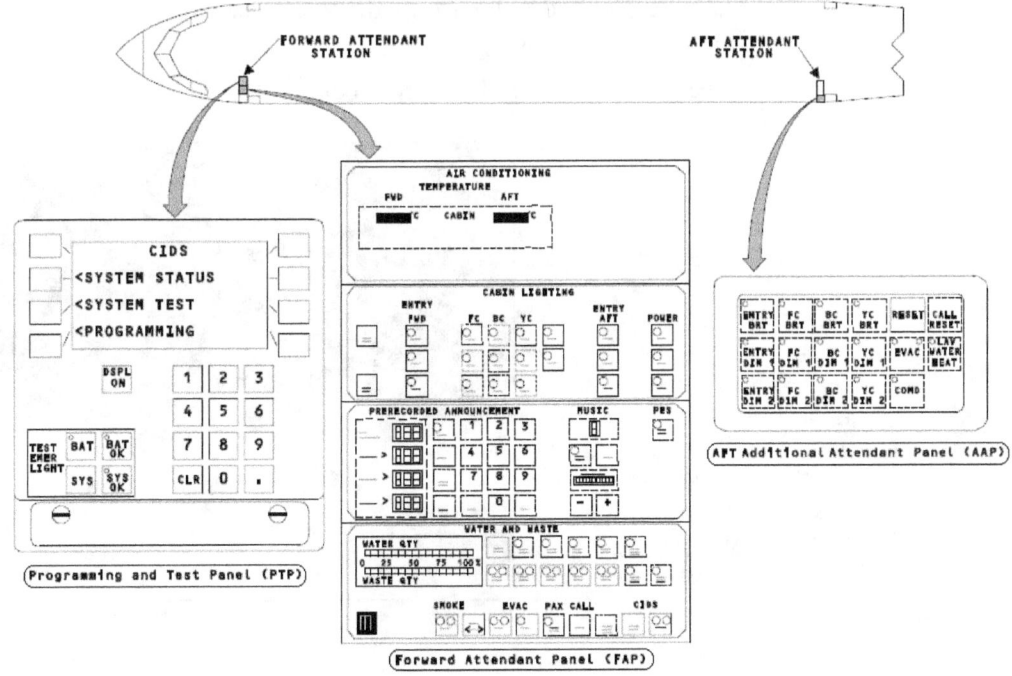

141

Sistemas de Comunicaciones y Navegación en las Aeronaves

- En el CEE: Aquí localizamos los siguientes elementos,
  - Panel codificador del SELCAL
  - ACP del TMA.
  - Conexiones para el interfono de servicio e interfono de vuelo.

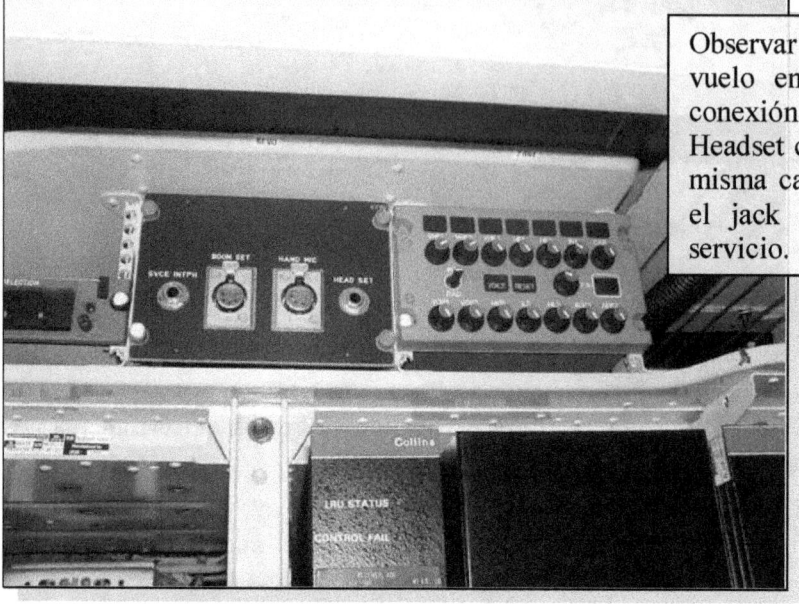

Observar que el interfono de vuelo en el CEE permite la conexión de un Boomset o un Headset con su Handmic. En la misma caja de conexiones está el jack para el interfono de servicio.

- En el panel de control de potencia externa: Disponemos de los siguientes componentes,
  - Características del interfono de vuelo asociadas al TMA de tierra.
  - Panel de llamadas TMA_tierra-cockpit.

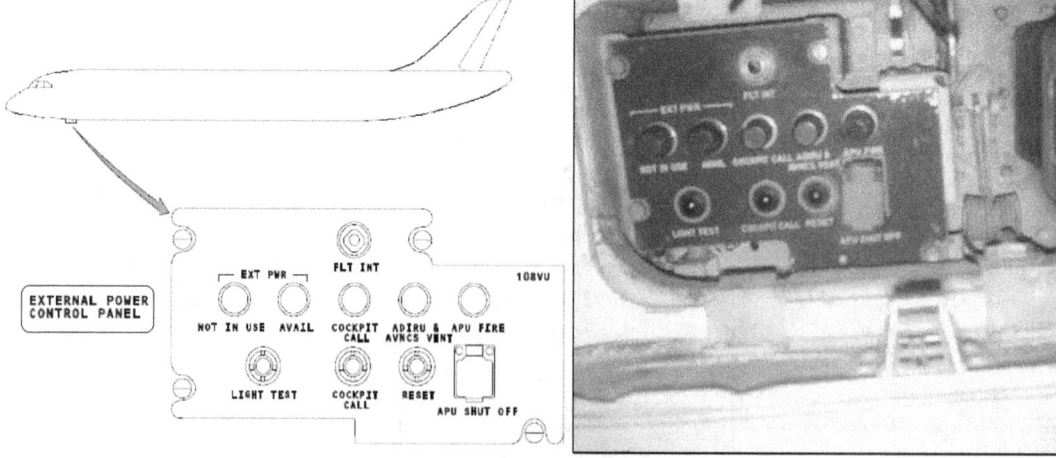

- Unidad de gestión de Audio o AMU ("Audio Management Panel"): Equipo de procesamiento y distribución de audio que actúa de enlace entre el usuario (equipamiento acústico y ACPs) y los diversos sistemas de radio/intercomunicación y radio navegación de la aeronave. Permite las siguientes funciones:
    o Transmisión: Recoge las entradas de micrófono de los CMs y las transfiere a los transceptores seleccionados.
    o Recepción: Recoge las salidas de audio de los transceptores de comunicación y receptores de navegación y las dirige a los equipos acústicos de los CMs, según la selección efectuada.
    o SELCAL.
    o Indicación de llamadas de TMA_tierra y TCPs.
    o Interfono de vuelo: Controlado a través de ACPs.
    o Reconfiguraciones de emergencia: mediante el "audio switching".
    o Grabación de voces en cabina CVR: según norma FAA o JAA.
    o Autocomprobación BITE: solicitada a través del CFDS ("Centralized Fault Display System")

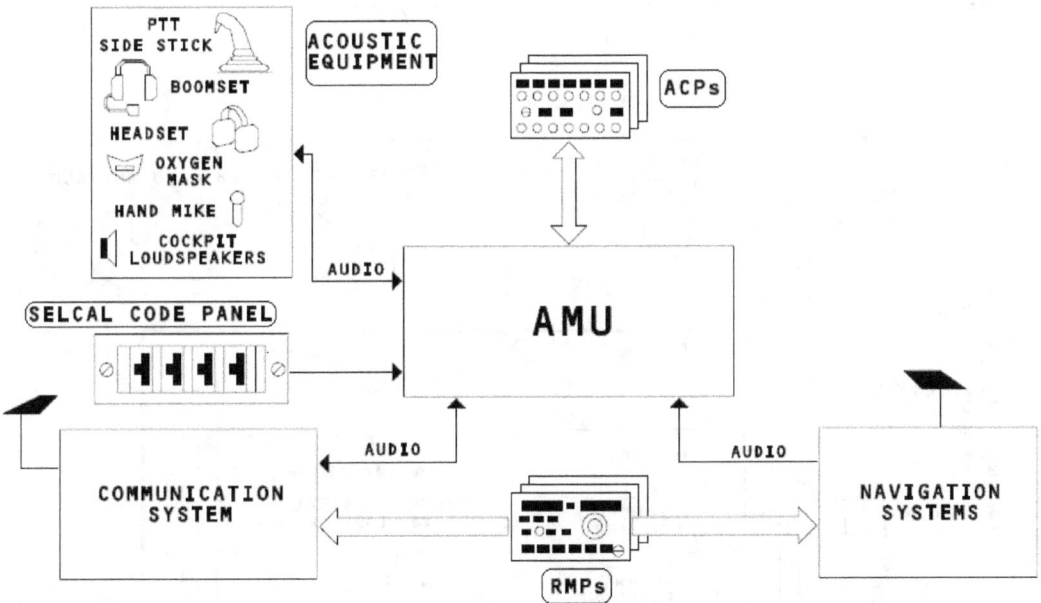

El control de la AMU se lleva a través de los ACPs:
- Se pueden instalar de tres a cinco ACPs idénticos.
- Por cada ACP, la AMU cuenta con una tarjeta de audio independiente, encargada de procesar las señales de entrada-salida de audio (volumen, filtrado, amplificación, conmutación) que controla cada ACP.
- Los ACPs se enlazan con sus tarjetas de audio mediante bus ARINC429.

Sistemas de Comunicaciones y Navegación en las Aeronaves

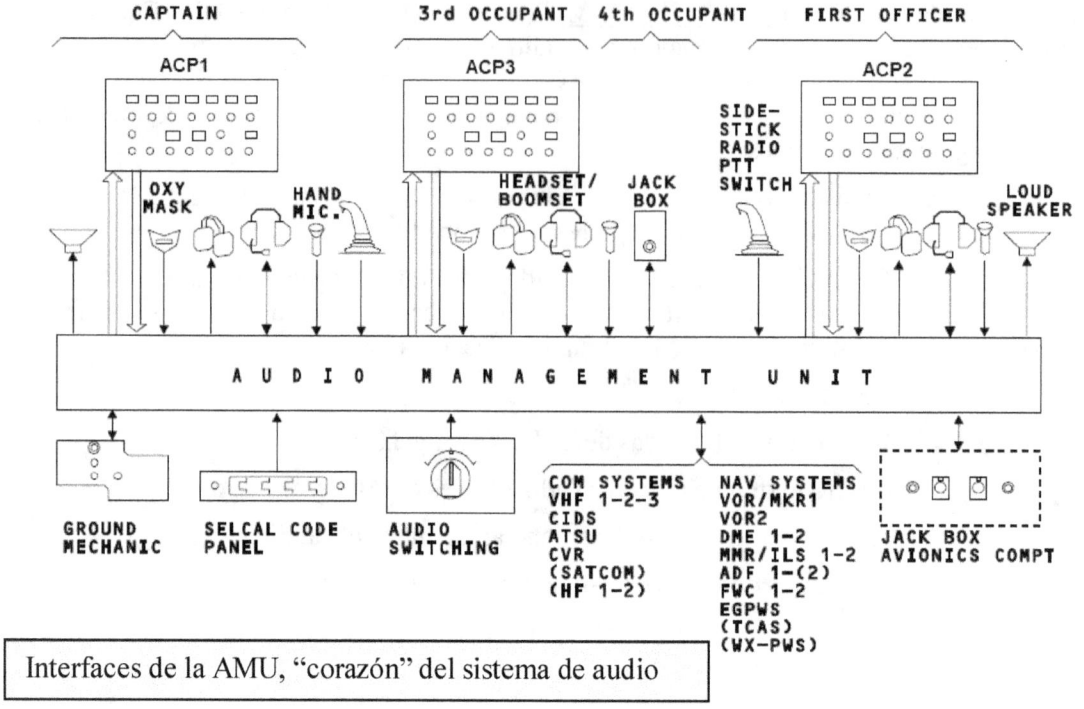

Interfaces de la AMU, "corazón" del sistema de audio

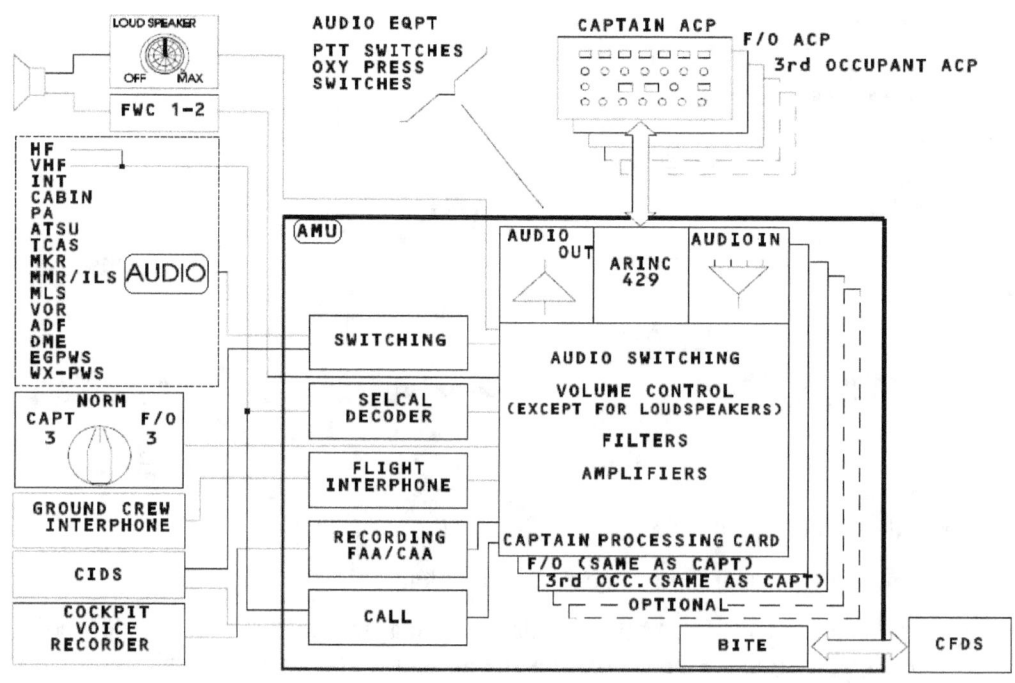

Elementos internos de la AMU (tarjetas independientes) y sistemas asociados.

3. Sistemas de Comunicaciones Aéreas Internas

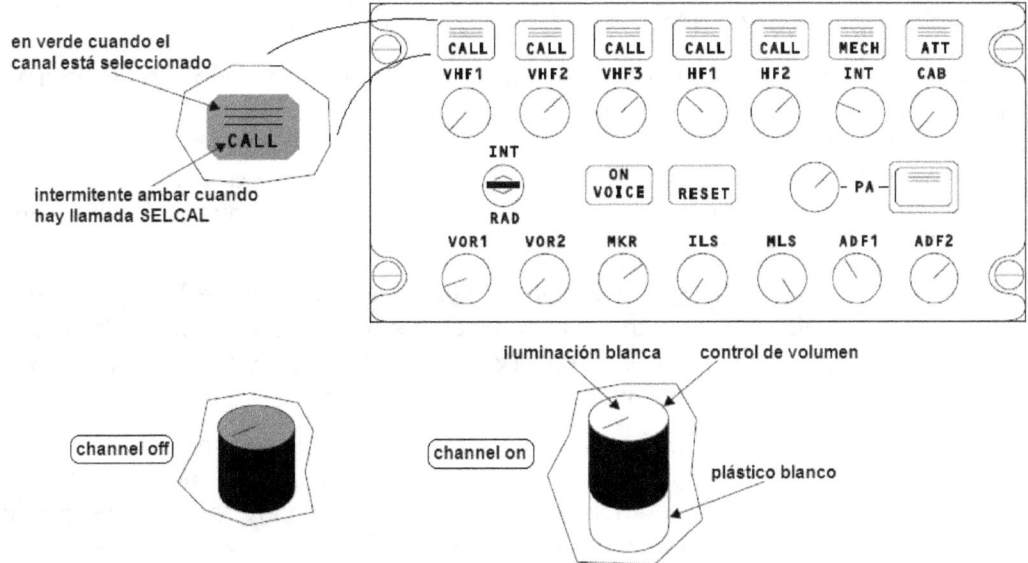

Las luces indicadoras de llamada en cada ACP siguen la nomenclatura de colores: verde, cuando se selecciona el canal y, ámbar intermitente, cuando hay llamada (Selcal, Mecánico o "Attendant").

Ejemplo de funcionamiento de ACP: VHF1 seleccionado con control de volumen activado, llamada SELCAL a través de VHF3, controles de volumen activados para Interfono de vuelo, PA y VOR1.

"Audio Switching" ubicado en el OHP: permite la reconfiguración de ACPs. En situación de funcionamiento normal el ACP1 utiliza la tarjeta de audio1 asociada al equipamiento acústico del CM1 y el ACP2 utiliza la tarjeta de audio2 asociada al equipamiento acústico del CM2; en posición "CAPT3" o "F/O3", el equipamiento acústico de CM1 o CM2, respectivamente, se conecta al ACP3 manejado con la tarjeta de audio3.

3.2 Sistema de Interfonía.

Se trata de mantener las comunicaciones entre el personal relacionado con la aeronave, sean tripulantes de vuelo (CMs), auxiliares de cabina (TCPs) o mecánicos/aviónicos en tierra o en avión (TMAs), siempre vía cable. Las comunicaciones de interfonía incluyen un sistema de llamada de atención luminosa y audible entre personal del avión, previa a la activación de la comunicación de audio-voz. Se consideran tres subsistemas independientes de interfonía:

- Interfono de vuelo: Permite las comunicaciones entre la tripulación de vuelo (CMs) y entre los CMs y el mecánico TMA, en tierra a través del panel de control de potencia externa, o en el compartimento de aviónica. La base del interfono de vuelo son los ACPs.

- Interfono de cabina: Permite las comunicaciones entre el cockpit y los paneles de control de audio de los auxiliares de vuelo en el cabin (Estaciones de "Attendant": FAP y AAPs) o entre los distintos paneles de control de audio repartidos por el cabin.

- Interfono de servicio: Permite las comunicaciones a través de la red de "jacks" repartidos por los diferentes habitáculos de la aeronave (cockpit, cabin, bodegas, cee, ..)

3.2.1 Interfono de Vuelo

La operación del interfono de vuelo desde el cockpit se lleva a cabo a través de los ACPs. Los elementos de control de cada ACP a efectos del interfono de vuelo son:

- Selector INT/RAD: Permite la conmutación entre interfono de vuelo y equipos de radiotransmisión, a efectos del equipamiento acústico de los CMs.

    - Posición neutral: Los transceptores están en modo recepción.
    - Posición INT: Posición estable, habilita el uso del interfono de vuelo, independientemente de las teclas de radio (VHF, HF) seleccionadas. La R/T tiene prioridad sobre la I/C, por lo que estando en la posición INT si se selecciona una tecla de radio y en el handmic o sidestick se pulsa PTT, el interfono de vuelo se corta momentáneamente, para permitir la transmisión de radio.
    - Posición RAD: Posición inestable que actúa como el PTT del handmic o sidestick, por lo que si existe alguna tecla de selección de radio activa, se acopla la transmisión de radio.

- Tecla MECH y control de volumen INT: Al pulsar la tecla MECH se activa en verde indicando que el interfono de vuelo está listo para operar (comunicaciones entre CMs y con el TMA en el CEE o en tierra). El "knob" de INT se usa para ajustar el nivel de recepción del interfono de vuelo, encendido en blanco al presionarlo. Sujetando el selector INT/RAD en la posición RAD, el interfono de vuelo pasa a modo transmisión.

3. Sistemas de Comunicaciones Aéreas Internas

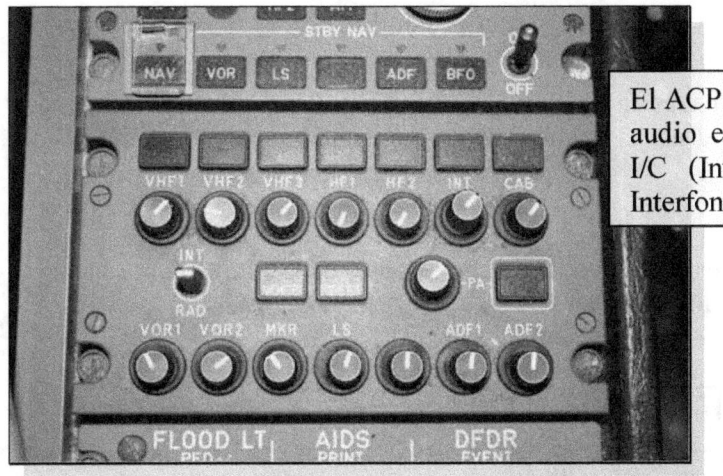

El ACP es utilizado para control de audio en R/T, pero también para I/C (Interfono de vuelo INT e Interfono de cabina CAB).

El TMA de tierra utiliza un boomset conectado al panel de potencia externa para hablar con los CMs en el cockpit, a través del interfono de vuelo.

3.2.2 Interfono de Cabina

Los elementos que configuran el interfono de cabina son:

- En el cockpit:
  - Los ACPs, como medio de los CMs para establecer la comunicación con los TCPs del Cabin. Los elementos de control de cada ACP a efectos del interfono de cabina son:
    - Tecla ATT y control de volumen CAB: Al pulsar la tecla ATT se activa en verde indicando que el interfono de cabina está listo para operar. El "knob" de CAB se usa para ajustar el nivel de recepción del interfono de cabina, encendido en blanco al presionarlo.
    - Selector INT/RAD: En la posición INT con la tecla ATT activa el interfono de cabina está en modo recepción; sujetando el

selector INT/RAD en la posición RAD, el interfono de cabina pasa a modo transmisión.
- o Panel de llamadas en el OHP, que permite generar llamadas de atención a los TCPs visuales y audibles en las estaciones de "Attendant" del Cabin.
- En el Cabin:
  - o Las estaciones de "Attendant", como medio de los TCPs para establecer la comunicación con los CMs en el cockpit.

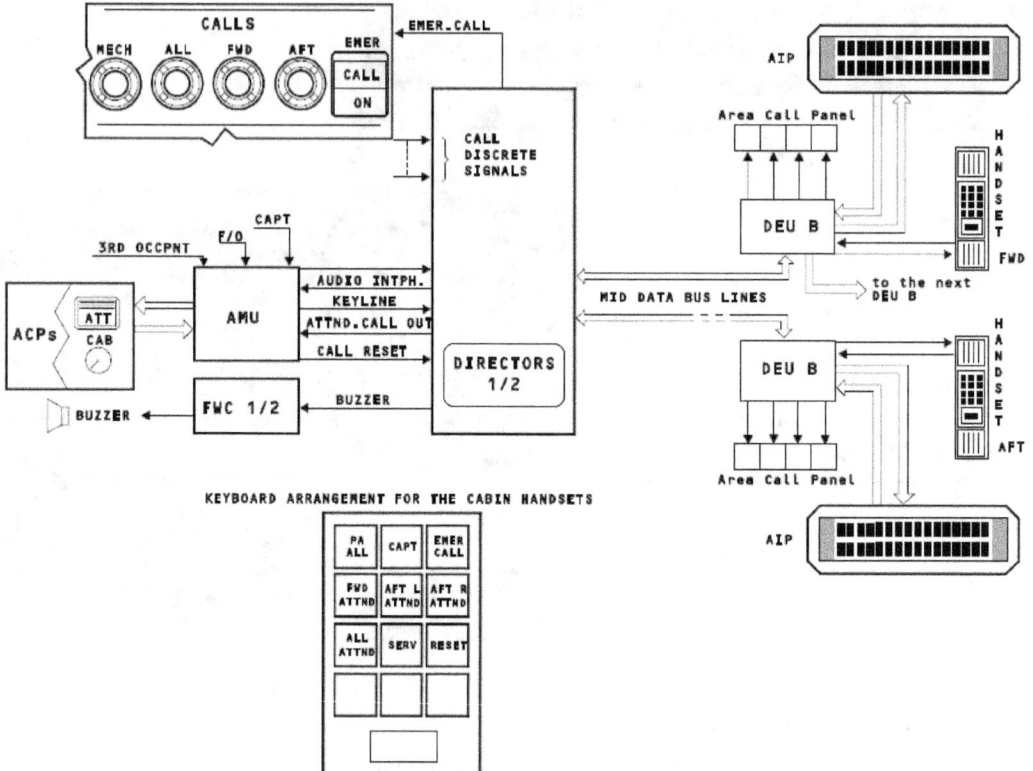

Una comunicación a través del interfono de cabina es siempre iniciada mediante un procedimiento de llamada con los teléfonos de los auxiliares de vuelo ("Attendant Handset") desde el Cabin, o a través del panel de llamadas en el OHP del cockpit.

- Llamada desde el Cabin: Con el handset se pulsa la tecla de la zona con la que se pretende comunicar ("CAPT" para el cockpit, "FWD ATT" o "AFT ATT" para las estaciones del Cabin).

- Llamada desde el Cockpit: Con el panel de llamadas en el OHP se pulsa FWD o AFT para atraer la atención de la estación en el Cabin correspondiente.

- Llamada "All Attendant": Permite comunicaciones entre más de dos fuentes del interfono de cabina. Iniciada desde el cockpit para comunicar con todas las estaciones del Cabin a la vez o desde el handset de una estación para enlazar todas las estaciones del Cabin, sin incluir el cockpit.

- Llamada de Emergencia: Iniciada desde el cockpit para comunicar de emergencia con todas las estaciones del Cabin a la vez o desde el handset de una estación para comunicar de emergencia exclusivamente con el cockpit
- Indicaciones de llamada: Al iniciar una llamada se activan indicaciones visuales y aurales,
    - En el Cabin: En los AIPs ("Area Indication Panels") y ACPs ("Area Call Panels") asociados a la estación llamada. Se oyen "campanas" ("chimes") a través de los loudspeakers de zona del Cabin.
    - En el cockpit: En los ACPs se enciende ámbar la luz de Attendant (ATT) y suena un zumbador ("buzzer"). En caso de llamada de emergencia, además de ATT ámbar en ACPs, se enciende también la luz EMERG CALL en el panel de llamadas. Con RESET en los ACPs se suprimen las indicaciones visuales y audibles en el cockpit.

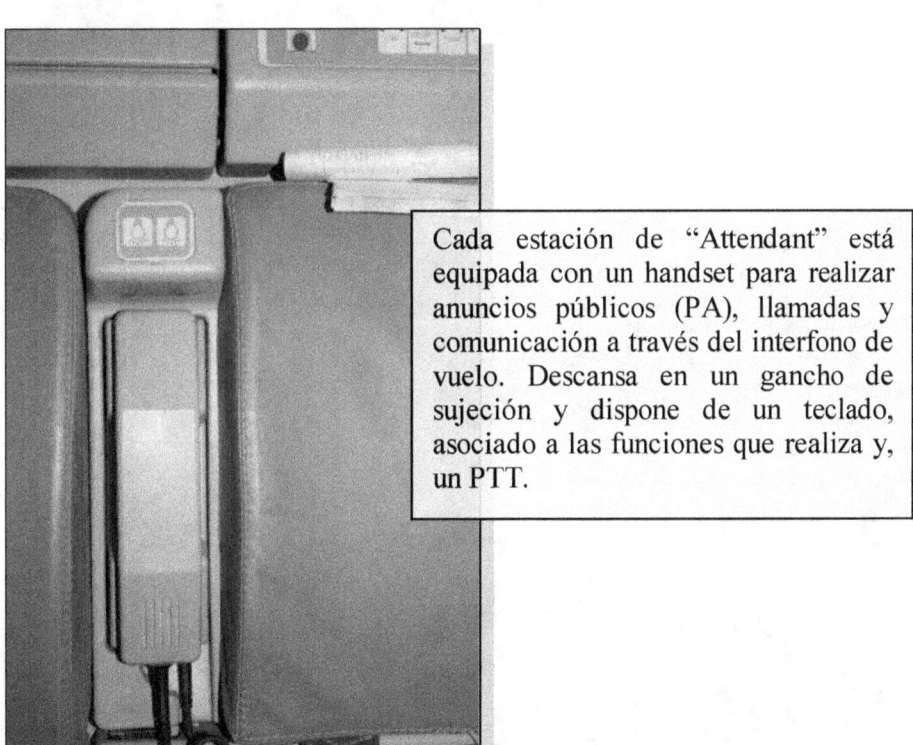

Cada estación de "Attendant" está equipada con un handset para realizar anuncios públicos (PA), llamadas y comunicación a través del interfono de vuelo. Descansa en un gancho de sujeción y dispone de un teclado, asociado a las funciones que realiza y, un PTT.

3.2.3 Interfono de Servicio

Se trata de un sistema de comunicaciones voz, cuando el avión está en tierra, entre los CMs/TCPs y el personal de servicio de tierra. La comunicación se puede efectuar desde el cockpit o los paneles de los auxiliares de vuelo en el Cabin, con cualquier punto del avión donde haya un "jack dedicado" del interfono de servicio.

El sistema está compuesto por:

Sistemas de Comunicaciones y Navegación en las Aeronaves

- Un conjunto de jacks de interfonía (8 a 12) para conexión de microtelefónos ("boomsets"), distribuidos por todo el avión.
- Una tarjeta dedicada al interfono de servicio en cada equipo "DIRECTOR" del sistema CIDS, encargada de amplificar la suma de todas las señales de audio de entrada (IN) y repartirlas a los jacks de la red dedicada (OUT).
- Switch "Service Interphone Override" en el OHP que permite conectar la red de jacks del interfono de servicio al interfono de vuelo y comunicar con el cockpit (CMs) y "attendants" en el Cabin (TCPs).

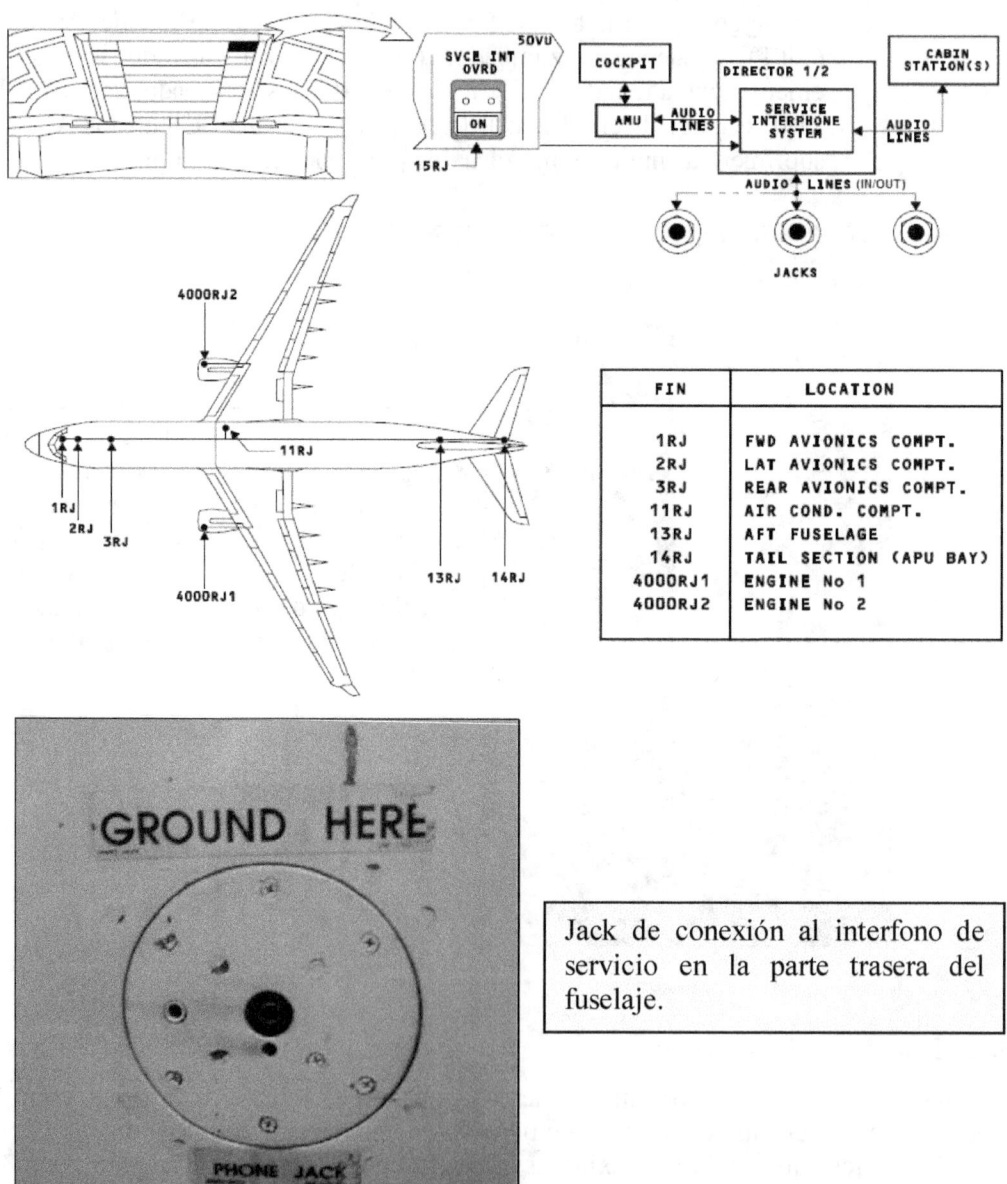

Jack de conexión al interfono de servicio en la parte trasera del fuselaje.

3. Sistemas de Comunicaciones Aéreas Internas

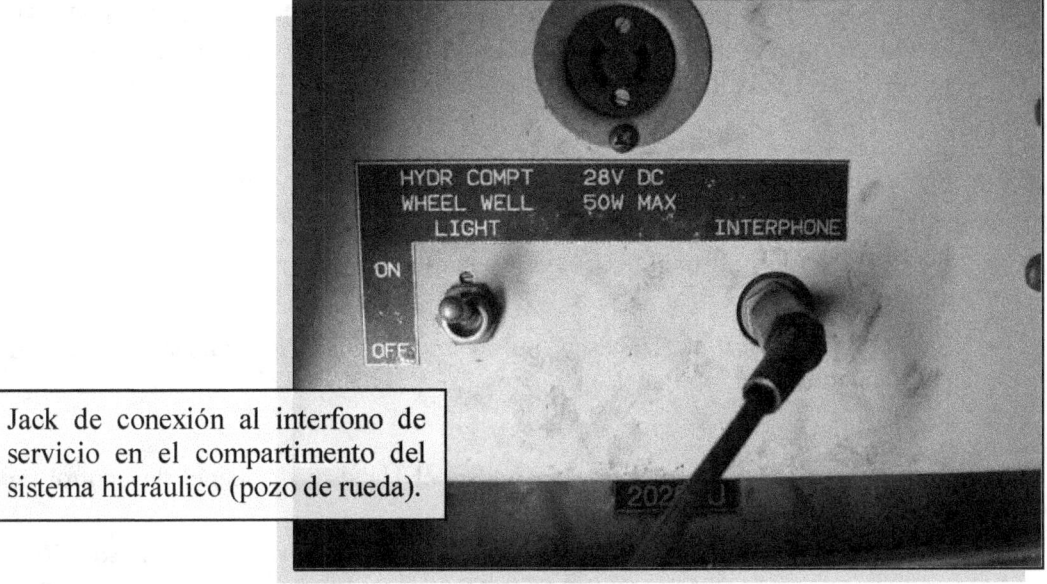

Jack de conexión al interfono de servicio en el compartimento del sistema hidráulico (pozo de rueda).

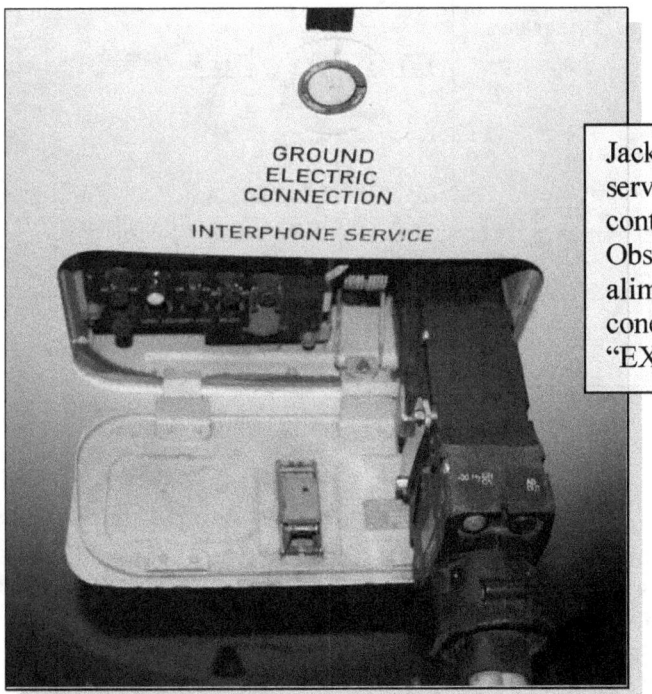

Jack de conexión al interfono de servicio a la altura del panel de control de potencia externa. Observar cómo la manguera de alimentación externa está conectada y la luz indicadora de "EXT PWR AVAIL" encendida.

El sistema de interfono de servicio está integrado en los Directores del CIDS. Existen dos modos de funcionamiento de la red de jacks del interfono de servicio:

- <u>Modo automático</u>: Con el avión en tierra, el tren de aterrizaje abajo y los amortiguadores de las patas comprimidos o bien con la alimentación de tierra conectada a través del panel de potencia externa, se genera una señal por parte del LGCIU ("Landing Gear Interface Unit") utilizada por el interfono de servicio para conectar la amplificación a la salida de jacks.

Sistemas de Comunicaciones y Navegación en las Aeronaves

- Modo manual: Al presionar el interruptor de "SVCE INT OVRD" en el OHP se ilumina ON, generando una señal en el interfono de servicio que conecta la red de jacks con el interfono de vuelo.

Las operaciones de comunicación cockpit-interfono de servicio-cabin se llevan a cabo del siguiente modo:

- Desde el cockpit: En el ACP correspondiente activar el interruptor ATT y ajustar volumen CABin.
- Desde el Cabin: En el "Handset" pulsar la tecla SERVice y aparece en el AIP ("Attendant Indication Panel") un mensaje de "SERV INT"

Si se pulsan en el ACP del cockpit "CAB" y en el Handset del panel de control del Cabin "SERV" se conectan jacks con cockpit y Cabin.

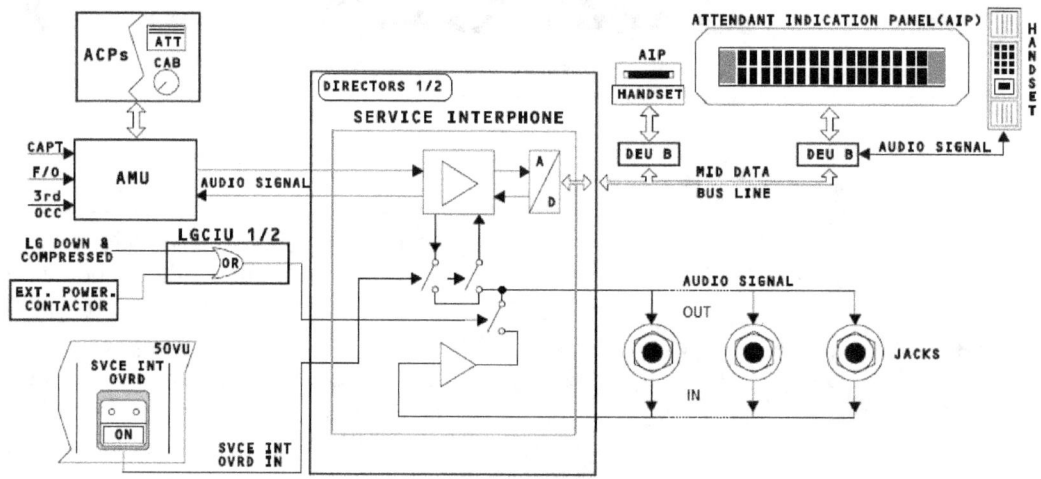

3.3 CVR: "Cockpit Voice Recorder".

El grabador de voces en cabina CVR registra los últimos 30 minutos de las conversaciones y comunicaciones de los CMs en el cockpit, mediante cuatro canales independientes. La grabación se realiza automáticamente durante el vuelo y en tierra cuando al menos un motor está funcionando y, hasta 5 minutos después de la parada del último motor.

Antiguamente el registro de audio se realizaba utilizando una cinta magnética sin fin. Hoy en día se usa tecnología "Solid State", es decir las señales de audio analógicas se convierten en señales digitales y se almacenan en memoria volátil basada en circuitos integrados.

El audio del mecánico de vuelo (CM3) puede ser sustituido por el de mensajes al pasaje (PA), cuando el avión está certificado para volar con sólo dos CMs.

3. Sistemas de Comunicaciones Aéreas Internas

Los elementos que componen el CVR son:

- LRU del CVR localizada en la parte trasera del fuselaje, donde existe una probabilidad más baja de sufrir daños, en caso de accidente. El CVR se construye de manera que pueda soportar elevadas presiones, fuerzas de gravedad y temperaturas, pintado de color naranja para su rápida localización.

- Micrófono de área usado para el registro de las conversaciones en el ambiente entre CMs en el cockpit y los avisos aurales y voces sintetizadas a través de los loudspeakers. Situado estratégicamente para recoger con fiabilidad el audio de todas estas señales: parte baja del OHP.

- Panel grabador (RCDR) que permite control de operación manual del CVR, test y borrado de la grabación. Localizado en el OHP.

- El jack de conexión del CVR Headset, en el panel de mantenimiento en el OHP.

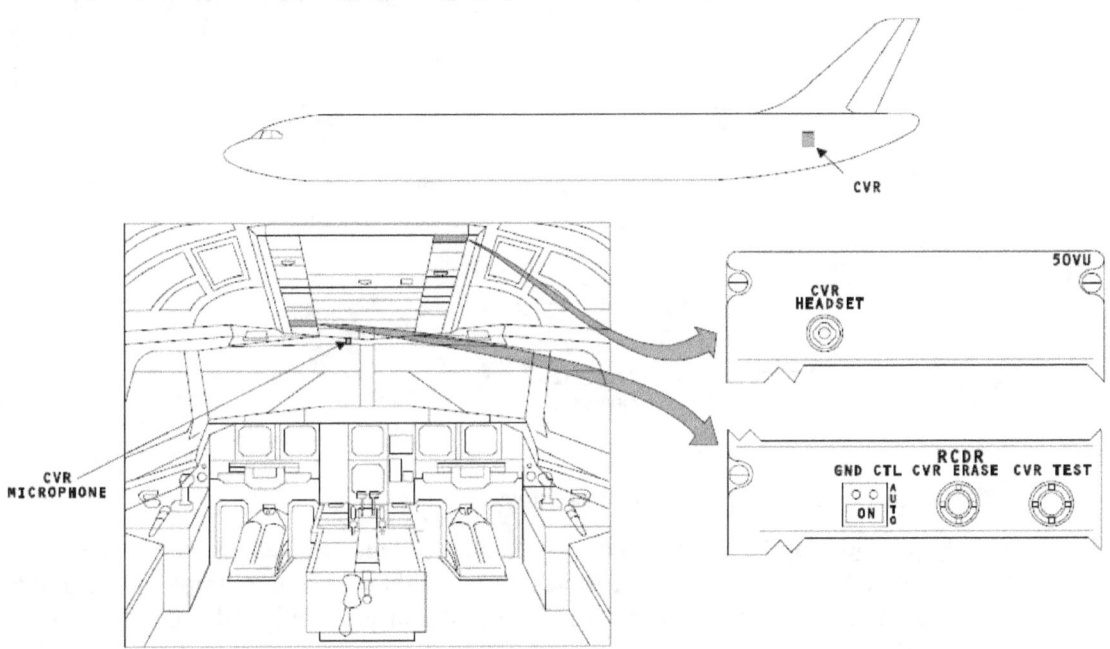

El panel grabador RCDR ofrece las siguientes posibilidades:

- <u>Control en tierra</u>: En tierra cuando el CVR no está energizado, pulsando GND CTL se le aplica alimentación de forma manual.

- <u>Test del CVR</u>: Al pulsar CVR TEST, tanto en tierra como en vuelo, se genera un tono de 800Hz 4 veces durante 0.8s cada vez. Utilizando un "headset" conectado al CVR HEADSET se puede escuchar esta prueba.

- <u>Borrado del CVR</u>: Presionando CVR ERASE durante 2s se borra la grabación manualmente, siempre y cuando el freno de aparcamiento esté aplicado y el CVR energizado.

Sistemas de Comunicaciones y Navegación en las Aeronaves

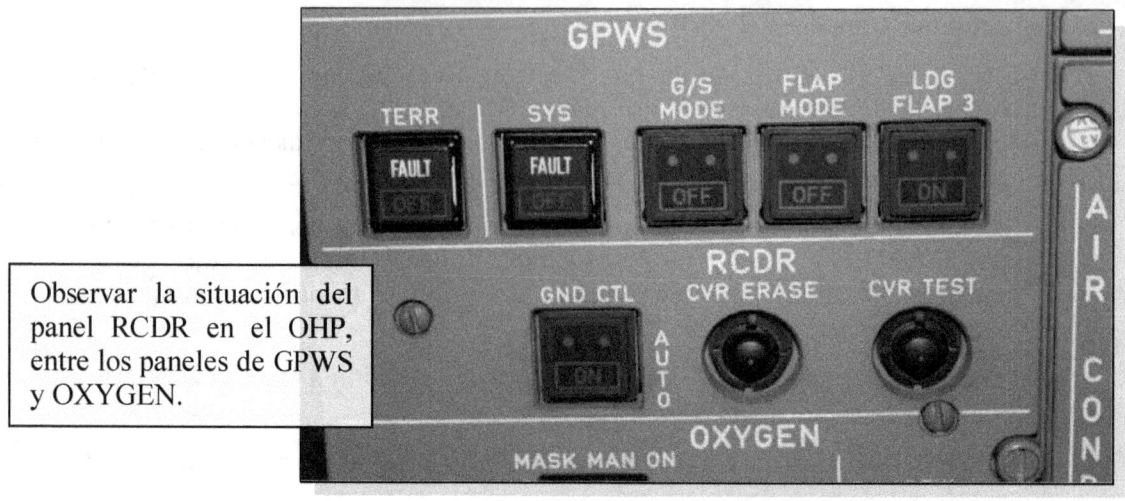

Observar la situación del panel RCDR en el OHP, entre los paneles de GPWS y OXYGEN.

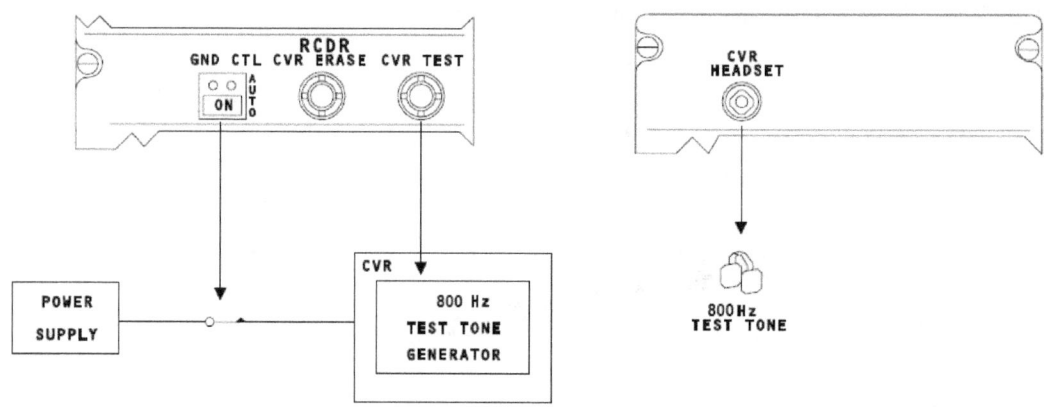

El CVR puede operar en tres modos diferentes:

- <u>Modo Normal</u>: El CVR graba en 4 canales independientes las señales de audio de los CM1, CM2 y CM3, a través de la AMU y el sonido ambiente mediante micrófono de área que alimenta a través de un preamplificador el 4º canal del CVR.

- <u>Modo Borrado</u>: Activado mediante la tecla CVR ERASE, borra toda la información de los 4 canales simultáneamente. Sólo es posible con la aeronave en tierra, cuando los amortiguadores del tren de aterrizaje izquierdo y derecho están comprimidos y el freno de aparcamiento aplicado. Es necesario que el CVR esté energizado, de forma automática o manual con GND CTL.

- <u>Modo Test</u>: Iniciado con CVR TEST, el tono de 800Hz se aplica secuencialmente durante 0.8s a cada uno de los 4 canales. La prueba se oye a través del "headset" conectado en CVR HEADSET o bien, cuando los amortiguadores del tren de aterrizaje izquierdo y derecho están comprimidos y el freno de aparcamiento aplicado, se puede oir a través de los "loudspeakers". Es necesario que el CVR esté energizado, de forma automática o manual con GND CTL.

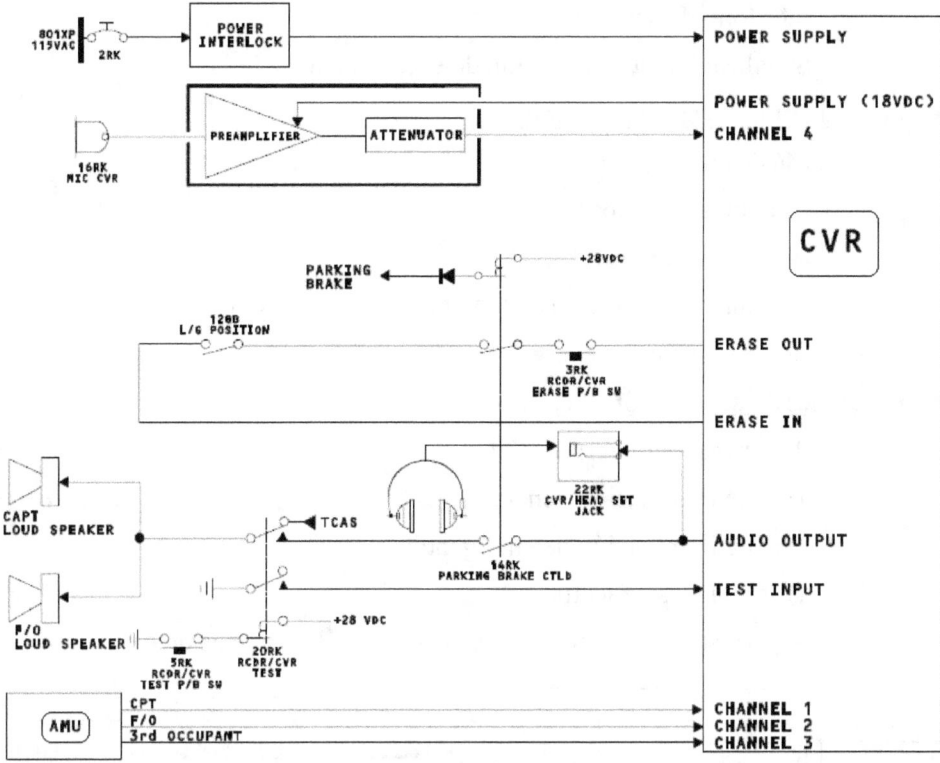

3.4 CIDS.

El Sistema de Intercomunicación de Datos en el Cabin es un sistema basado en microprocesador que gestiona funciones múltiples relacionadas con el pasaje, tripulación (TCPs y CMs) y diferentes sistemas del Cabin.

Físicamente, está constituido por una unidad central denominada DIRECTOR, que procesa las órdenes que recibe a través de la estación de "attendant" principal o FAP ("Forward Attendant Panel"). El DIRECTOR se comunica con los sistemas del Cabin, tripulación y pasaje a través de un sistema digital de reparto de información que utiliza las DEUs ("Decoder Encoder Units"). El CIDS utiliza el PTP ("Programming and Test Panel") para configurar de forma específica todo el sistema, así como, su autocomprobación. El CIDS recibe información además de varios sistemas del avión.

- Funciones de Pasaje:
    - Control de iluminación general del Cabin.
    - Consignación de anuncios de pasaje (PA).
    - Señalización iluminada individual de pasaje.
    - Luces de lectura de pasaje.
- Funciones de Tripulación:
    - Interfono de vuelo e interfono de cabina.

Sistemas de Comunicaciones y Navegación en las Aeronaves

- o Interfono de servicio.
- o Señalización de evacuación de emergencia.
- Funciones de Sistemas del Cabin:
    - o Música de abordo.
    - o Anuncios pregrabados.
    - o Avisos de humos en lavabos.
    - o Sistema de regulación de temperatura y drenaje.
    - o Luces de emergencia.
- Funciones de supervisión y Test:
    - o Programación y test del CIDS.
    - o Test de iluminación general.
    - o Test de iluminación de emergencia.
    - o Test de luces de lectura.
    - o Supervisión de presión de las botellas de las rampas de escape.

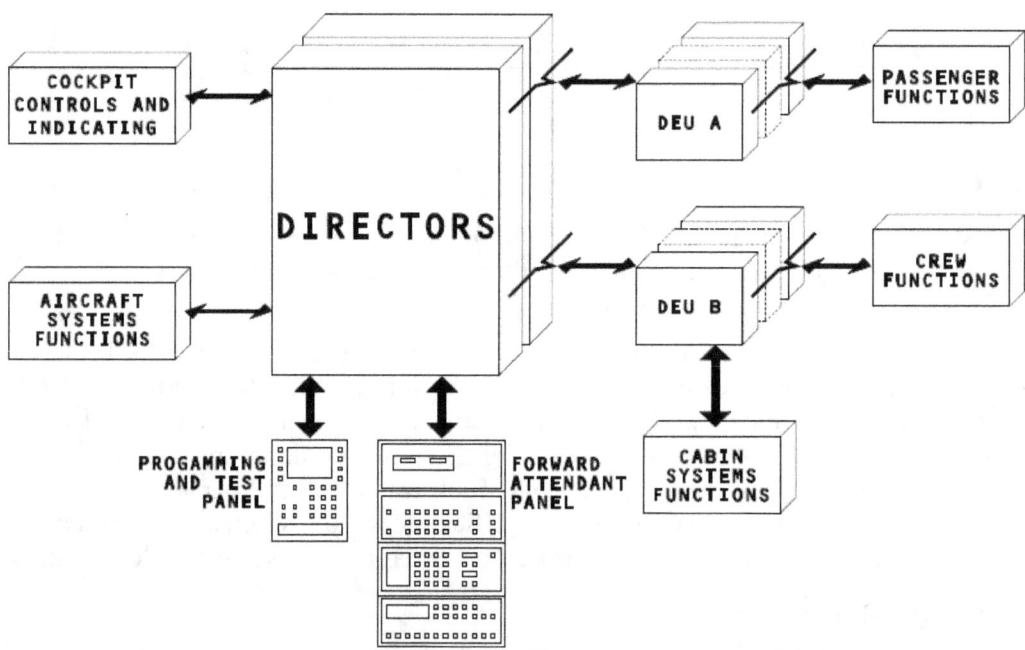

Por redundancia, el CIDS cuenta con dos DIRECTORs. Cada uno de ellos trabaja con módulos de memoria reemplazables en línea OBRM ("OnBoard Replacement Memory"). El módulo de PTP está instalado en la estación de "attendant" delantera, al lado del FAP. El número de DEUs depende del tamaño del Cabin. Se utilizan dos tipos:

- DEUs A: Enlace con sistemas relacionados con el pasaje.
- DEUS B: Enlace con sistemas relacionados con el Cabin y los Attendant.

3. Sistemas de Comunicaciones Aéreas Internas

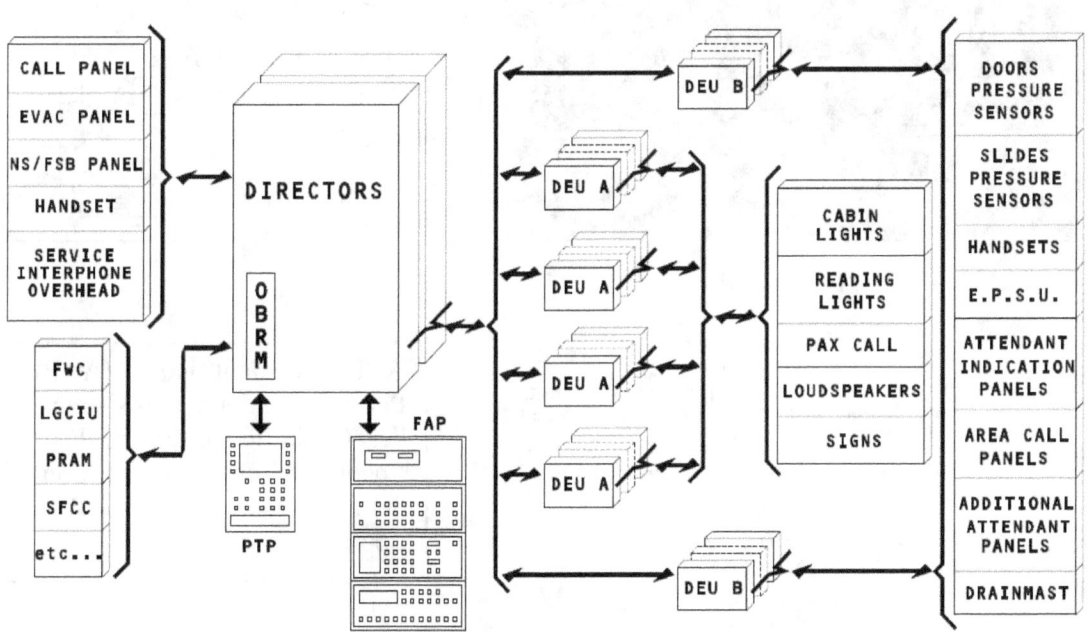

Sistemas de Comunicaciones y Navegación en las Aeronaves

El FAP está conectado a los DIRECTORs y a las DEUs B. Compuesto por cuatro paneles:

- Panel de aire acondicionado: Indicación de temperatura delante y detrás del Cabin.

- Panel de luces: Control de luces en techos, ventanas, lavabos, attendants, ..

- Panel de audio: Centralización del control de anuncios pregrabados, música a bordo y PES.

- Panel de agua y varios: Supervisión de agua y residuos en lavabos, humos, temperatura, luces, drenajes, ..

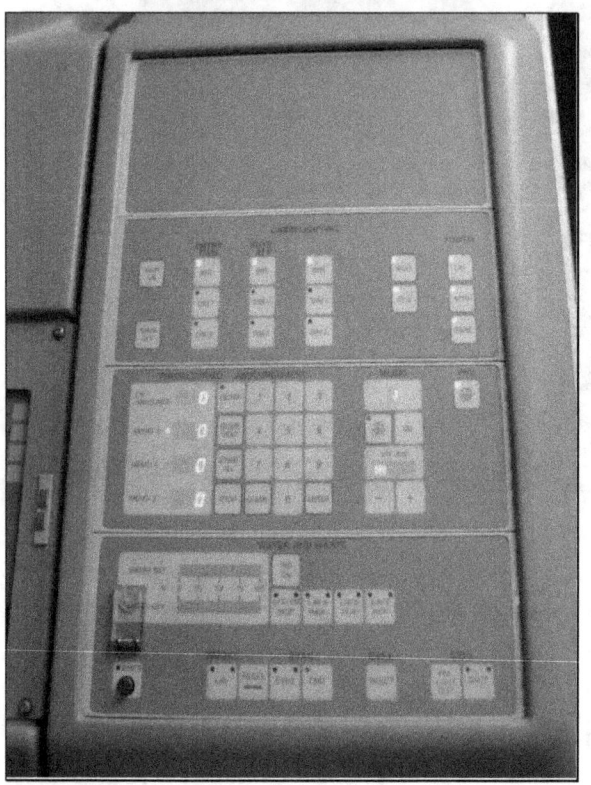
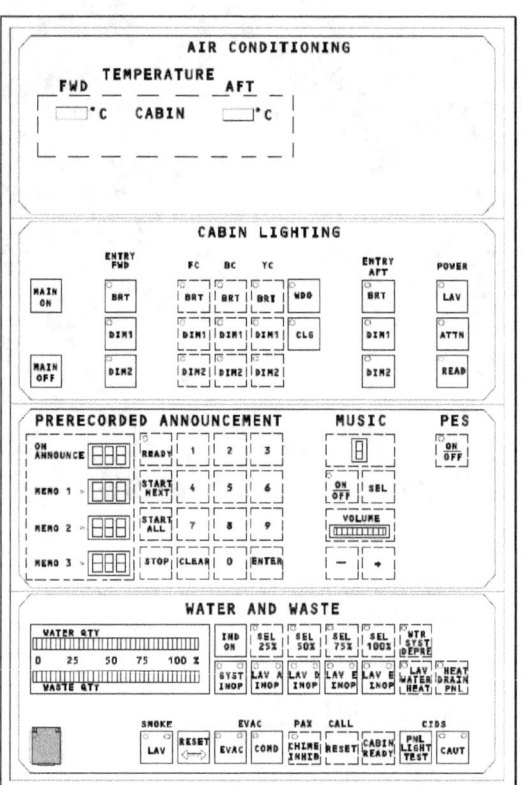

AFT Attendant Panel (AAP): Permite atender varios sistemas del Cabin igual que el FAP. Localizado en la parte trasera del Cabin y enlazado con DEUs tipo B.

3. Sistemas de Comunicaciones Aéreas Internas

El CIDS actual utiliza pantallas FAP y AAP táctiles.

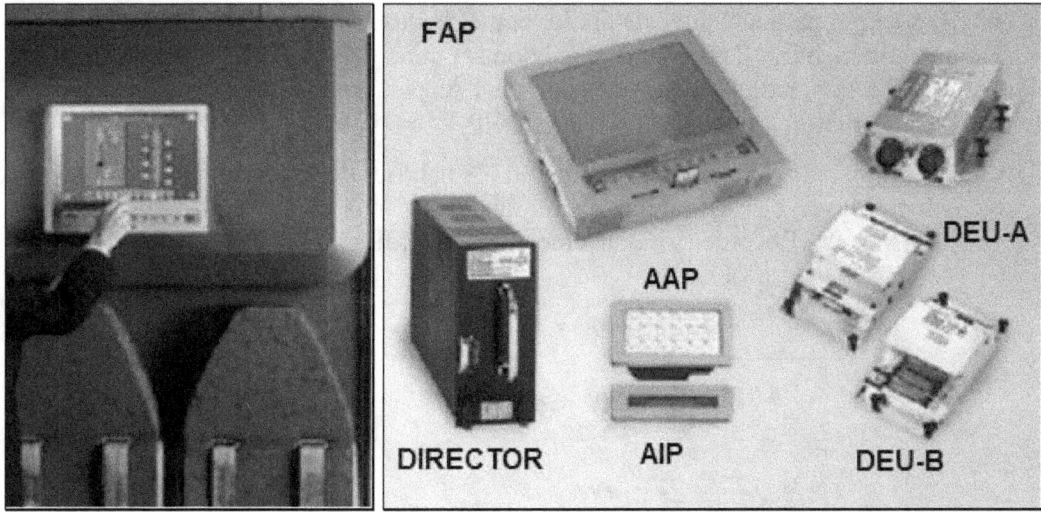

3.5 PA.

PA es la consignación de avisos a los pasajeros ("Passenger Address"). Los avisos o anuncios PA pueden ser audibles o de señalización luminosa ("No Smoking" N/S o "Fasten Seat Belts" FSB).

Los DIRECTORs del CIDS aceptan señales de audio de varias fuentes de PA. Los anuncios pueden ser escuchados con headsets en cada asiento de pasajero o a través de los loudspeakers del Cabin.

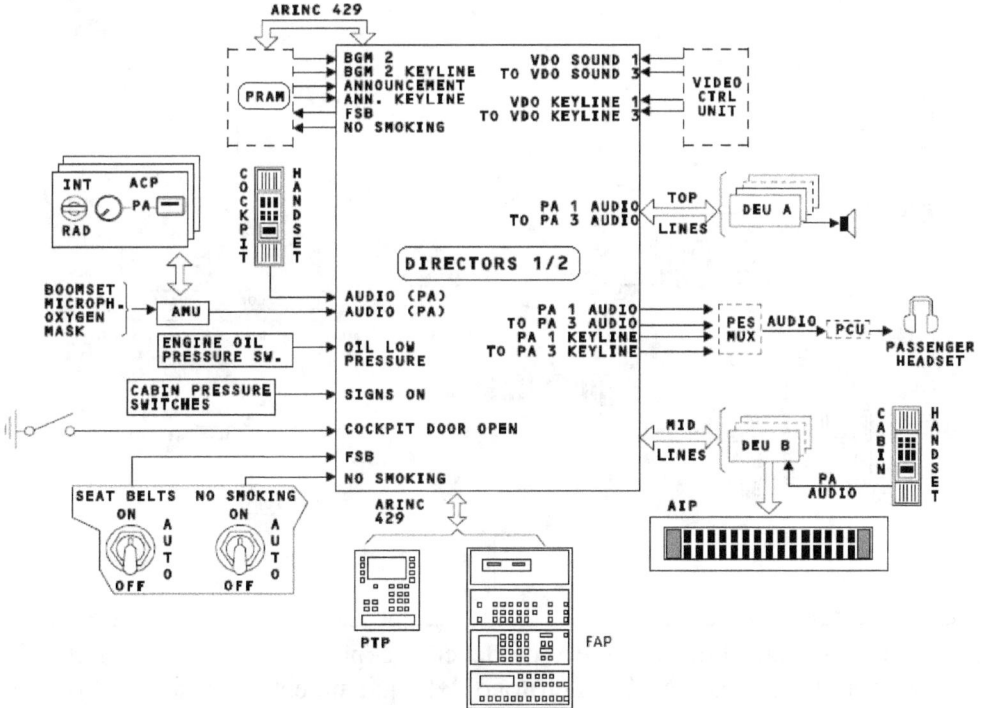

Sistemas de Comunicaciones y Navegación en las Aeronaves

Un anuncio PA se puede iniciar manualmente desde,

- El cockpit: para anuncios de audio, con el handset del pedestal de mando o bien con algún micrófono (handmic, boomset mic, oxygen mask mic) junto con ACPs a través de la tecla y "knob" de PA; para anuncios luminosos activando los interruptores de N/S y FSB en el OHP.
- El Cabin: para anuncios de audio, con los handset de las estaciones de attendant o bien, desde el FAP anuncios pregrabados y música de abordo en el módulo PRAM ("Pre Recorded Anouncement and Boarding Music").

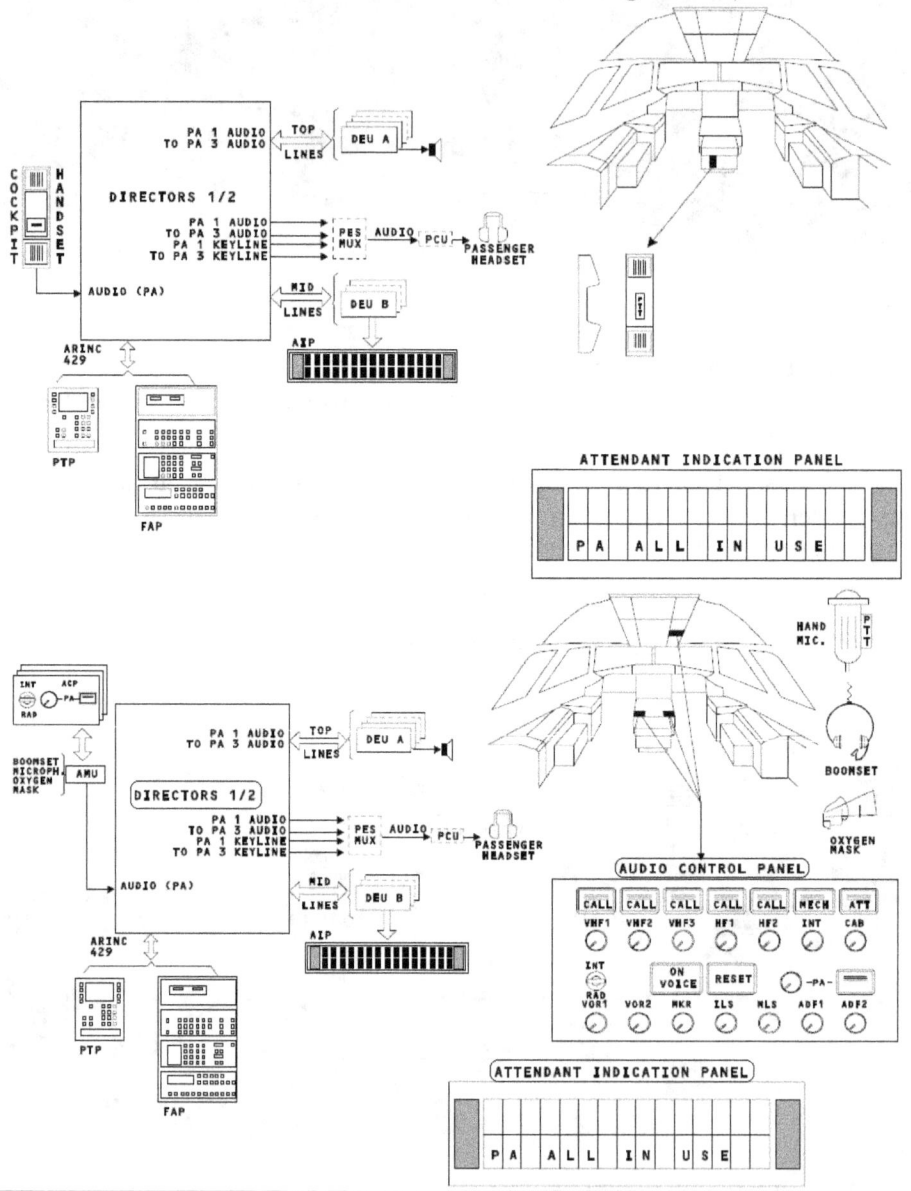

Al iniciar manualmente un PA desde el cockpit, ya sea a través del "handset" o mediante los ACPs y algún micrófono del equipamiento acústico de los CMs, en los AIPs del Cabin aparece el aviso de "PA ALL IN USE".

3. Sistemas de Comunicaciones Aéreas Internas

Un anuncio PA se puede iniciar automáticamente desde el PRAM cuando,

- Los interruptores de N/S o FSB se colocan en AUTO y según la programación del sistema.
- Ocurre una descompresión en el Cabin.

Los anuncios de audio de PA desde el cockpit se realizan rápidamente utilizando el handset del pedestal de mando, sin más que pulsar su PTT y hablar.

El PA hace referencia también a la "señalización iluminada individual de pasaje" (SIGNS), que incluye indicaciones manuales o automáticas de N/S ("No Smoking") y/o FSB ("Fasten Seat Belts").

La activación manual de las señales se efectúa con los interruptores correspondientes en el panel de control de estos anuncios en el OHP en ON. Disponen de una posición AUTO que activa los avisos en caso de tren de aterrizaje abajo. Por otro lado, si se detecta excesiva altitud en el Cabin, también se activan los anuncios automáticamente.

Sistemas de Comunicaciones y Navegación en las Aeronaves

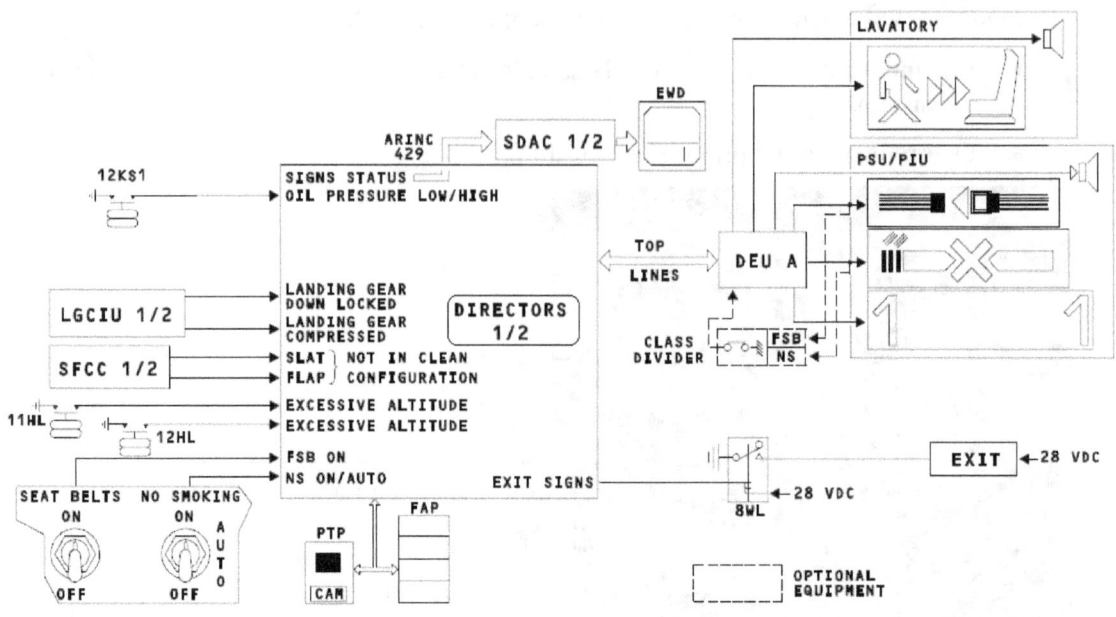

Luces de lectura individuales manejadas por el propio pasaje, pero cuyo control general depende del FAP. Observar el anuncio de N/S activo.

3.6 PES.

El Sistema de Entretenimiento del Pasaje (PES) comprende dos sistemas independientes para control de música, por un lado y, de video por otro. Sin embargo, se utiliza un sistema de distribución y canalización de señales general denominado MM ("Main Multiplexer"), en cuanto a que el sistema de música y el de video tienen en común que ambos utilizan audio.

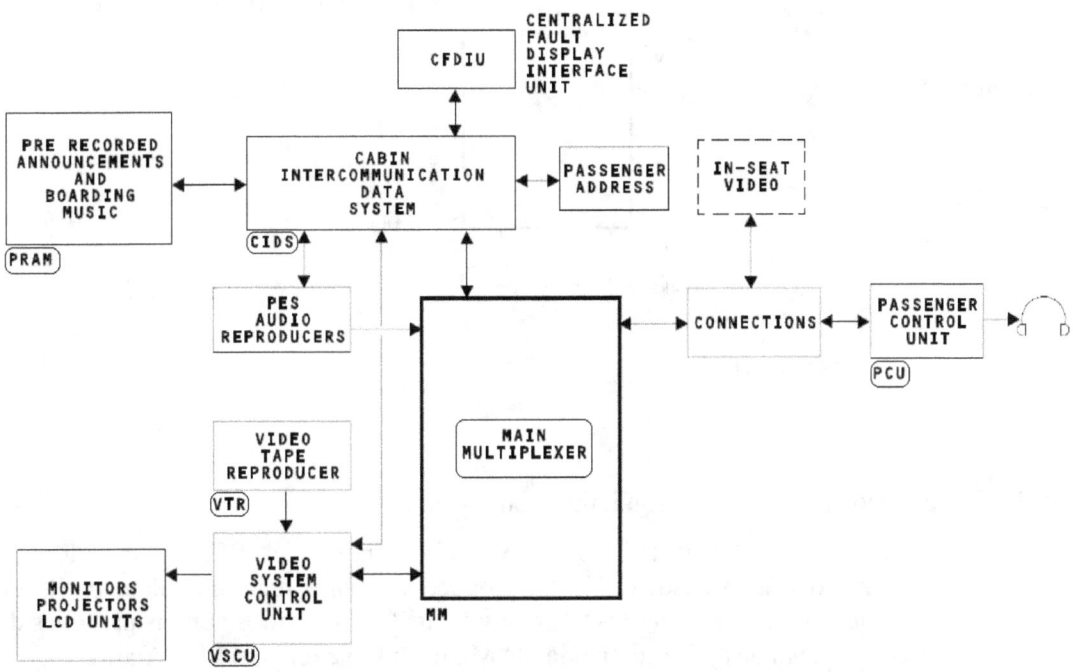

El PES de música comprende los siguientes componentes:

- "Main Multiplexer" o MM: Recoge todas las señales de audio, desde el A/R, anuncios de PA del CIDS, sonido del video desde la VSCU y las modula generando una única señal de radiofrecuencia con toda la información. Las señales de control para distribución de esta información de audio son en formato digital ARINC429 a través del PSS ("Passenger Service System").

- "Wall Disconnect Boxes" o WDB: Recogen la información de audio del MM y la reparten por zonas en el Cabin. Cada WDB suministra a dos SEB.

- "Seat Electronic Box" o SEB: Extraen el audio original de la señal de RF para suministrarlo a 3 PCUs.

- "Passenger Control Unit" o PCU: Una por asiento, permite al pasajero seleccionar la música o sonido de video a escuchar y ajustar el volumen. Incluye un jack para conexión de headset.

- "Audio Reproducer" o A/R: Proporciona diferentes programas de música, así como, música para el BGM ("Boarding Music") del CIDS.

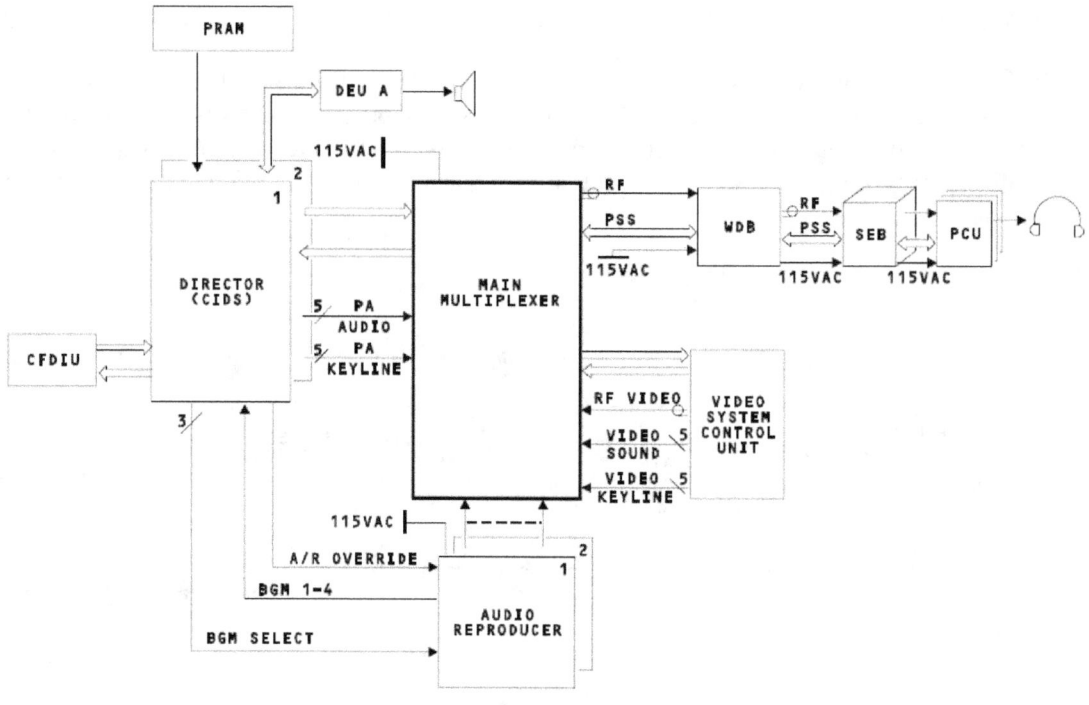

El PES de video comprende los siguientes componentes:

- "Video System Control Unit" o VSCU: Control del PES Video. Recibe audio/video señales desde el VTR y produce una única señal modulada de RF de video que distribuye hacia los "Tapping Units" relacionados con las pantallas de video. La señal de audio se manda al "Main Multiplexer" del PES Audio.

- "Video Tape Reproducer" o VTR: Fuente de audio/video del PES video. Controlado por el VSCU de forma remota. Trabaja con formatos de video estándar PAL/SECAM/NTSC.

- "Tappig Unit" o TU: Alimenta con señales de video procedentes de la VSCU a dos pantallas del Cabin.

- "Visual Displays" o "Display Units", DU: Pantallas distribuidas en las diferentes zonas del Cabin. Cada DU se conecta al TU más cercano. Dos tipos:
    - "Hatrack Mounted Display Unit" o HMDU: DUs retráctiles montados en techo del Cabin. Se retraen automáticamente cuando pierden la alimentación o por descompresión en el Cabin.
    - "Wall Mounted Display Unit" o WMDU: DUs fijos montados en pared frontal del Cabin.

- "Cabin and Passenger Management System" o CPMS: La VSCU dispone de la opción de conectar este sistema que permite el control y visualización remota a través del "Cabin Management Terminal" o CMT de todas las posibilidades del PES Video.

3. Sistemas de Comunicaciones Aéreas Internas

- "Passenger Visual Information System" o PVIS: Proporciona información actualizada sobre parámetros de vuelo y destino a los pasajeros, a través de las DUs.
- Cámaras: Presenta imágenes en tiempo real de las cámaras montadas fuera del avión
    - En el estabilizador vertical, que da vista del fuselaje y alas desde detrás.
    - En el tren de aterrizaje de morro, apuntando hacia delante.

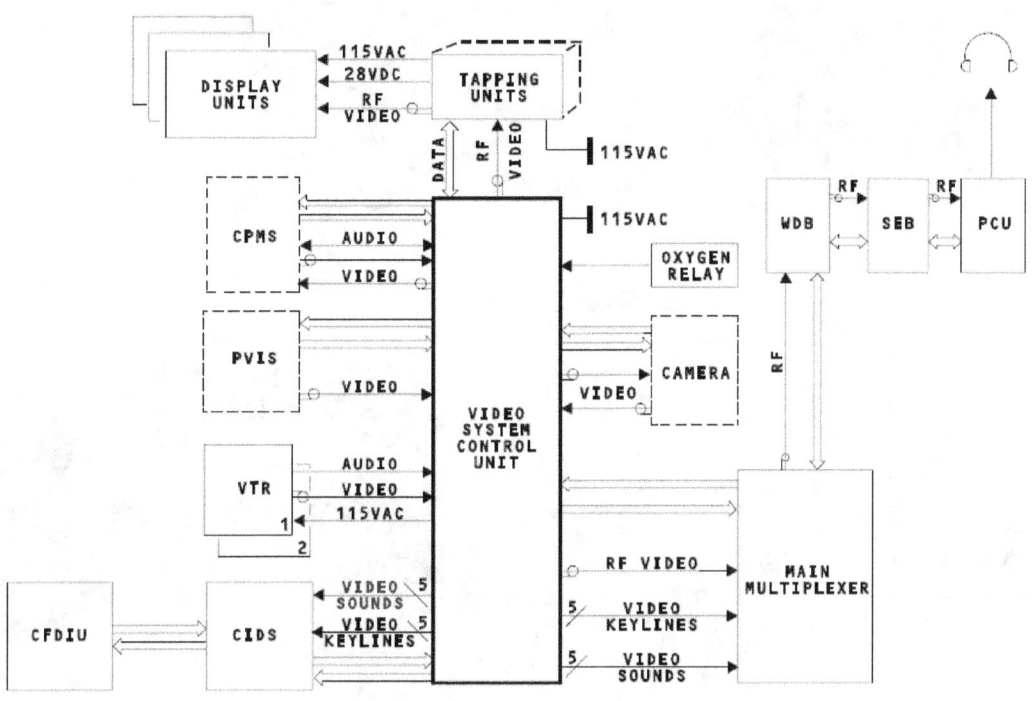

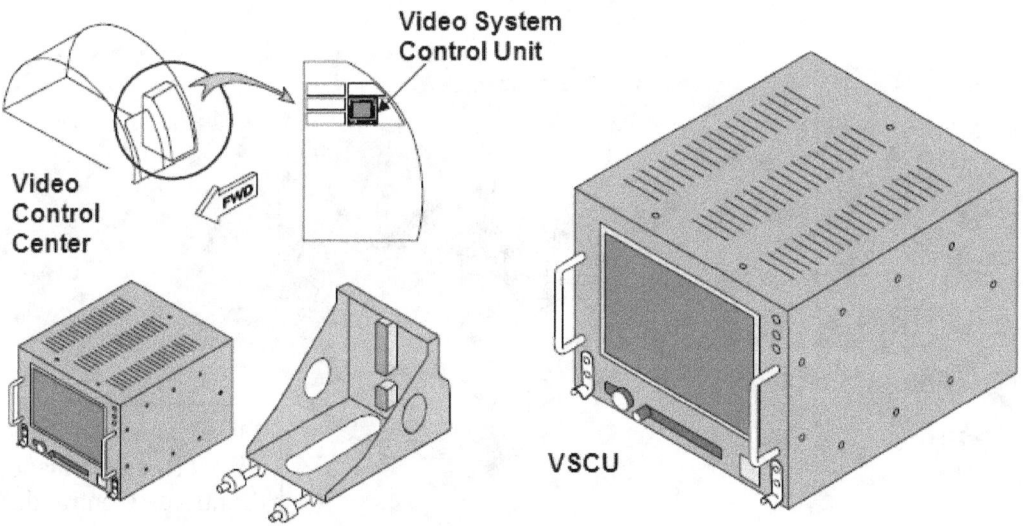

Sistemas de Comunicaciones y Navegación en las Aeronaves

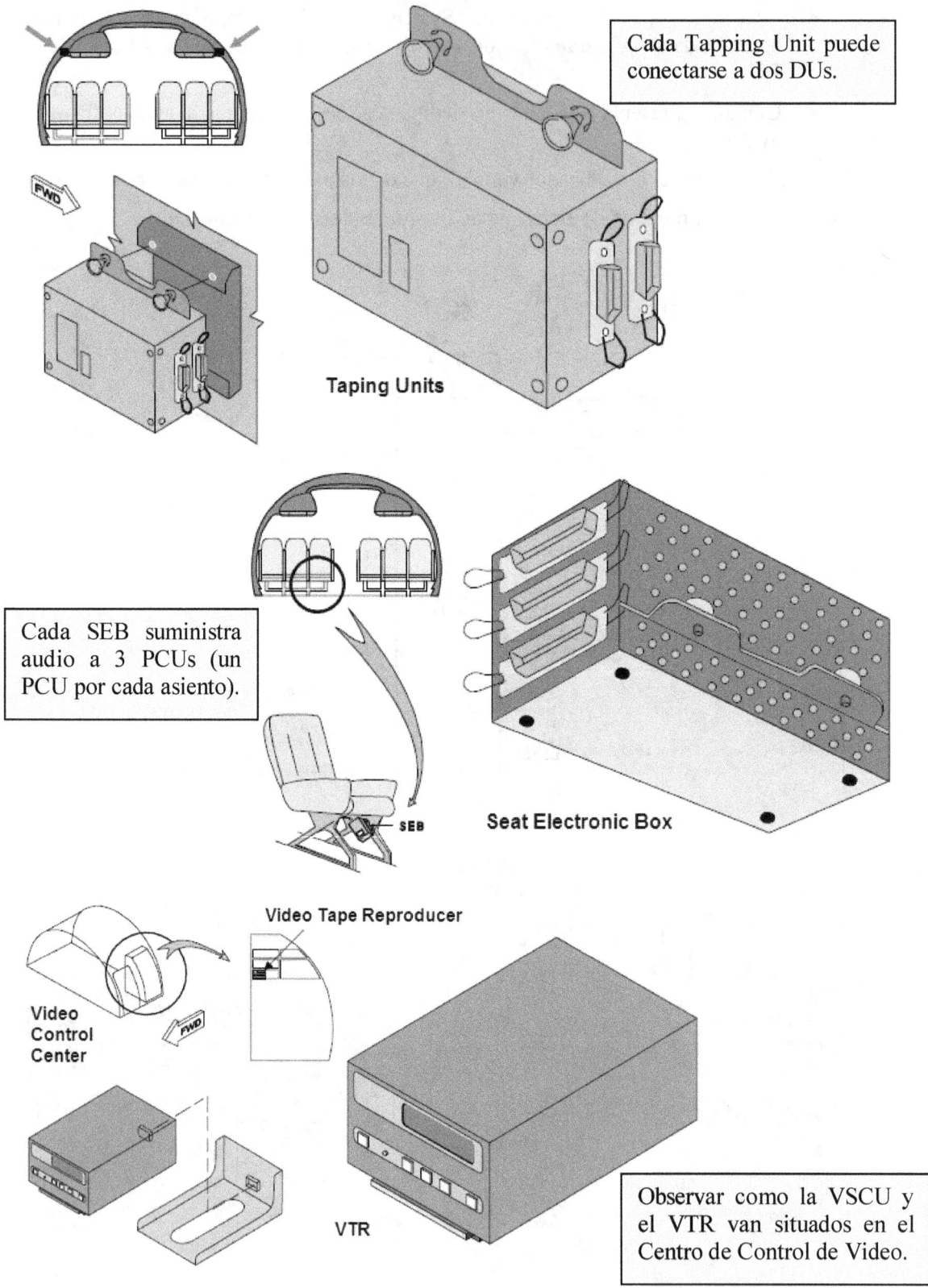

3. Sistemas de Comunicaciones Aéreas Internas

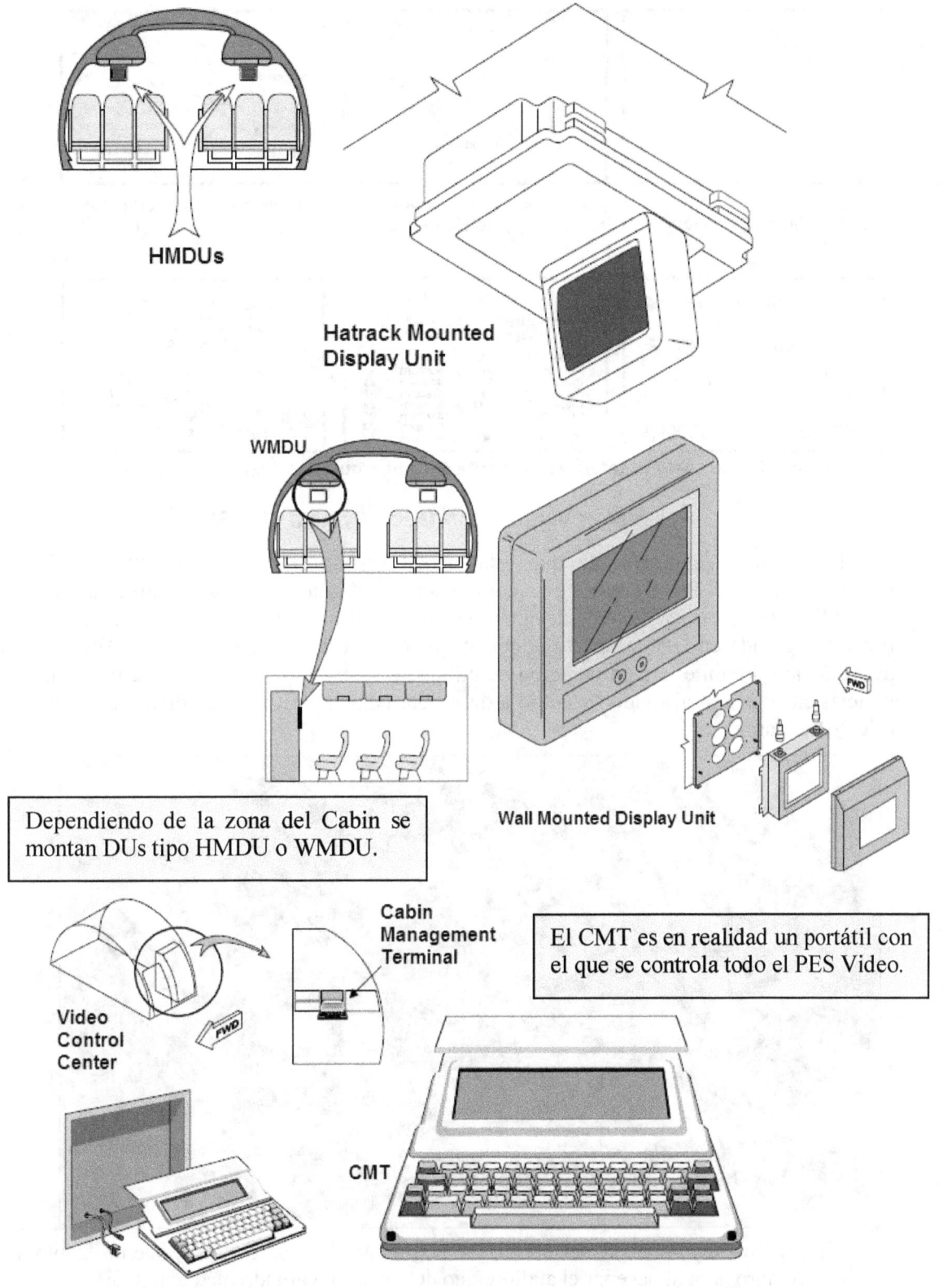

  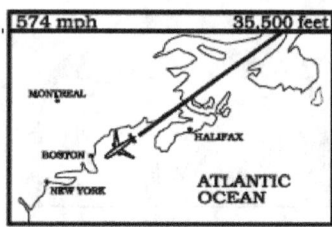

| Mapa de baja resolución con posición del avión | Mapa de alta resolución con destino y posición exacta | Mapa de baja resolución con posición e información de vuelo |

| Información de vuelo | Información puerta desembarque | 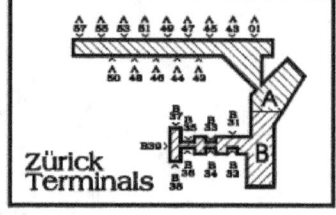 Plano de la terminal |

Passenger Visual Information System (PVIS)

El PES es un sistema antiguo que está siendo sustituido por el IFE ("In Flight Entertainment"). El IFE es un sistema completamente digital, de filosofía parecida a la del PES, aunque utiliza fuentes de audio/video digitales y soporte tipo "solid state" (memoria basada en CIs compactos), por lo que el soporte de cintas, CDs o DVDs a desaparecido. Permite la incorporación de utilidades interactivas (videojuegos, internet, noticias en tiempo real), video y audio a demanda, pantallas LCD individuales en cada asiento del pasaje, ..

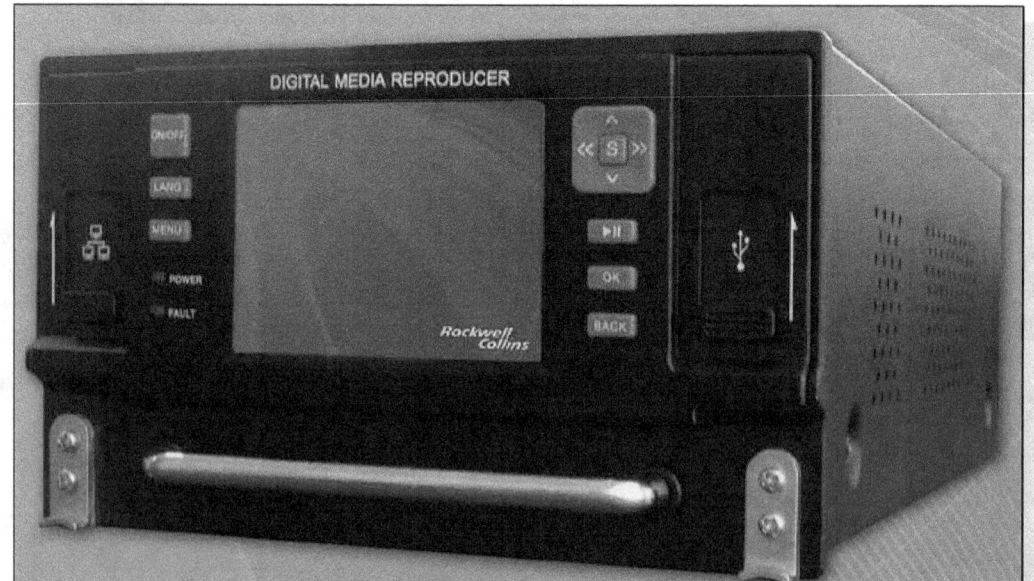

El IFE sustituye el VTR por el DMR ("Digital Media Reproducer") que utiliza un disco duro para almacenar el audio/video del sistema, cargado mediante USB.

3. Sistemas de Comunicaciones Aéreas Internas

Las DUs tipo HMDU utilizadas son de tecnología LED y de mayor tamaño.

Desaparecen las DUs de tipo WMDU e incluso las HMDUs son sustituidas por DUs incrustadas en los asientos, permitiendo audio/video a demanda (individual).

Bibliografía Complementaria

Otros lugares de consulta de este tema pueden ser:

- ✓ *"Radiosistemas del Avión"*. J.Powell. Paraninfo.
- ✓ *"A319/A320/A321 Technical Training Manual. 23 Communications"*, Airbús Industrie
- ✓ Brochure *"PAVES on demand IFE"*, Rockwell Systems, 2013.

Sistemas de Comunicaciones y Navegación en las Aeronaves

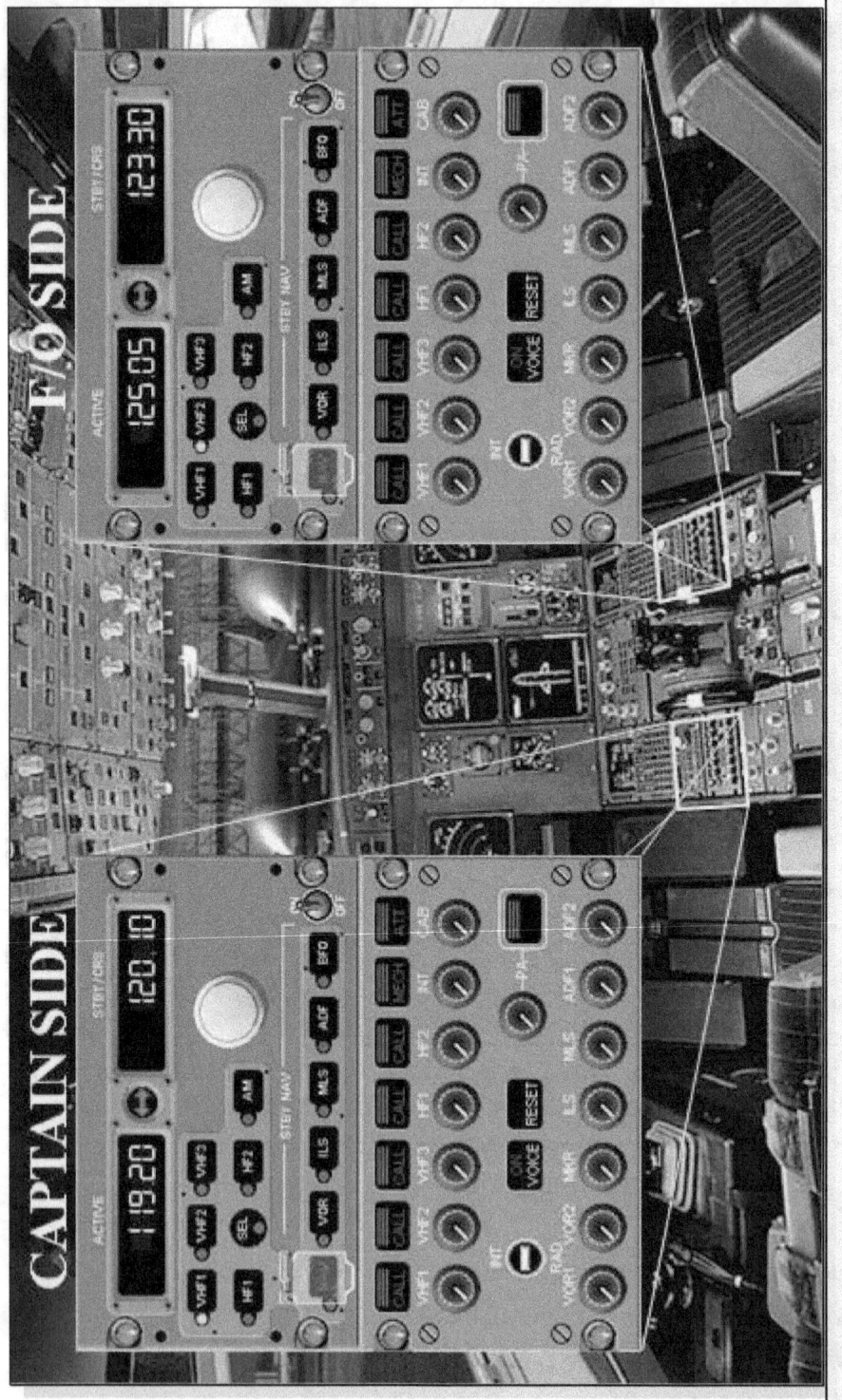

Localización de los paneles de control de comunicaciones del CM1 y CM2 en el pedestal de mando del cockpit en un A320:

- "Radio Management Panel" o RMP con el que se introduce frecuencia de sintonización y sistema de R/T.
- "Audio Control Panel" o ACP con el que se selecciona la comunicación exterior o interior a manejar, modo Tx/Rx y control de volumen.

4. NAVEGACIÓN AÉREA

Índice:

- Cinemática del Vuelo.
- Sistemas de Referencia en la Cinemática del Vuelo.
- Medida de Velocidades.
- Teoremas del seno y del coseno.
- Ejercicios sobre cinemática del vuelo.
- Bibliografía Complementaria.

4.1 Cinemática del Vuelo.

La cinemática del vuelo se define como el estudio del movimiento del centro de masas de la aeronave. Como en cualquier otro estudio cinemático, una vez definido el punto de referencia móvil (*cm*), hay que establecer un punto de referencia fijo y sobre él determinar los que van a ser los tres vectores característicos de la cinemática, función del tiempo:

- Vector posición: $\bar{r} = \bar{r}(t)$

- Vector velocidad: $\bar{v} = \dfrac{d\bar{r}(t)}{dt}$

- Vector aceleración: $\bar{a} = \dfrac{d\bar{v}(t)}{dt}$

Cabe distinguir la diferencia entre centro de masas (*cm*) y centro de gravedad (*cg*) de un cuerpo. Ambos conceptos son semejantes, en la medida en que los dos hacen referencia al punto del objeto a estudio donde se puede colocar la resultante de fuerzas aplicada sobre el cuerpo, creando el mismo efecto.

Sin embargo, mientras que para el cálculo del *cg* no se tiene en cuenta la densidad del objeto, considerando ésta uniforme, para la determinación del *cm* sí que hay que considerar la posible variabilidad de la densidad entre puntos dentro del mismo cuerpo. Esto significa que para el *cg* se considera sólo la geometría (volumen), mientras que para definir el *cm* se tienen en cuenta además las masas composición del cuerpo material.

En cinemática del vuelo se habla siempre de centro de masas del avión. Evidentemente, un avión es un cuerpo material heterogéneo constituido por multitud de materiales de diversas densidades y de distintos tamaños que hacen difícil el cálculo exacto de su *cm*. Además, existe el agravante de que durante el vuelo el consumo de combustible supone un cambio de posición continuo del *cm* del avión.

Pero, teniendo en cuenta que en un avión su plano vertical (definido por los ejes longitudinal y vertical) es un plano de simetría, tanto el *cm* como el *cg* deben estar sobre éste y, en la práctica, lo que se hace es que para cinemática del vuelo, se trabaja con el *cg* y se habla como si se tratase del *cm*.

Trayectoria de vuelo

Lugar geométrico de los puntos del espacio que ocupa el *cm* de la aeronave en su variación con el tiempo. La trayectoria de vuelo ("flight path") tiene su origen y final en puntos de la superficie terrestre, conocidos como puntos de salida ("departure") y de destino ("arrival"), respectivamente.

La trayectoria de vuelo es tridimensional, definida por un conjunto de tramos rectos unidos entre sí ("legs").

El origen y el final de la trayectoria determinan el principio y el final de los tramos de vuelo, despegue y ascenso y, descenso y aproximación y aterrizaje. La parte principal de la trayectoria y, a la que hacen referencia en general la mayoría de los sistemas de navegación aérea, es la definida por el tramo comprendido entre los dos anteriores y que se conoce como vuelo de crucero ("cruise").

La Navegación Aérea utiliza la cinemática del vuelo para describir una serie de funciones, que a partir de aquí se considerarán por separado:

- Función Navegación: Consiste en determinar en cada instante de tiempo la posición de la aeronave sobre la trayectoria de vuelo. Para ello, es necesario fijar previamente la trayectoria que se pretende seguir; es lo que se conoce como plan de vuelo predeterminado ("Flight Plan" o F-Plan), que se fija previo al inicio del vuelo en forma plana,
    - Proyectado, por un lado, horizontalmente para obtener el plan de vuelo horizontal (HF-Plan).
    - Por otro lado, proyectado verticalmente como perfil vertical ("Vertical Profile" o VF-Plan).
- Función Circulación: Dentro de un mismo espacio aéreo, considera todas las aeronaves en cada instante, a partir de sus trayectorias predeterminadas, y

haciendo un seguimiento en tiempo real de cada una de ellas, impide que haya contacto entre dos o más en el tiempo y el espacio. Observar que puede haber coincidencia espacial entre trayectorias diferentes, pero lo que no puede ocurrir es que exista además coincidencia temporal.

- Función Guiado: Se encarga de proporcionar los medios para que cada aeronave siga lo más fielmente posible su trayectoria predeterminada. Define lo que se conoce como Sistemas de Navegación Aérea.

En Navegación Aérea no se van a considerar los movimientos de rotación ni de translación terrestres respecto al sol. Referiremos el movimiento de la aeronave exclusivamente a la superficie terrestre: tener en cuenta que la aeronave parte de un punto de la tierra y se pretende que alcance otro concreto sobre ésta, por lo que la referencia a seguir debe de ser siempre la superficie de la tierra.

Sin embargo, la atmósfera gaseosa tiene un movimiento continuo y aleatorio respecto a la superficie terrestre. Considerando que éste es el medio en el que se mueven las aeronaves, habrá que tener en cuenta la influencia que produce su movilidad en la trayectoria real de vuelo. Se suele decir que el viento ("wind" o $\overline{w}$), movimiento de la atmósfera respecto de la superficie terrestre, influye sobre el movimiento de la aeronave respecto de tierra.

En general, la cinemática de vuelo aplicada a la navegación aérea trabaja sólo con vectores velocidad. Por cada aeronave en movimiento se considera un triángulo de velocidades representativo de este movimiento, que utiliza tres componentes básicas:

- ✓ Velocidad Propia $\overline{v}_a$: Es la que lleva la aeronave por efecto del empuje de sus motores. Será la indicada por los anemómetros de abordo. Su dirección es la del eje longitudinal, hacia delante.

- ✓ Viento $\overline{w}$: No hay manera de conocer directamente el viento desde el interior de la aeronave. Se utilizan comunicaciones con tierra para tener una estimación del mismo o bien sistemas de navegación muy especializados que, en cualquier caso, sólo proporcionan estimaciones de su valor.

- ✓ Velocidad respecto a tierra $\overline{v}$ ("ground speed"): Se define como la suma vectorial de la velocidad propia y el viento, $\overline{v} = \overline{v}_a + \overline{w}$

4.2 Sistemas de Referencia en la Cinemática del Vuelo.

4.2.1 Triedro Intrínseco o Aerodinámico de la Aeronave, F_B ($O_B, X_B Y_B Z_B$)

Definido como se indica en la *Figura* a continuación, esto es, se trata de un sistema de referencia F_B con origen O_B en el cdg de la aeronave y ejes coincidentes con los ejes

Sistemas de Comunicaciones y Navegación en las Aeronaves

característicos del avión, X_B longitudinal positivo hacia delante, Z_B vertical positivo hacia abajo e Y_B transversal positivo hacia la derecha.

Los movimientos de rotación alrededor de cada uno de estos ejes se definen como:

- Alabeo ("roll"): Rotación alrededor del eje longitudinal X_B

- Cabeceo ("pitch"): Rotación alrededor del eje transversal Y_B

- Guiñada ("yaw"): Rotación alrededor del eje vertical Z_B

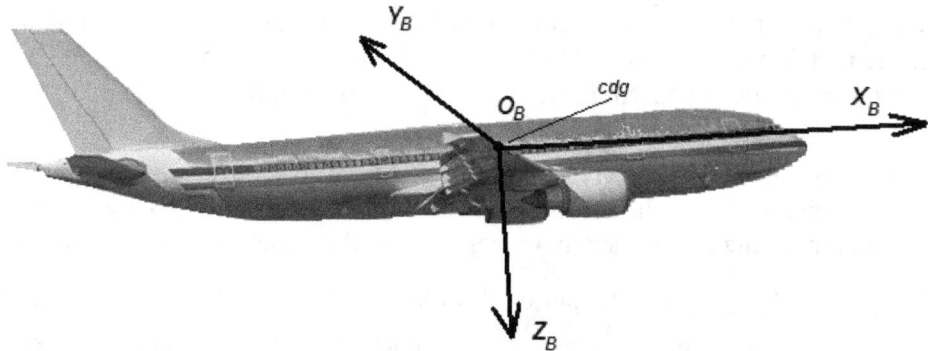

En este sistema de coordenadas se tiene:

$$\overline{v} = \overline{v}_a + \overline{w} = \begin{pmatrix} v_a + w_1 \\ w_2 \\ w_3 \end{pmatrix}, \text{ siendo } \overline{v}_a = \begin{pmatrix} v_a \\ 0 \\ 0 \end{pmatrix} \text{ y } \overline{w} = \begin{pmatrix} w_1 \\ w_2 \\ w_3 \end{pmatrix}$$

4.2.2 Sistema de Coordenadas Ligado a la Vertical Local, F_A ($O_A, X_A Y_A Z_A$)

Tal y como se indica en la *Figura* a continuación, se trata de un sistema de referencia F_A con origen O_A en el cdg de la aeronave y ejes definidos del siguiente modo:

- Se hace coincidir el eje Z_A con la vertical local. La vertical local es la prolongación del radio terrestre que contiene el punto local objeto del estudio, en este caso el cdg de la aeronave.

- Los ejes X_A y Y_A coinciden con las proyecciones de los ejes X_B y Y_B sobre un plano perpendicular a Z_A.

4. Navegación Aérea

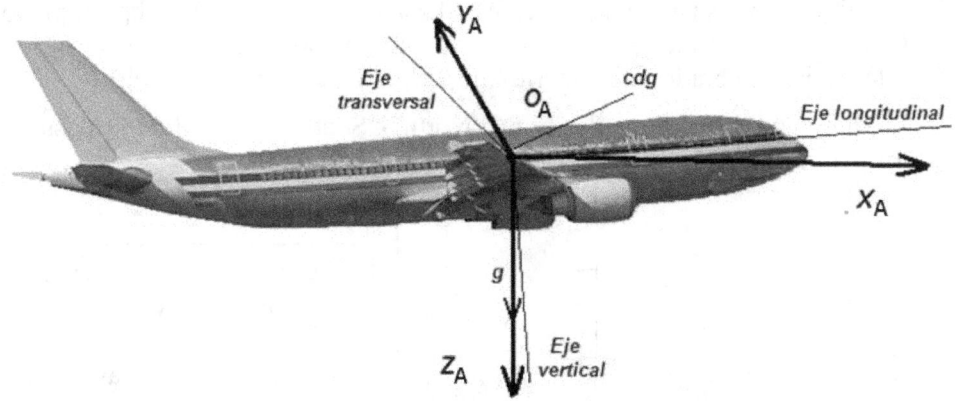

En el plano $X_A Y_A$ se obtiene la siguiente descomposición vectorial:

$$\overline{v}_r = \overline{v}_1 + \overline{v}_2, \text{ con} \begin{cases} v_1 = v_a + w\cos u \\ v_2 = w\,senu \end{cases}, \text{ siendo } TgD = \frac{v_2}{v_1} = \frac{w\,senu}{v_2 + w\cos u}$$

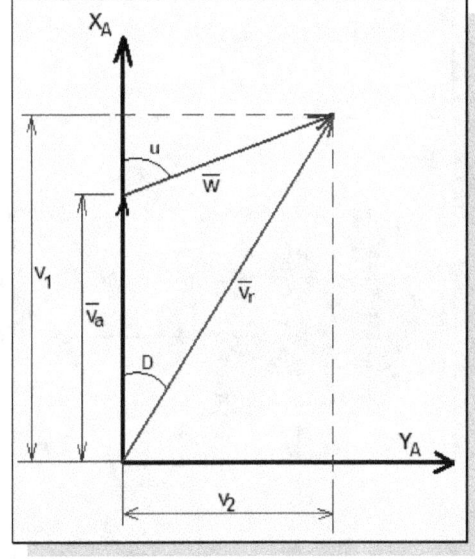

- $\overline{v}_r$ es la velocidad respecto a tierra de la aeronave proyectada sobre el plano $X_A Y_A$.

- $\overline{w}$ es el viento proyectado sobre el plano $X_A Y_A$.

- D es la deriva o ángulo de $\overline{v}_r$ respecto del eje longitudinal de la aeronave

En navegación aérea siempre se trabaja con referencia esférica, es decir, se supone que la tierra es una esfera perfecta de radio medio 6371Km. De aquí surgen las siguientes definiciones:

- Meridiano: Arco de semicírculo máximo terrestre, de extremos el Polo Norte y el Polo Sur. La posición de cada meridiano viene dada por el parámetro "longitud". Un círculo máximo terrestre es aquel de radio el valor del radio medio terrestre.

- Paralelo: Circunferencia intersección de planos paralelos al del Ecuador, con la superficie de la tierra. La posición de cada paralelo viene dada por el parámetro "latitud".

- Longitud: Coordenada angular E-W ("East"-"West") medida sobre el plano del Ecuador, que define la posición de los meridianos respecto de un origen de referencia, nombrado como meridiano 0° (meridiano de Greenwich).
- Latitud: Coordenada angular N-S ("North"-"South") que define la posición de los paralelos, a partir del plano del Ecuador con valor 0°.

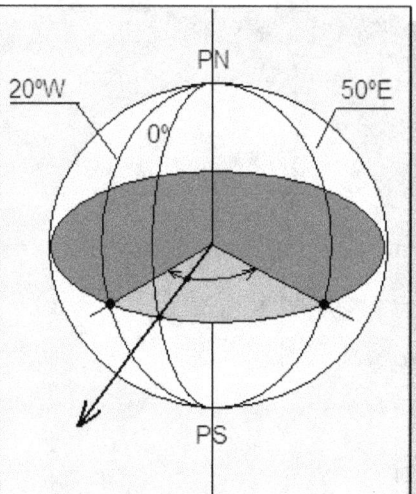

Ejemplo de meridianos de longitud 20°W y 50°E, medidos con respecto al meridiano 0°. Observar cómo las medidas angulares se realizan sobre el plano del Ecuador.

Ejemplo de paralelos de latitud 45°N y 45°S, medidos con respecto al paralelo 0° que es el propio Ecuador. Observar cómo las medidas angulares se realizan a partir del plano del Ecuador.

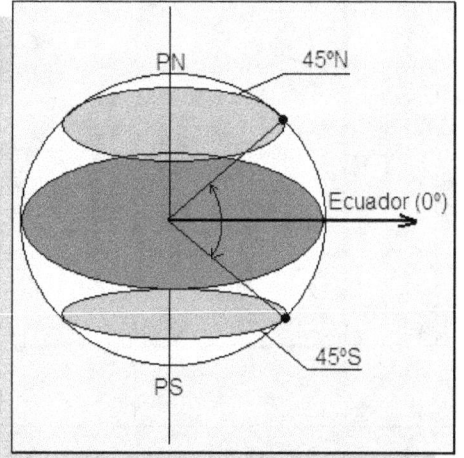

La posición de cada punto sobre la superficie terrestre viene determinada por la intersección del meridiano y el paralelo que lo contiene y, se expresa mediante un par de coordenadas de longitud y latitud.

Así mismo, la posición de un punto en la atmósfera terrestre se expresa mediante las coordenadas de longitud, latitud y altitud de dicho punto, que representan la longitud y latitud de la intersección de la vertical local del punto con la superficie terrestre y la altitud desde esta intersección al punto.

El FPlan tridimensional se divide en HFPlan y VFPlan. Al proyectar el FPlan sobre el plano $X_A Y_A$ se obtiene precisamente el HFPlan: es lo que se va a denominar "ruta de vuelo".

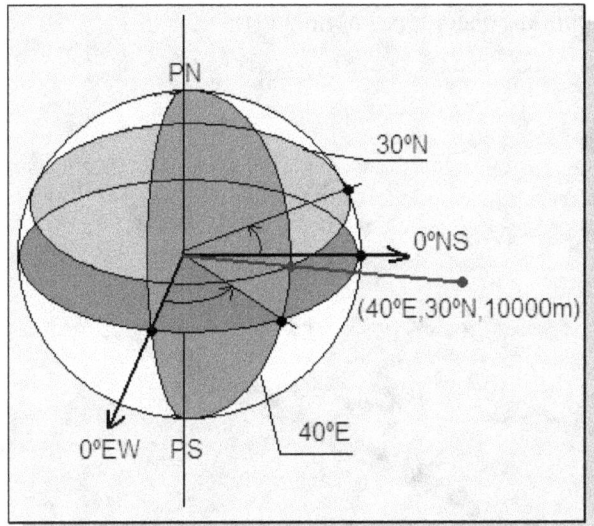

Ejemplo de posición de un punto cualquiera en la atmósfera, de coordenadas (40ºE, 30ºN, 10000m).

La ruta de vuelo se define como la proyección de la trayectoria sobre la superficie terrestre. Es la "sombra" que crea la trayectoria sobre el suelo. En la práctica se suelen utilizar habitualmente dos tipos específicos de rutas:

- Ruta Ortodrómica: Viene dada por la distancia más corta entre dos puntos (geodésica) de la superficie terrestre. Constituye un arco de circunferencia máxima terrestre. Su uso supone, en general, un ahorro de combustible al utilizar los recorridos más cortos posibles.

- Ruta Loxodrómica: Ruta de gran facilidad de recorrido y ejecución debido a que consiste en seguir un ángulo constante con todos los meridianos por los que se va pasando. Por tanto, para seguir una loxodrómica sólo hace falta una brújula con la que se mantenga la posición angular. Una ruta loxodrómica es una curva alabeada (tridimensional) definida por una espiral de extremos los Polos terrestres.

4.2.3 Sistemas de Referencia Terrestres

El origen de coordenadas de estos sistemas se encuentra sobre la superficie terrestre. Los sistemas de referencia terrestres están relacionados con los de la aeronave a través de la vertical local, es decir, los ejes Z coinciden con el sistema de coordenadas ligado a la vertical local. Se consideran dos tipos distintos:

- Sistema Terrestre Horizontal.
- Sistema Terrestre Horizontal Magnético.

4.2.3.1 Sistema Terrestre Horizontal, F_T ($O_T, X_T Y_T Z_T$)

Los ejes X_T e Y_T se definen como:

- X_T es tangente a los meridianos apuntando siempre hacia el PN.

- Y_T es tangente a los paralelos apuntando siempre hacia el este.

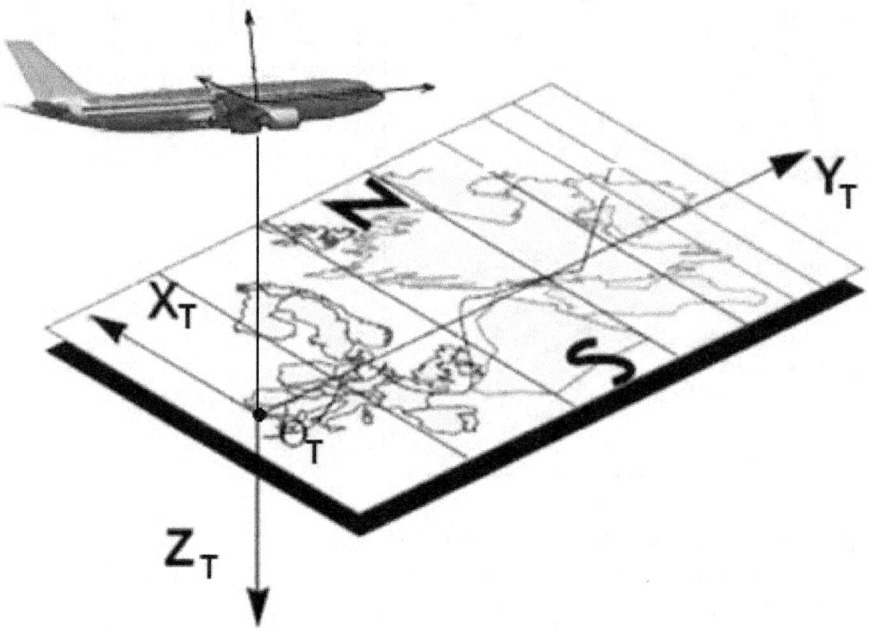

Observar que se trata de un sistema de referencia proyectado sobre la superficie terrestre, por lo que en realidad la información la llevan las coordenadas X e Y.

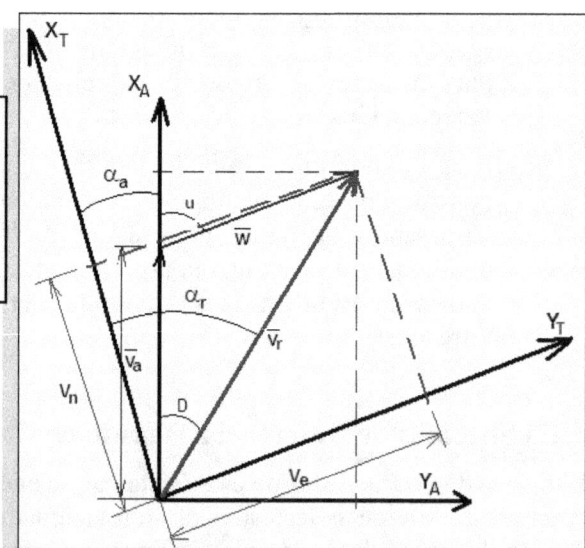

Con referencia al Sistema Terrestre Horizontal, se definen los parámetros,

- <u>Rumbo de la aeronave</u> α_a. Se utiliza para medir los argumentos del vector velocidad propia de la aeronave.

- <u>Rumbo sobre la ruta</u> α_r. Describe la posición angular del vector velocidad respecto a tierra horizontal $\overline{v}_r$. Se determina a partir de la deriva y el rumbo de la aeronave, $\alpha_r = \alpha_a + D$

En este sistema de coordenadas la velocidad respecto a tierra horizontal $\overline{v}_r$ se descompone según las direcciones Norte-Este como,

- Velocidad hacia el Norte, $v_n = v_r \cos \alpha_r$
- Velocidad hacia el Este, $v_e = v_r sen\alpha_r$

A este sistema de coordenadas horizontales se le denomina también de coordenadas geográficas, puesto que hace referencia a los polos geográficos.

4.2.3.2 Sistema Terrestre Horizontal Magnético, F_M ($O_M, X_M Y_M Z_M$)

De ejes X_M e Y_M, desfasados respecto de los ejes X_T e Y_T un ángulo δ conocido como declinación magnética. Por definición el eje X_M apunta en todo momento hacia el Polo Norte Magnético, de ahí la aparición del ángulo δ.

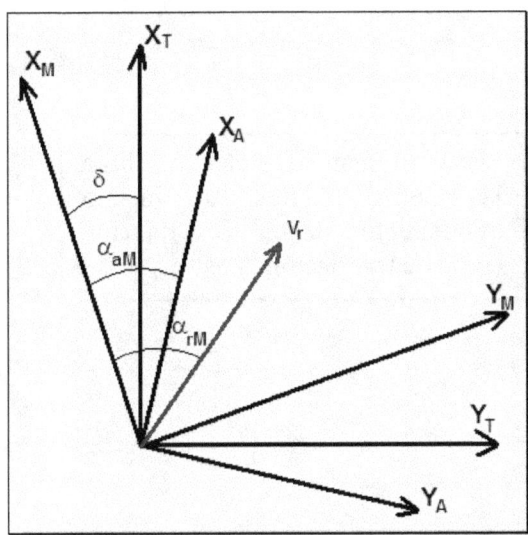

La declinación magnética varía con la posición alrededor de la tierra, además de con el tiempo.

En este sistema de coordenadas se habla de rumbos magnéticos, obtenidos sumando la declinación magnética a los respectivos rumbos geográficos definidos anteriormente:

- Rumbo magnético de la aeronave, $\alpha_{aM} = \alpha_a + \delta$
- Rumbo magnético sobre la ruta, $\alpha_{rM} = \alpha_r + \delta$

La instrumentación de vuelo de la aeronave es magnética, por lo que durante el vuelo se tiene información de rumbos magnéticos, no geográficos. A partir de las coordenadas magnéticas y conocida la declinación, al saber nuestra posición aproximada y teniendo en cuenta que se estudia alrededor de toda la superficie terrestre, se obtienen los rumbos geográficos.

Una vez definidos los datos del vuelo en referencia terrestre se pueden pasar a referencia de la aeronave, si interesa.

4.2.4 Sistemas Terrestres Ecuatoriales, F_0 ($O_0, X_0 Y_0 Z_0$)

Se trazan independientemente de la situación de la aeronave.

El origen coincide con el centro de la tierra, mientras que el eje Z_0 es el eje de rotación terrestre, perpendicular al plano del Ecuador, donde se encuentra además el plano $X_0 Y_0$.

Consideraremos dos sistemas terrestres ecuatoriales:

- <u>Sistema ecuatorial relativo</u>: el eje X_0 pasa por el punto intersección del meridiano de Greenwich con el Ecuador. Este sistema gira en conjunto con la tierra.

- <u>Sistema ecuatorial absoluto</u>: No está unido al giro de la tierra, sólo a su translación. El eje X_0 se dirige hacia el denominado "punto Aries" (γ). El punto Aries y, por tanto X_0, se determina a partir de la intersección del plano de la Eclíptica (plano de simetría de la Vía Láctea) con el Ecuador.

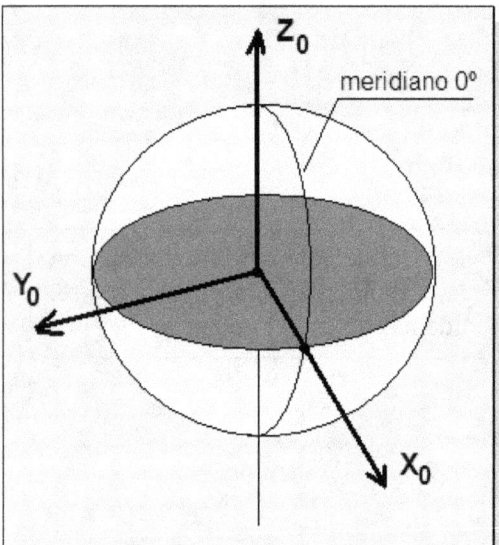

Sistema Ecuatorial Relativo. Fijo a la tierra, tiene su mismo movimiento, tanto de rotación como de translación.

Sistema Ecuatorial Absoluto. Toma como referencia el plano de la eclíptica de nuestra galaxia, la Vía Láctea.

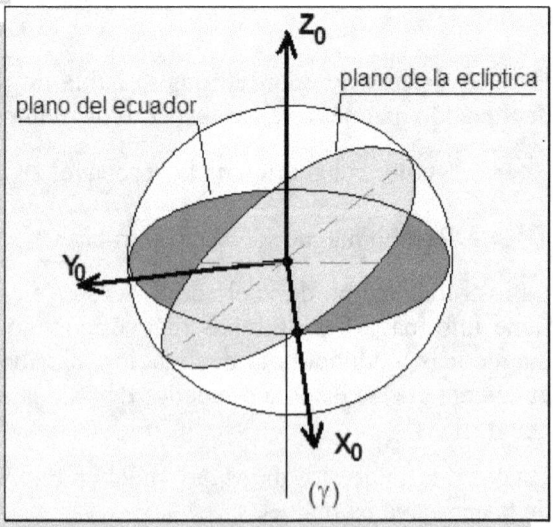

4. Navegación Aérea

Los sistemas ecuatoriales no tienen aplicación inmediata en Navegación Aérea, sino en Astronáutica.

4.3 Tramos de Vuelo.

El perfil vertical de un plan de vuelo se divide en tramos ("legs") o etapas ("stages") diferentes, dependiendo de para qué y quién (o qué) esté utilizando dicho FPlan. De esta manera, nos podemos encontrar para un mismo FPlan los siguientes tipos de perfiles verticales:

- FPlan del Control Operacional de la Aeronave (AOC): En él se distinguen etapas en función de la operación que se vaya a realizar sobre la aeronave. Del seguimiento AOC se encarga el personal de la compañía aérea: TMAs, "Handling", Tripulantes de Vuelo.
- FPlan de los tripulantes de vuelo: Es el FPlan estricto. Definido por tramos rectos.
- FPlan del FWS ("Flight Warning System"): Es el Fplan utilizado internamente por el sistema de avisos de vuelo, relacionado con la instrumentación electrónica para control de sistemas y motor de la propia aeronave.

4.3.1 FPlan del Control Operacional de la Aeronave

Se consideran 4 etapas operacionales a lo largo de todo el proceso de vuelo, desde el aeropuerto de salida, hasta el de llegada, nombrados como "OOOI":

- o "OUT": Control en tierra de la aeronave, previo a su salida. Incluye repostaje, control de carga y pasaje, "checks" de prevuelo, "push-back" y control de rodaje de salida.
- o "OFF": Control de procedimientos SID predeterminados ("Standar Instrument Departure"). Se trata de controlar la carrera de despegue, el despegue y el ascenso de la aeronave.
- o "ON": Control de las operaciones de vuelo de crucero y de procedimientos STAR predeterminados ("Standar Terminal Arrival Route"), que incluyen aproximación, aterrizaje y carrera de aterrizaje.
- o "IN": Control operacional ya en tierra en el aeropuerto de llegada. Incluye rodaje y aparcamiento de la aeronave, hasta que apaga motores y, comienzan labores de mantenimiento.

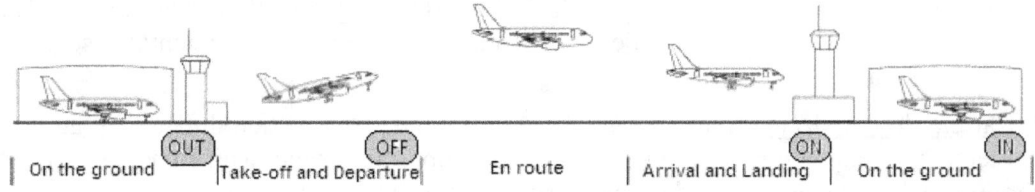

4.3.2 FPLAN para los Tripulantes de Vuelo

Se consideran los siguientes tramos de vuelo:

0. Carrera de Despegue ("Take-off run"): Desde el umbral de cabecera de pista ("runway take-off") hasta una altura de 35 ft AGL.

1. Despegue ("Take-off"): Desde los 35ft hasta los 1500ft AGL aproximadamente. Puede tener hasta cuatro segmentos distintos.

2. Ascenso ("Climb"): Desde el fin del despegue hasta el tramo de vuelo en crucero. El empuje se reduce y se asciende con una velocidad constante.

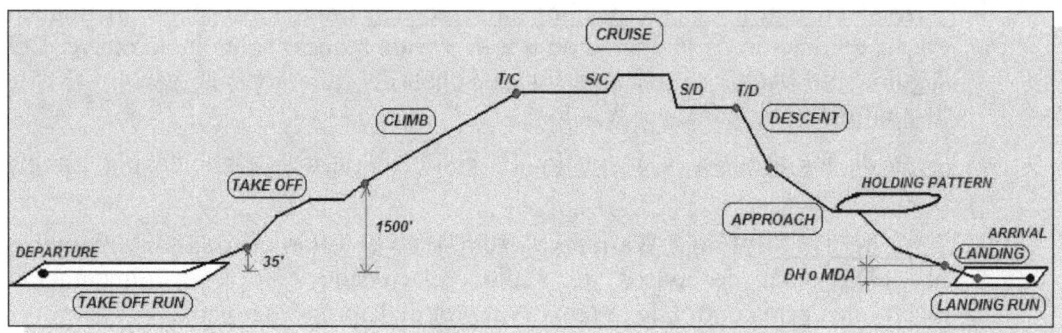

3. Crucero ("Cruise"): Vuelo nivelado y de maxima altura. Elementos característicos:
   - T/C o "Top of Climb": Parte superior del ascenso. Punto de inicio de crucero.
   - T/D o "Top of Descend": Parte superior del descenso. Punto final de crucero.
   - S/C o "Step of climb": Paso a un nivel de crucero más alto, con una determinada V/S positiva.
   - S/D o "Step of descend": Paso a un nivel de crucero más bajo, con una determinada V/S negativa.

4. Descenso ("Descend"): Definido entre tramo de crucero (T/D) y el inicio de la Aproximación.

5. Aproximación ("Approach"): Compuesto por los segmentos de aproximación inicial, aproximación intermedia y aproximación final
   - Aproximación de Precisión: aplicación de reglas de guiado instrumental (IFR). Requiere Guiado instrumental horizontal y vertical. La aproximación termina en la altura de decisión DH.
   - Aproximación de No Precisión: aplicación de reglas de guiado visual (VFR). Como mucho existe guiado instrumental horizontal. La aproximación termina en la altura mínima de decisión MDA.

6. Aterrizaje ("Landing"): comienza en la DH o MDA, según el tipo de aproximación. Concluye cuando el tren de aterrizaje de morro toca la zona de toma de contacto sobre la pista ("Roll out").

7. Carrera de Aterrizaje ("Landing Run"): aplicación de frenada aerodinámica ("ground spoilers") y empuje de reversa en motores a reacción. Sólo se aplican frenos en ruedas por debajo de una cierta velocidad característica para cada avión.

4. Navegación Aérea

4.3.3 FPLAN del FWS

El sistema de avisos de vuelo (FWS) considera el FPlan dividido en 10 fases diferentes (Ver imagen ejemplo a continuación de un avión A320 con ECAM):

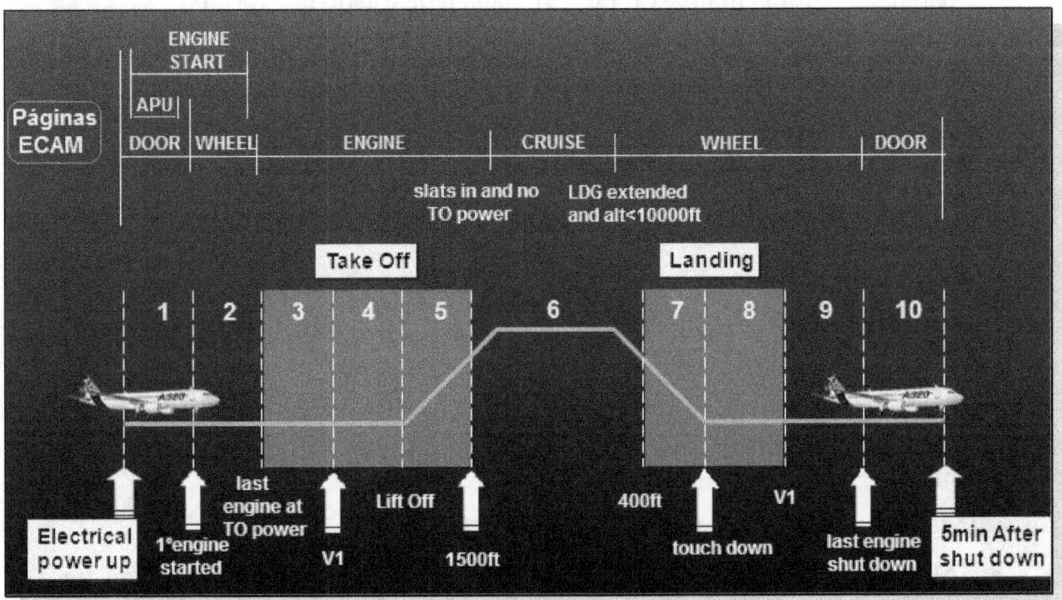

- Fase1: En tierra, desde la adquisición de energía eléctrica, al arranque del primer motor. En ECAM, página de estado de "puertas y rampas". Al comenzar el arranque de motor se pasa a la página de "APU" si está activa.

- Fase2: En tierra, desde el arranque del primer motor hasta que en el umbral de cabecera de pista de despegue se colocan los "throttle levers" en la posición de Take-Off. En ECAM, página de estado de "ruedas".

- Fase3: Primer tramo de la carrera de despegue. Hasta alcanzar la velocidad de decisión V_1, a partir de la cual se despega aún con fallo de motor. En ECAM, página de estado de "motor".

- Fase4: Segundo tramo de la carrera de despegue. Hasta alcanzar la velocidad de rotación V_r y comenzar el "lift off". En ECAM, página de estado de "motor".

- Fase5: Despegue. En vuelo, hasta alcanzar la altitud del tramo de ascenso de 1500ft. En ECAM, página de estado de "motor".

- Fase6: En vuelo, abarca los tramos de ascenso, crucero, descenso y primeros tramos de aproximación, hasta los 400ft. En ECAM, página de estado de "motor" durante el ascenso, página de "crucero" durante el crucero y página de "ruedas", al comenzar la aproximación.

- Fase7: Aproximación final y aterrizaje. Hasta el "touch down". En ECAM, página de estado de "ruedas".

- **Fase8**: Primer tramo de carrera de aterrizaje. Hasta alcanzar la velocidad de decisión V_1, por debajo de la cual se continua el aterrizaje, aún con fallo de motor. En ECAM, página de estado de "ruedas".
- **Fase9**: Segundo tramo de carrera de aterrizaje, rodaje y aparcamiento. Hasta parada del último motor. En ECAM, página de estado de "ruedas".
- **Fase10**: En tierra, hasta transcurridos 5min del apagado del último motor. En ECAM, página de estado de "puertas y rampas".

Las páginas que aparecen en el ECAM en cada fase del vuelo lo hacen de forma automática: se puede activar cualquier página del ECAM durante cualquier fase de forma manual.

4.4 Medida de Velocidades.

Considerando el globo terrestre como esfera (en realidad es un elipsoide con imperfecciones), un arco de 360° de círculo máximo terrestre tiene una longitud de 40000Km.

A partir de esta medida aparecen las siguientes definiciones:

- <u>Milla Náutica</u> NM ("Nautic Mile"): Longitud correspondiente a un arco de 1minuto de círculo máximo terrestre. Su valor exacto en Km se obtiene considerando,

$$\left. \begin{array}{l} 40000 Km \to 360° \\ 1NM \to 1' = \left(\dfrac{1}{60}\right)° \end{array} \right\} \Rightarrow 1NM = \dfrac{40000(1/60)}{360} \approx 1.85 Km$$

- <u>Nudo</u> Kt ("Knot"): Unidad de velocidad definida como milla náutica por hora (NM/hora).

4.5 Teoremas del Seno y del Coseno

Aplicables para la resolución de problemas de cinemática del vuelo.

El vuelo de una aeronave se describe a partir del denominado triángulo de velocidades, definido por los vectores de velocidad de la aeronave, viento y velocidad respecto a tierra: la magnitud de estos tres vectores velocidad representan los lados del triángulo, mientras que los ángulos internos se obtienen a partir de datos de rumbos (de la aeronave y de ruta), deriva, dirección del viento y declinación magnética.

Los teoremas del seno y del coseno ayudan a resolver cualquier tipo de triángulo, relacionando sus lados y ángulos en los vértices.

Dado un triángulo cualquiera de vértices *A, B* y *C* y lados *a, b* y *c*, se tiene,

4. Navegación Aérea

- Teorema del seno: $\dfrac{senA}{a} = \dfrac{senB}{b} = \dfrac{senC}{c}$

- Teorema del coseno: $\begin{cases} a^2 = b^2 + c^2 - 2bc\cos A \\ b^2 = a^2 + c^2 - 2ac\cos B \\ c^2 = a^2 + b^2 - 2ab\cos C \end{cases}$

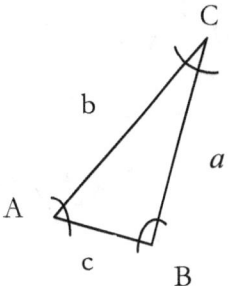

Ejercicios sobre Cinemática del Vuelo

Problema1: Una aeronave se mueve con los siguientes parámetros de vuelo

$$\begin{cases} v_a = 350 Kts \\ \alpha_a = 215° \\ \overline{w} = (50 Kts, 40°) \end{cases}$$

Calcular la velocidad y el rumbo sobre la ruta.

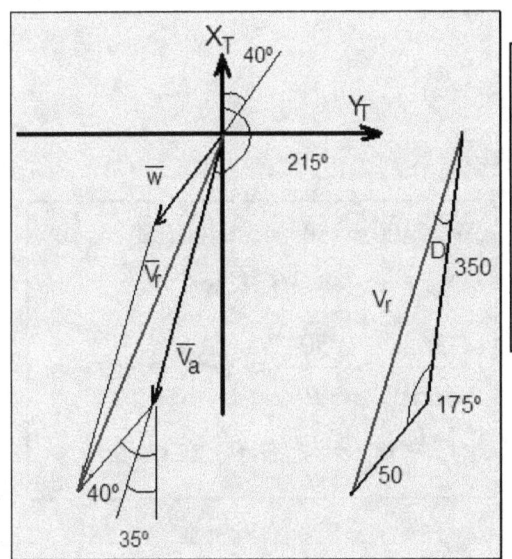

$$v_r^2 = 50^2 + 350^2 - 2*50*350\cos 175°$$
$$\Rightarrow v_r = 399.8 Kts$$

$$\dfrac{50}{senD} = \dfrac{399.8}{sen175°} \Rightarrow senD = 0.01 \Rightarrow D = 0.62°$$

$$\alpha_r = \alpha_a + D = 215.6°$$

Problema2: Una aeronave se mueve con los siguientes parámetros de vuelo

$$\begin{cases} v_r = 380 Kts \\ \alpha_r = 40° \\ \alpha_a = 30° \\ \overline{w}(350°) \end{cases}$$

Calcular la deriva, velocidad de la aeronave y magnitud del viento.

Sistemas de Comunicaciones y Navegación en las Aeronaves

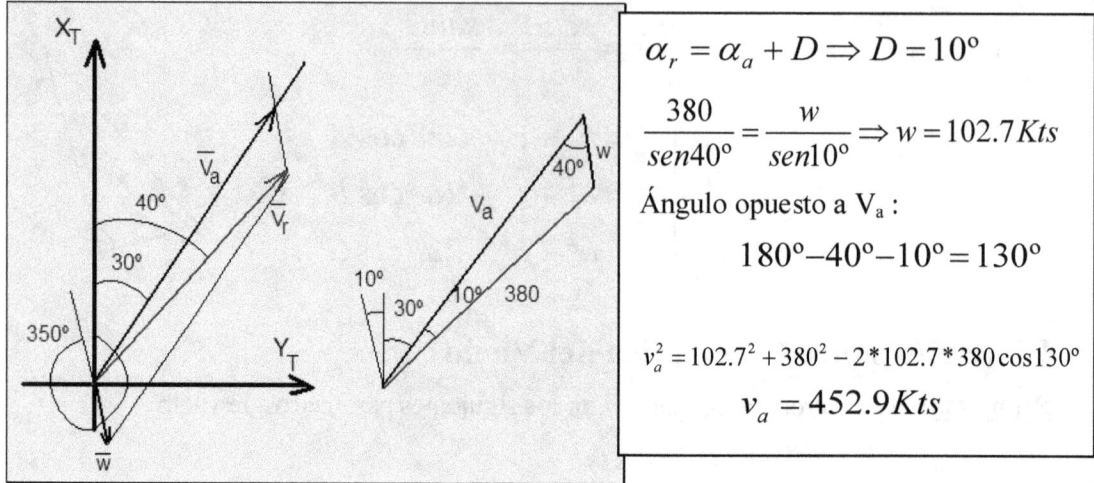

$$\alpha_r = \alpha_a + D \Rightarrow D = 10°$$

$$\frac{380}{sen 40°} = \frac{w}{sen 10°} \Rightarrow w = 102.7 Kts$$

Ángulo opuesto a V_a:

$$180° - 40° - 10° = 130°$$

$$v_a^2 = 102.7^2 + 380^2 - 2*102.7*380\cos 130°$$

$$v_a = 452.9 Kts$$

Problema3: Una aeronave se mueve con los siguientes parámetros de vuelo

$$\begin{cases} v_r = 400 Kts \\ \alpha_r = 120° \\ \overline{w} = (50 Kts, 260°) \end{cases}$$

Calcular la velocidad y el rumbo de la aeronave.

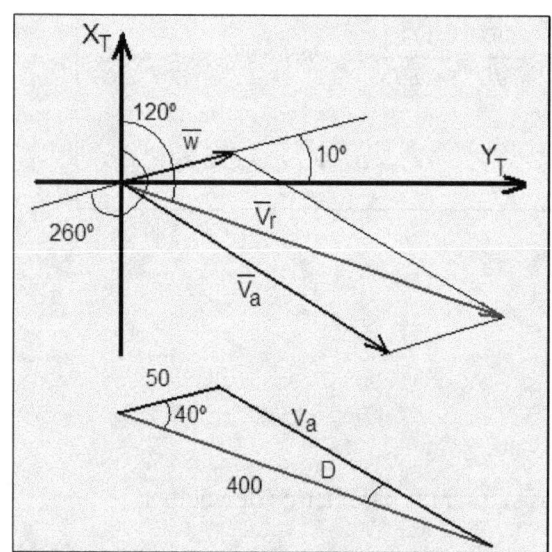

$$v_a^2 = 400^2 + 50^2 - 2*400*50\cos 40°$$

$$v_a = 363 Kts$$

$$\frac{363}{sen 40°} = \frac{50}{sen D} \Rightarrow D = -5.1 Kts$$

$$\alpha_a = \alpha_r - D \Rightarrow \alpha_a = 125.1°$$

Bibliografía Complementaria

Otros lugares de consulta de este tema pueden ser:

✓ *"Sistemas y Equipos para la Navegación y Circulación Aérea"*, F.J.Sáez y M.A.Salamanca. UPM, 1995.

5. INTRODUCCIÓN A LOS SISTEMAS DE NAVEGACIÓN AÉREA

Índice:

- Características de propagación y Clasificación de las Ondas de Radio.
- Introducción al Guiado.
- Tipos de Sistemas de Navegación Aérea.
- Bibliografía Complementaria.

5.1 Características de propagación y Clasificación de las Ondas de Radio.

El comportamiento de las ondas EM utilizadas en una comunicación aérea, según se propagan a través de la atmósfera terrestre, depende de forma importante de su frecuencia.

Supuesto un transmisor omnidireccional en tierra que radia energía EM en todas las direcciones. Esta energía se reparte en las denominadas componentes de la OEM, según sea su frecuencia, dando lugar a:

- Onda Aérea: En el espacio libre las OEM viajan en línea recta a la velocidad de la luz. Debido a la curvatura terrestre, con la propagación de la onda ésta va cogiendo altura, intentando escapar de la atmósfera terrestre. Se consideran dos tipos de Ondas Aéreas:
    - Onda Reflejada o Ionosférica: La onda aérea no tiene suficiente energía y cuando alcanza la ionosfera (entre 50 y 500Km) se refracta más o menos, a mayor o menor altura, dependiendo de la frecuencia característica de la onda incidente. La distancia entre el transmisor y el punto de reflexión en la ionosfera (rebote) se denomina *"distancia de salto"*. Existen múltiples refracciones y, así, diferentes rebotes de manera que el alcance de la onda reflejada puede llegar a ser muy grande. Por encima de los 30MHz no hay componente ionosférica. La banda de RF donde predomina la onda reflejada es HF.

- Onda Celeste o Espacial: Por encima de los 30MHz la OEM tiene tal energía que no existe refracción suficiente en la ionosfera como para que se refleje. De esta manera, la onda escapa hacia el espacio exterior. La componente celeste es importante sobre todo en UHF: entre los 100MHz y los 3GHz la onda viaja recta y con muy poca atenuación atmosférica; por encima de los 3GHz hay atenuación y dispersión importante.
- Onda Terrestre: Cuando la OEM es de frecuencia baja se produce difracción que consiste en que la onda se desvía al alcanzar cualquier obstáculo, de manera que se mueven con curvatura alrededor de la superficie terrestre. Los obstáculos producen además atenuación de la onda, tanto mayor cuanto más grande sea la frecuencia. La onda terrestre se utiliza en sistemas de VLF y LF.

La banda de RF se subdivide en categorías o sub-bandas de radio,

Categoría de RF	*Abreviatura*	*Frecuencia*
Muy Baja Frecuencia	VLF	3 a 30 KHz
Baja Frecuencia	LF (Onda Larga)	30 a 300 KHz
Media Frecuencia	MF (Onda Media)	300 a 3000 KHz
Alta Frecuencia	HF (Onda Corta)	3 a 30 MHz
Muy Alta Frecuencia	VHF (Onda Muy Corta)	30 a 300 MHz
Ultra Alta Frecuencia	UHF (Onda Ultra Corta)	300 a 3000 MHz
Super Alta Frecuencia	SHF	3 a 30 GHz
Extra Alta Frecuencia	EHF	30 a 300 GHz

En las bandas de VLF, LF, MF y HF no existe componente celeste, sólo terrestre y reflejada. En VLF y LF predomina sobre todo la componente terrestre y la reflejada está muy atenuada. En MF y HF predomina sobre todo la componente reflejada y la terrestre está muy atenuada. En estas 4 bandas la propagación de la onda está muy influenciada por la frecuencia característica de la señal y por el grado de radiación solar que depende de si es de día o de noche, la estación del año, la latitud geográfica y de la intensidad de las tormentas solares. Además, las diferentes formas de propagación de la OEM dependiendo de los factores anteriores, hacen que haya que distinguir entre zonas de recepción y zonas de silencio para diferentes alturas de vuelo.

En HF es importante la sensibilidad de los receptores en el avión a interferencias estáticas debidas a tormentas o incluso a la carga estática acumulada por el propio avión.

Las bandas de VHF y UFH son de corto alcance y sólo operan con onda celeste, lo que permite que los transceptores sean equipos simples al no tener problemas de atenuación, dispersión y difracción de la OEM.

Una buena parte de UHF y las bandas de SHF y EHF pertenecen en realidad a la banda de microondas (MW). Ésta suele clasificarse de forma más específica en las siguientes sub-bandas de operación,

5. Introducción a los Sistemas de Navegación Aérea

Designación	Frecuencia aproximada	Longitud de onda ejemplo
L	1 a 2.5 GHz	20cm a 1.5GHz
S	2.5 a 4 GHz	10cm a 3GHz
C	4 a 8 GHz	5cm a 6GHz
X	8 a 12 GHz	3cm a 10GHz
Q	12 a 18 GHz	2cm a 15GHz
K	18 a 27 GHz	1.2cm a 25GHz
Ka	27 a 40 GHz	1cm a 30GHz

Por tanto, dependiendo de las características propias de cada banda de radiofrecuencia RF o microondas MW, así será su aplicación práctica.

En particular, la utilización área de las OEM en sistemas de comunicaciones y de navegación de forma esquemática puede ser como la propuesta a continuación.

Sistema	Rango Frecuencia	Sistema	Rango Frecuencia
Omega ONS (Larga distancia: descatalogado)	10 a 14 KHz	ILS Senda de Planeo (Aproximación)	320 a 340MHz
Decca (Media distancia)	70 a 130KHz	DME (Corta distancia)	960 a 1215MHz
LoranC (Media distancia)	100KHz	SSR (Corta y media distancia)	1030-1090MHz
NDB/ADF (Corta distancia)	190 a 1750KHz	MCS Satcom, AES banda L	1.4 a 1.6 GHz
COMM HF (Larga distancia)	2 a 30MHz	Radioaltímetro	4.2 a 4.4GHz
Radiobalizas MKR ILS (Aproximación)	75MHz	MCS Satcom, GES banda C	4 a 6 GHz
ILS Localizador (Aproximación)	108 a 112 MHz	Radar Meteorológico banda C	5.5GHz
VOR (Corta distancia)	108 a 118 MHz	Radar Doppler banda X	8.8GHz
COMM VHF (Corta distancia)	118 a 137 MHz	Radar Meteorológico banda X	9.4GHz
		Radar Doppler banda Q	13.3GHz

Utilizando la nomenclatura de bandas de RF y MW se puede hacer otra clasificación de sistemas de comunicaciones y navegación en aeronaves:

- VLF: Predominio de la Onda Terrestre. Sistema de Navegación Omega (ONS) de cobertura global.
- LF: Predominio de la Onda Terrestre. Radiofaros en sistemas hiperbólicos (Decca y LoranC) y Radiobalizas.
- MF: Onda Terrestre atenuada con Onda Reflejada. Radiofaros de corta distancia (NDB) y emisoras de radiodifusión AM.
- HF: Predominio de la Onda Reflejada. Comunicaciones de HF de larga distancia de hasta 19000Km. Muchas interferencias. Equipo complejo.
- VHF: Predominio de la Onda Celeste. Comunicaciones aeronáuticas civiles. ILS Localizador y Markers. Sistema de navegación VOR.
- UHF: Predominio de la Onda Celeste. Comunicaciones aeronáuticas militares. ILS Senda de Planeo. DME
- SHF: MLS para aproximación y aterrizaje. Radioaltímetro. MCS Satcom banda C. Radar y Doppler.
- EHF: MCS Satcom banda Ka.

5.2 Introducción al Guiado.

El guiado consiste en proporcionar los medios para que la aeronave siga su trayectoria ya predeterminada (FPLAN). Estos medios son lo que se conoce como Sistemas de Navegación Aérea (SNA).

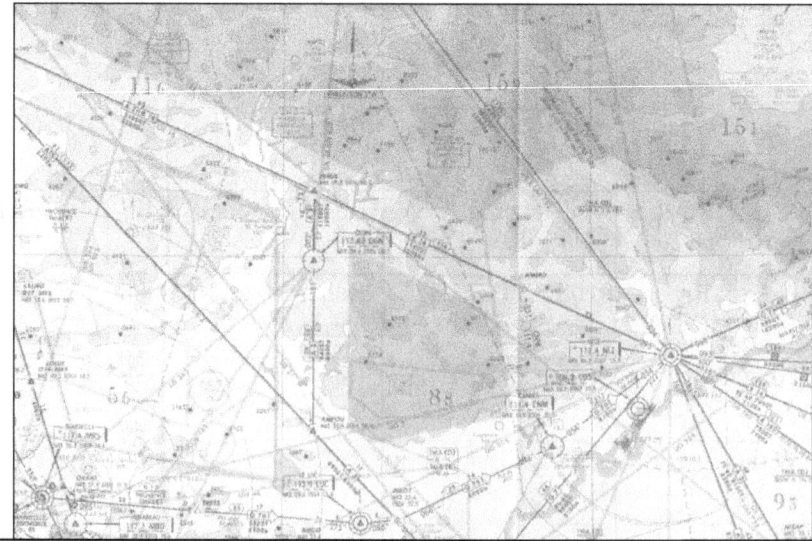

El FPLAN se determina sobre las cartas de navegación. En ellas se tiene toda la información asociada al vuelo seguro: aerovías, ayudas a la navegación, áreas prohibidas, altitud mínima en ruta, etc.

5. Introducción a los Sistemas de Navegación Aérea

Procedimiento para utilización de los SNA:

Considerando la aeronave en movimiento desde un punto origen a un punto destino y, habiendo fijado previamente el plan de vuelo, determinamos su posición actual. De esta manera, comparando trayectoria real con trayectoria predeterminada, se obtienen las desviaciones de trayectoria y, por tanto, las posibles maniobras a realizar para reducirlas al mínimo y seguir lo más fielmente posible la trayectoria predeterminada.

El Guiado puede ser de tres tipos:

- Guiado de corta distancia: Los SNA de corta distancia son aquellos que consideran la tierra plana, despreciando la curvatura terrestre. Para la cobertura característica de estos sistemas de navegación el error cometido es mínimo y, por tanto, aceptable. Los SNA de corta distancia se usan en vuelo de crucero. El error total de un SNA debe ser siempre inferior al 1% de la distancia máxima considerada.

- Guiado de larga distancia: Los SNA para vuelo de crucero que tienen en cuenta la curvatura terrestre, constituyen el guiado de larga distancia. Se denominan SNA de larga distancia los de cobertura mínima de 500Km.

- Guiado de aproximación y aterrizaje: El guiado de corta y larga distancia es específico de los tramos de vuelo de crucero y sólo proporciona guiado horizontal (en azimut). En los tramos de aproximación y aterrizaje se exige una mayor precisión en el seguimiento de la trayectoria predeterminada: las desviaciones de trayectoria permitidas son tanto más pequeñas cuanto más cerca está la aeronave del punto de llegada. Los SNA para aproximación y aterrizaje son muy diferentes a los SNA para crucero: proporcionan tanto guiado horizontal, como guiado vertical.

Parámetros característicos asociados al Guiado:

- Origen-Destino ("Departure-Arrival"): Puntos de la superficie terrestre que determinan la salida y la llegada. Coinciden con los extremos de la trayectoria de vuelo.

- Trayectoria de vuelo real: Lugar geométrico de los puntos del espacio (tierra/atmósfera) que ocupa el centro de masas del avión a lo largo del tiempo.

- Desviacion-Corrección: Diferencia entre la trayectoria de vuelo real y el plan de vuelo, que proporciona las medidas necesarias para volver al plan de vuelo lo más rápidamente posible.

Las cartas de navegación que se utilizan para comparar la trayectoria de vuelo real con el FPLAN pueden ser de dos tipos:

- Cartas de Vuelo de Crucero: Indicación de aerovías ("airways"), separación entre ellas ("Flight Levels"), radioayudas ("navaids"), altitudes mínimas, ..

- Cartas de Despegue, Aproximación y Aterrizaje: Específicas de cada aeropuerto, en donde se indican los procedimientos a seguir para despegar (SID) o aterrizar (STAR) en una determinada pista y cabecera de pista.

5.3 Tipos de Sistemas de Navegación Aérea.

Una primera clasificación de los SNA está en función de si el sistema requiere de infraestructura externa a la aeronave o no:

- Sistemas Autónomos: No precisan de información externa a la aeronave. Todo el equipo está en el aire y no son necesarias estaciones en tierra o espaciales. Configuran en la aeronave lo que se conoce como "*Sistemas de Referencia para la Navegación*". Como en Navegación Aérea se utilizan Sistemas de Referencia Terrestres y Sistemas de Referencia Aire (Atmósfera), los Sistemas Autónomos se clasifican también según la referencia tierra o aire a que dan lugar. Así, se tienen:
    - Sistemas Altimétricos o de Datos Aire: Proporcionan información de altitudes barométricas y velocidades respecto del aire. Para ello utilizan un conjunto de sensores captadores de las propiedades del aire alrededor de la aeronave en movimiento (presiones, temperaturas, dirección de incidencia). Las indicaciones generadas por el sistema de datos aire ("Air Data Reference" o ADR) terminan en instrumentos como el anemómetro (velocidad), variómetro (velocidad vertical), altímetro (altitud barométrica), indicador de ángulo de ataque (AOA), etc. Definen además gran parte del sistema de instrumentación de "standby" (ISIS), utilizado como emergencia, cuando la instrumentación principal tiene algún problema. Está incluido como Sistema Datos-Aire el radar Meteorológico o WRS, aunque en realidad técnicamente se trata de un sistema telemétrico.

5. Introducción a los Sistemas de Navegación Aérea

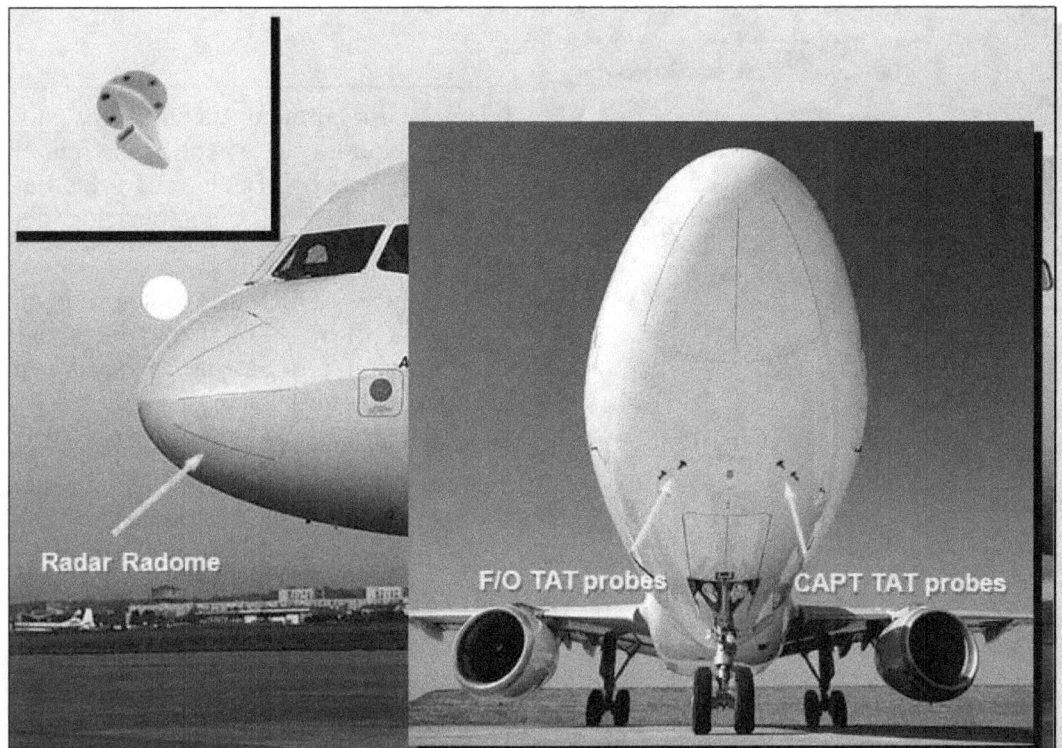

La base del Sistema de Datos-Aire son los sensores: de ángulo de ataque (AOA), pitots, "ports" de presión estática, de temperatura TAT y antena radar meteorológico.

- o Sistemas de Referencia Terrestres: Proporcionan información de posición y velocidades respecto de tierra. Dos tipos:

    - Sistema Doppler: Utiliza 4 antenas transmisoras/receptoras de radioseñales en 4 direcciones opuestas, que cuando "chocan" con al suelo se reflejan hacia la aeronave. Midiendo tiempos de ida y vuelta de cada señal se puede conocer la posición de la aeronave respecto del suelo y observando la variación de frecuencia entre señales transmitidas y recibidas se determina por "efecto doppler" la velocidad de la aeronave respecto a tierra.

    - Sistema Inercial: Midiendo aceleraciones en tres direcciones fijas respecto de tierra (N/S, E/W y vertical local), mediante integraciones electrónicas respecto al tiempo, se obtienen velocidades y posiciones con referencia tierra. Para poder obtener las aceleraciones siempre en las direcciones prestablecidas, los sensores acelerómetros se montan en una *"plataforma horizontal estabilizada"* que mantiene su posición respecto a tierra usando motores de torsión controlados por giróscopos. Este sistema se ha convertido en la referencia tierra en todos los aviones pesados ("Inertial Reference" o IR).

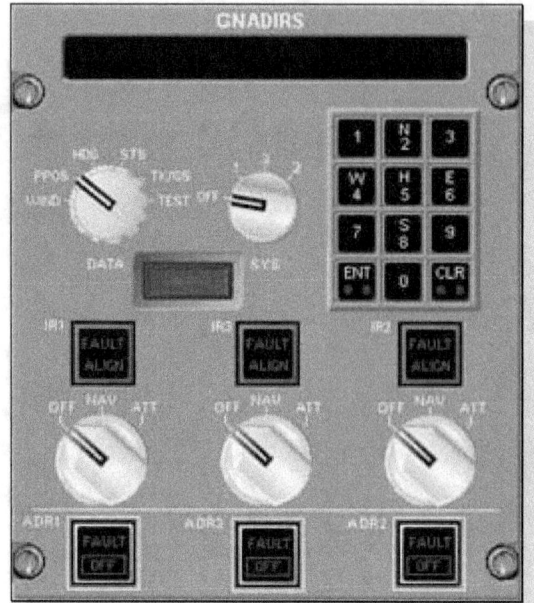

Hoy en día la referencia autónoma para navegación se ha simplificado en el ADIRS ("Air Data and Inertial Reference System"): combinación del ADR con el IR.

Más aún, el ADIRS ha evolucionado en el GNADIRS: ADIRS que incorpora Navegación por Satélite, aunque esta última no es autónoma.

En la imagen se observa el panel de control ubicado en el OHP de un GNADIRS de triple redundancia.

- Sistemas No Autónomos: Parte del sistema es externo a la aeronave. La infraestructura externa a la aeronave se nombra como estación/es y su ubicación puede ser terrestre o espacial. Se clasifican en función de su aplicación en vuelo de crucero o en aproximación y aterrizaje.
    o Sistemas de Recepción Direccional: El receptor determina la dirección de procedencia de la señal sintonizada transmitida y permite seguirla hasta su origen. Los sistemas actuales de este tipo son:
        - NDB/ADF: El receptor es el equipo de abordo que determina la dirección de procedencia de la señal sintonizada, transmitida desde una posición conocida de tierra.

          La estación de tierra transmisora se nombra como radiofaro no direccional ("Non Directional Beacon" o NDB). El equipo de abordo es el buscador de dirección automático o ADF ("Automatic Direction Finder").
        - ELT ("Emergency Locator Transmitter"): Radiobaliza de emergencia de abordo que transmite omnidireccionalmente una señal de emergencia en caso de accidente de la aeronave y que puede ser localizada mediante el receptor ADF SAR, del Servicio Aéreo de Rescate, siguiendo la dirección de la que procede la señal sintonizada.
    o Sistemas de Transmisión Direccional: Sistemas en los que la información de la dirección en la que se encuentra la estación proceden del transmisor.

      Dos tipos característicos:

5. Introducción a los Sistemas de Navegación Aérea

- **VOR**: Sistema analógico que trabaja comparando fases de señales que proporcionan la dirección desde la que se sintonizan respecto del transmisor.

- **TACAN**: Sistema digital militar de corta distancia que trabaja con impulsos de alta frecuencia y medidas de tiempos para determinar la dirección de sintonización receptor-trasmisor.

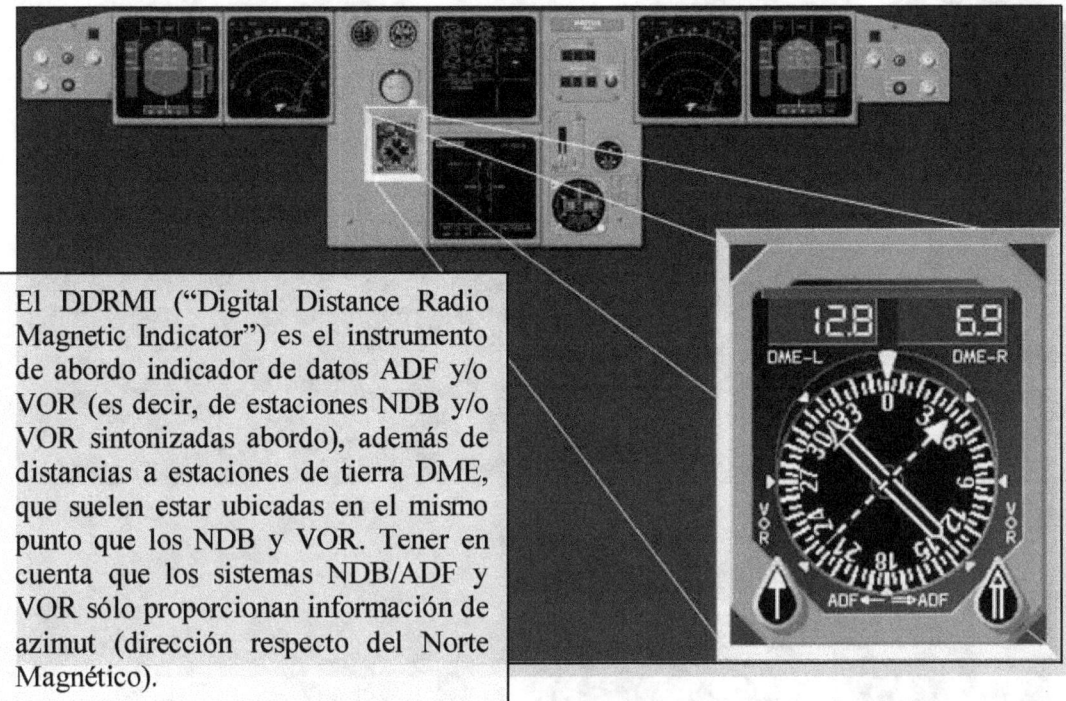

El DDRMI ("Digital Distance Radio Magnetic Indicator") es el instrumento de abordo indicador de datos ADF y/o VOR (es decir, de estaciones NDB y/o VOR sintonizadas abordo), además de distancias a estaciones de tierra DME, que suelen estar ubicadas en el mismo punto que los NDB y VOR. Tener en cuenta que los sistemas NDB/ADF y VOR sólo proporcionan información de azimut (dirección respecto del Norte Magnético).

- Sistemas Múltiples Hiperbólicos: Aplicando las denominadas técnicas hiperbólicas para determinación de la posición de la aeronave respecto a un grupo de estaciones de referencia en tierra, se pretendía conseguir un SNA de cobertura global (toda la tierra). Los primeros intentos dieron lugar a los sistemas de media distancia LORAN y DECCA, utilizados en Europa del Norte y América. Sólo ha existido un sistema global con estaciones terrestres, que hoy está descatalogado por sustitución con el uso del GPS y los IRS: el Omega (ONS).

- Sistemas Telemétricos: Se trata de medir tiempos de ida y vuelta de una radioseñal en un transceptor (Tx/Rx), para determinar distancias equivalentes, pudiendo estar ubicado en la aeronave para navegación o en tierra para circulación aérea. Existen los siguientes tipos:

  - **RADAR**: Si además de medir tiempos de ida y vuelta de la señal transmitida hacia un objeto, nos fijamos en la dirección en la que se transmite/recibe dicha señal EM, podemos determinar la distancia y el azimut del objeto blanco. Tipos de sistemas radar:

Sistemas de Comunicaciones y Navegación en las Aeronaves

El panel de control del radar meteorológico (WRS) se ubica en el pedestal de mando. La intensidad de la tormenta detectada se representa con colores. De menos a más: negro, verde, amarillo, rojo. Se puede mover la antena en cabeceo ("TILT").

5. Introducción a los Sistemas de Navegación Aérea

- PSR ("Primary Surveillance Radar"): Transceptor terrestre utilizado para control de tráfico aéreo primario (ATC); se trata de conseguir la función circulación en un área de control concreta, siendo los blancos (aeronaves) pasivos.

- SSR ("Secundary Surveillance Radar"): Control de tráfico aéreo activo; las aeronaves reciben la señal de tierra y la devuelven incorporando información propia.

- WRS ("Weather Radar System"): Transceptor de abordo utilizado para detectar tormentas y situación meteorológica delante de la aeronave.

▪ Radioaltímetro: Transceptor de abordo que transmite/recibe señales verticalmente hacia/desde el suelo para determinar la radioaltura (distancia al suelo o AGL, "Above Ground Level"). Sólo trabaja por debajo de los 2500ft AGL. En realidad, es un sistema autónomo.

▪ DME ("Distance Measurement Equipment"): Comunicación de un transceptor de abordo con un transceptor de tierra para determinar en la aeronave la distancia respecto de la estación de tierra. Suelen estar ubicados junto a estaciones NDB, VOR o TACAN o en las cercanías de los aeropuertos.

Sistemas de Comunicaciones y Navegación en las Aeronaves

Equipo de tierra DME: debe ser capaz de enlazar dentro de su cobertura con al menos 100aeronaves/s, si se trata de un DME convencional para vuelo de crucero y, con al menos 200aeronaves/s, si se trata de un DME/P (de precisión) utilizado, por ejemplo, para aproximación y aterrizaje.

La indicación DME de abordo puede proporcionarse en el DDRMI o bien en indicadores específicos. Aparte de la indicación de distancia en NMs, algunos DME proporcionan indicación de velocidad estimada y tiempo estimado de alcance de la estación DME en Kts y min, respectivamente.

- GPWS ("Ground Proximity Warning System"): Combinación de radioaltímetro y equipo procesador de variación de la radioaltura con el tiempo para poder conocer cómo cambia la orografía con el movimiento de la aeronave y estimar la posibilidad de accidentes contra el terreno. El sistema avisa de forma luminosa y audible cuando la aeronave se mueve próxima a tierra. El EGPWS ("Enhanced GPWS") incorpora una base de datos global sobre la orografía con toda la red MORA mundial ("Minimum On Route Altitude") que se sincroniza con la posición actual de la aeronave mediante GPS/IRS para conocer exactamente su proximidad respecto a tierra. Sistema autónomo.

5. Introducción a los Sistemas de Navegación Aérea

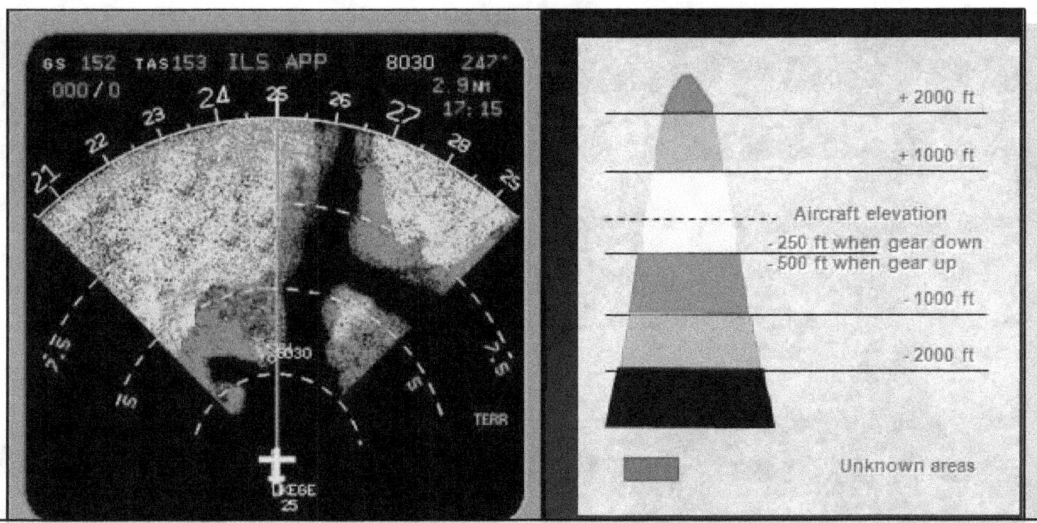

Las indicaciones del EGPWS se realizan con un código de colores que representa la elevación del terreno respecto de la posición en altura AGL de la aeronave.

- TCAS ("Traffic Collition Avoidance System"): Combinación del equipo de abordo SSR (XPDR o "transponder") con un procesador generador de "DATALINK" con las aeronaves del entorno de la aeronave propia. Permite comunicación automática de datos de vuelo entre aeronaves que determinan la distancia de separación entre ellas y estiman posibles incidentes/accidentes por proximidad entre ellas y sus trayectorias. Proporciona avisos de tráfico (TA) y de evasión (RA) audibles y visuales para evitar accidentes aire/aire.

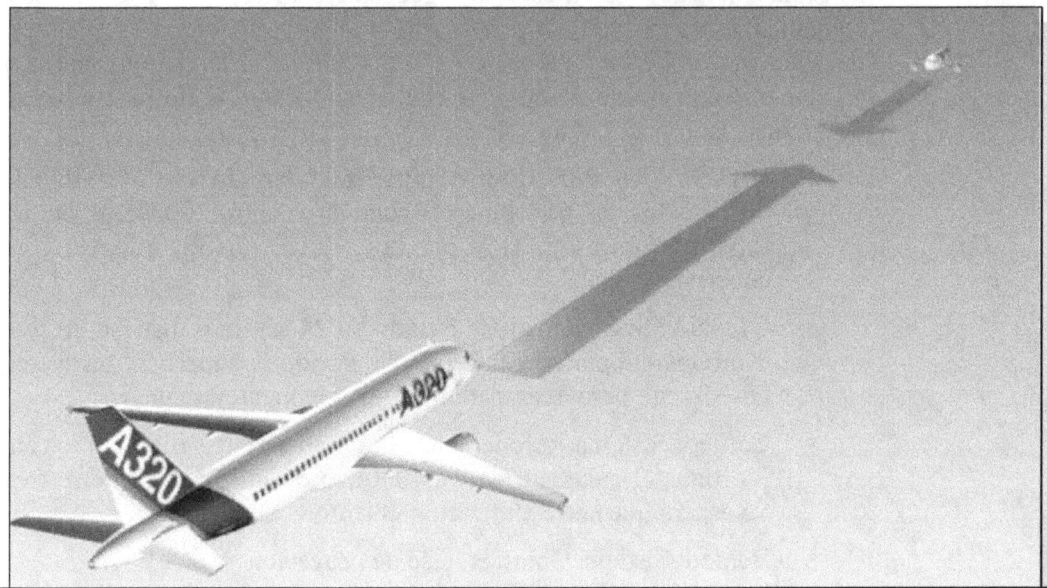

La comunicación de datos aire/aire exige que ambas aeronaves dispongan de XPDR ATC y, al menos una de ellas de TCAS.

Sistemas de Comunicaciones y Navegación en las Aeronaves

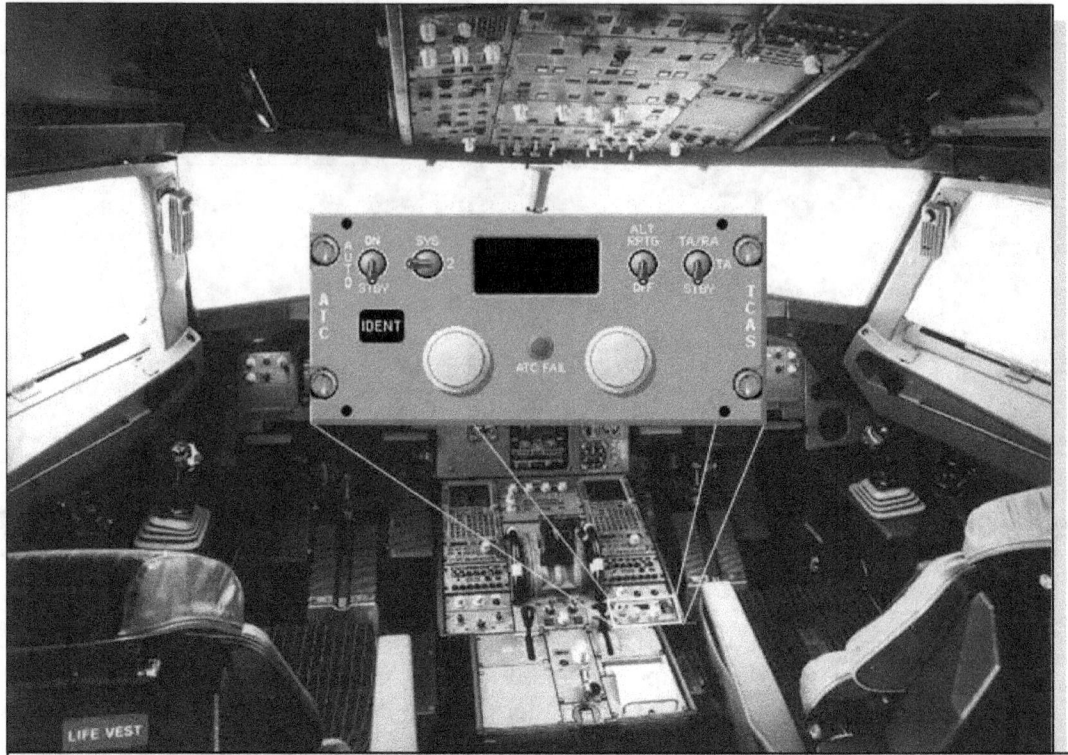

Cuando una aeronave dispone de XPDR ATC y TCAS, se utiliza un panel de control común ubicado en el pedestal de mando.

- o Sistemas Espaciales: Sustituyen las estaciones de tierra por una constelación de satélites no geoestacionarios, es decir, las comunicaciones no son ya aire/tierra, sino aire/espacio. Los satélites proporcionan cobertura global o GNSS ("Global Navigation Satellite System"). Requiere de un conjunto de estaciones en tierra para control de la constelación de satélites. Existen varias propuestas:
    - NAVSTAR-GPS: Sistema americano basado en 24 satélites distribuidos en 6 órbitas circulares a unos 20000Km de la superficie terrestre. Hoy por hoy, único GNSS, esto es, con cobertura global.
    - GLONASS: Sistema ruso basado en 24 satélites distribuidos en 3 órbitas circulares a unos 19000Km de la superficie terrestre. GNSS real, pero degradado por falta de mantenimiento.
    - Galileo: Sistema Europeo basado en 30 satélites distribuidos en 3 órbitas circulares a unos 24000Km de la superficie terrestre. Se espera que entre en funcionamiento el 2019.
    - Beidou: Sistema Chino en fase de proyecto.
    - Otros de carácter local: IRNSS (India), QZSS (Japón).

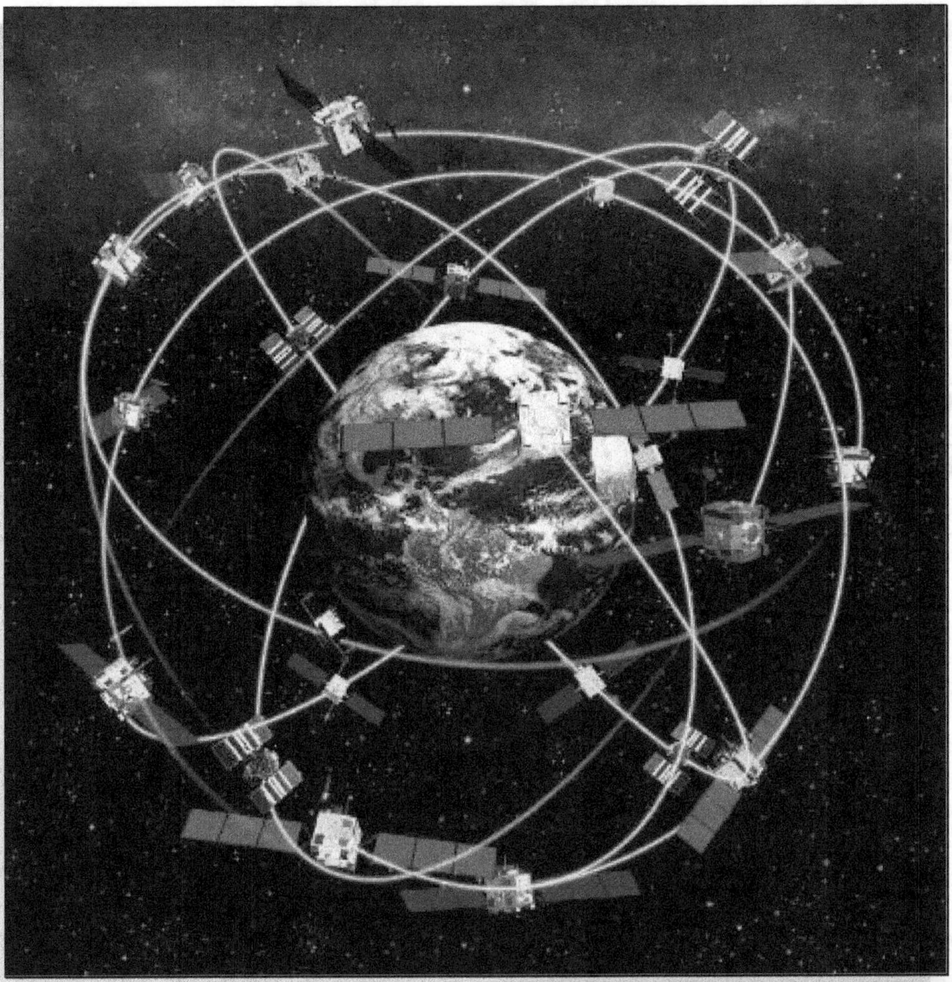

5. Introducción a los Sistemas de Navegación Aérea

El problema de los sistemas espaciales es que los satélites de la constelación tienen una vida útil, tras la cual deben de ser sustituidos por nuevos satélites para que la constelación no pierda eficacia y se degrade.

Cada satélite incorpora un reloj atómico responsable de la exactitud en las medidas de posición y velocidad obtenidas por el usuario del sistema.

- o Sistemas de Aproximación y Aterrizaje: Utilizados para guiar la aeronave en los tramos de aproximación y aterrizaje, proporcionan no sólo guiado horizontal, como la mayoría de los SNA para vuelo de crucero (el radioaltímetro, por ejemplo, proporciona datos verticales), sino además guiado vertical. Existen tres sistemas básicos:

A los SNA para aproximación y aterrizaje se les exige una precisión mayor que a los SNA para vuelo de crucero, tanto mayor cuanto más cerca de la zona de toma de contacto en pista se encuentre la aeronave.

- ILS ("Instrument Landing System"): Utiliza tres subsistemas electrónicos independientes que generan una trayectoria de descenso fija, que la aeronave puede seguir fácilmente con las indicaciones instrumentales de abordo correspondientes.
  - Localizador (LOC): Subsistema que proporciona guiado horizontal generando indicaciones de desviación izquierda/derecha respecto de la prolongación del eje de pista.
  - Senda de Descenso (G/S): Subsistema que proporciona guiado vertical, generando indicaciones de desviación arriba/abajo respecto de la trayectoria de descenso.

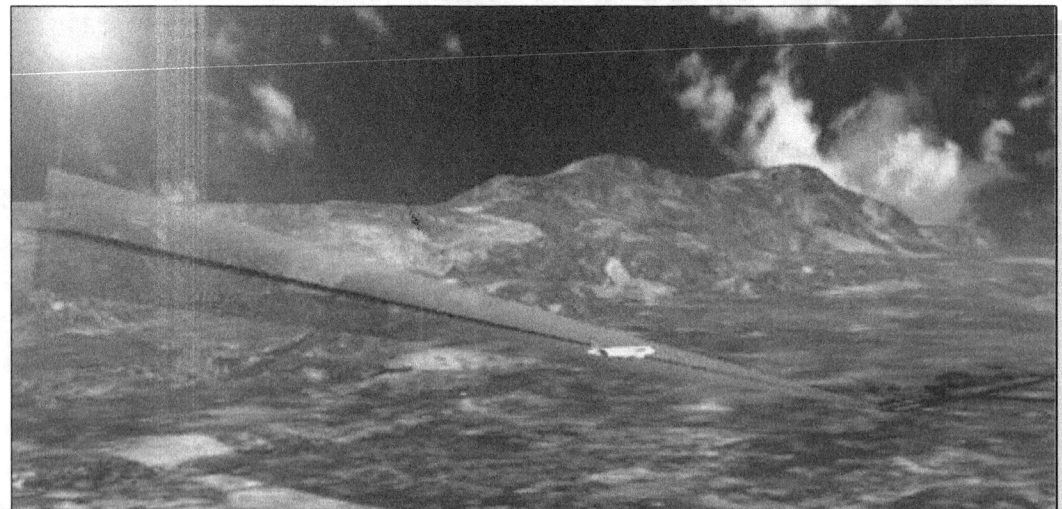

La combinación de las señales del LOC (guiado horizontal) y de la G/S (guiado vertical) proporcionan una línea de descenso electrónico muy precisa, que termina en la zona de toma de contacto en pista de aterrizaje.

5. Introducción a los Sistemas de Navegación Aérea

- Radiobalizas (MKR): Ubicadas en la prolongación del eje de pista, a distancias concretas del umbral de la cabecera de aproximación. Son tres: OM ("Outer Marker"), MM ("Middle Marker") y IM ("Inner Marker"). Cuando la aeronave pasa por encima de alguna de ellas se generan indicaciones visuales y audibles, sabiendo la distancia a la que está de la zona de toma de contacto para el aterrizaje.

> Las radiobalizas ILS son transmisores omnidireccionales con un ddr en elevación estrecho que trabajan en 75MHz y AM.

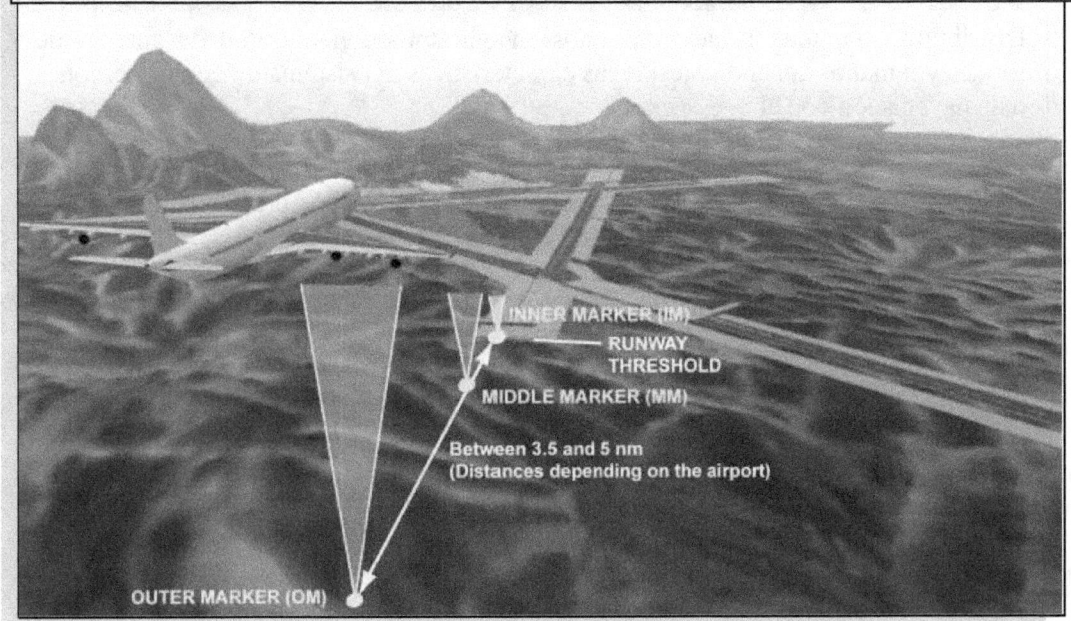

- MLS ("Microwave Landing System"): Evolución del ILS. Utiliza varios subsistemas independientes para generar una trayectoria de descenso seleccionable desde el equipo de abordo, permitiendo una mayor flexibilidad en el aterrizaje. Subsistemas para elevación, azimut, DME, DME/P, azimut posterior, enderezamiento, ..

- PAR ("Precision Approach Radar"): Sistema radar para aproximación y aterrizaje. Similar al ILS, ya que proporciona guiado horizontal y vertical, pero requiere de un controlador en tierra que va indicando a la aeronave cómo debe moverse (izquierda/derecha, arriba/abajo). Es lo que se conoce como *"aproximación de aterrizaje controlado"* o GCA ("Ground Control Approach"). El equipo se encuentra en tierra y suele ser móvil, utilizado en entornos militares donde no se sigue un aterrizaje instrumental estándar.

Sistemas de Comunicaciones y Navegación en las Aeronaves

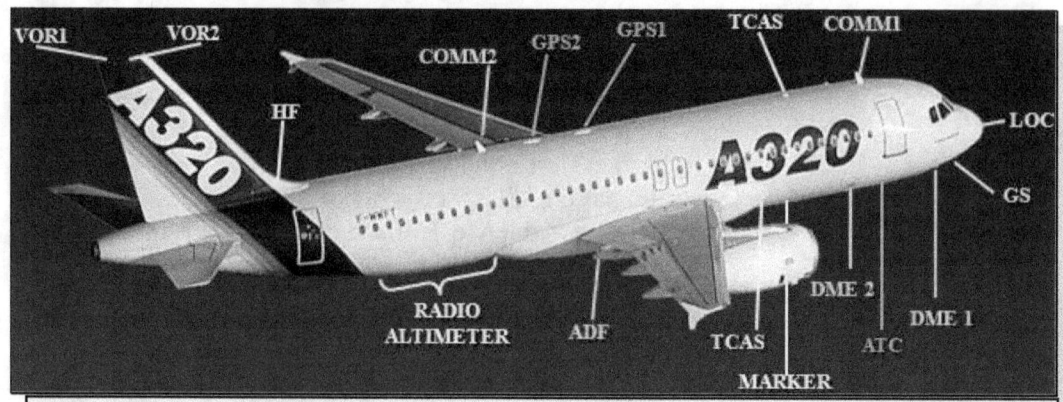

Distribuidas por toda la aeronave, nos encontramos con multitud de antenas de formas y tamaños dependientes de las características del sistema de comunicaciones o de navegación con el que operan.

Hoy por hoy, el GPS es el sistema de navegación con mayor precisión a la hora de determinar posiciones y velocidades en la aeronave.

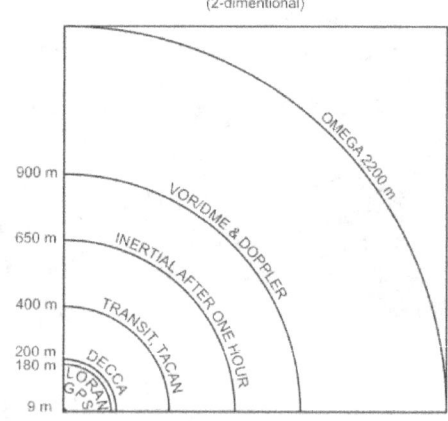

Comparativa de precisión entre algunos SNA, donde se observa la clara ventaja del GPS frente a los demás.

Sin embargo, la precisión no es el único parámetro que define la eficacia de un SNA. Se han de considerar, en general, los siguientes:

- Exactitud: Desviación definida por la diferencia entre posición estimada y posición real. Es lo que nombramos habitualmente como precisión.

- Integridad: Capacidad del sistema para detectar falta de funcionalidad (inoperatividad o errores) y, por tanto, de advertir que no debe ser utilizado

- Continuidad: Probabilidad de que el sistema sea completamente funcional de manera continua a lo largo de una determinada operación planificada previamente.

- Disponibilidad: Tiempo que el sistema cumple los requisitos mínimos, previamente especificados dentro de su cobertura, de exactitud, integridad y continuidad. Se suele expresar en porcentaje.

El GPS no proporciona ningún mecanismo de integridad, siendo susceptible de errores críticos ("aberraciones") que degradan el sistema a niveles inaceptables para navegación aérea. Esta es la razón fundamental por la que, aunque su exactitud es elevada, no se puede utilizar como referencia de navegación principal en la aeronave.

Bibliografía Complementaria

Otros lugares de consulta de este tema pueden ser:

- ✓ *"Sistemas y Equipos para la Navegación y Circulación Aérea"*, F.J.Sáez y M.A.Salamanca. UPM, 1995.
- ✓ *"Radiosistemas del avión"*. J.Powell. Paraninfo.
- ✓ *"Getting to grips with FANS"*, Airbus Industrie.
- ✓ *"Sistemas de Navegación Aérea II"*, Sofía Urbina

Sistemas de Comunicaciones y Navegación en las Aeronaves

Pedestal de mando de un A320, donde se pueden ver paneles de control para comunicaciones y navegación como MCDUs, RMPs, ACPs, WRS, ATC/TCAS. Observar los huecos en el panel central para las DCDUs.

Anexo: "ARINC DOCUMENT LIST"

A.1 ARINC ("Aeronautical Radio Incorporated")

Empresa suministradora de soluciones a nivel de ingeniería de sistemas de comunicaciones y navegación, así como, de la definición de estándares relativa a especificaciones de cumplimiento de equipos reemplazables en línea (LRUs) y de los diferentes protocolos de comunicación utilizados en aviación.

Las normas de estandarización se agrupan en el denominado "ARINC document list", clasificadas en cinco categorías o series:

- Serie 400: Guías para instalación, cableado, buses de datos y bases de datos.
- Serie 500: Descripción de equipamiento de aviónica analógico antiguo.
- Serie 600: Protocolos de referencia para el equipamiento de aviónica actual.
- Serie 700: Descripción de equipamiento de aviónica digital actual.
- Serie 800: Descripción de equipos con fibra óptica y de buses de datos de alta velocidad.

Se hace a continuación una recopilación de algunas de las normas ARINC más importantes relacionadas con sistemas, equipos y protocolos de comunicación y navegación aérea.

Estándar ARINC	Descripción
404	Dimensionado de LRUs y Racks; conectores y crimpado de contactos.
406	Interconexiones de LRUs y codificación de "pines" terminales
424	Bases de datos de navegación
429	"Digital information transfer system" (DITS)

Con relación al *ATA23: Sistemas de Comunicaciones*

Estándar ARINC	Descripción
535A	"Headset" y "boomset"
538B	Micrófonos de mano
566A	VHF COMM mark3
574	Anuncios al pasaje, entretenimiento y sistema de multiplexado en el "cabin"

Sistemas de Comunicaciones y Navegación en las Aeronaves

Estándar ARINC	Descripción
596	SELCAL mark2
619	Protocolo de comunicación ACARS
635	Protocolo de comunicación HFDL
714	SELCAL mark3
715	"Passenger Address"
716	VHF COMM
719	Sistema HF/SSB COMM
722	Sistema de video proyección
724	ACARS
732	Reproductor de cintas (PES)
741	Comunicaciones por satélite (SATCOM)
746	"Cabin Communications System" (CCS)
750	Sistema VDL
753	Sistema HFDL
757	CVR

Con relación al *ATA34: Sistemas de Navegación Aérea*

Estándar ARINC	Descripción
561	Sistema de navegación inercial (INS)
578	Receptor ILS de abordo
579	Receptor VHF-NAV de abordo
580	Sistema de navegación OMEGA mark1
594	GPWS
599	Sistema de navegación OMEGA mark2
704	Sistema de referencia inercial (IRS)
707	Sistema de radioaltímetro
708	Radar meteorológico y "predictive windshear"
709A	DME/P
710	Receptor ILS de abordo mark2
711	Receptor VHF-NAV de abordo mark2
712	ADF

Anexo: "ARINC Document List"

Estándar ARINC	Descripción
718	ATCRBS/Modo S
720	Paneles digitales de selección de frecuencia/funciones
723	GPWS
727	MLS
735	TCAS
738	ADIRS
743	Receptor de abordo GPS
745	Vigilancia dependiente automática (ADS)
755	"Multi Mode Receiver" (MMR)
756	"GNSS navigation and landing unit" (GNLU)
760	"GNSS navigation unit" (GNU)
762	TAWS

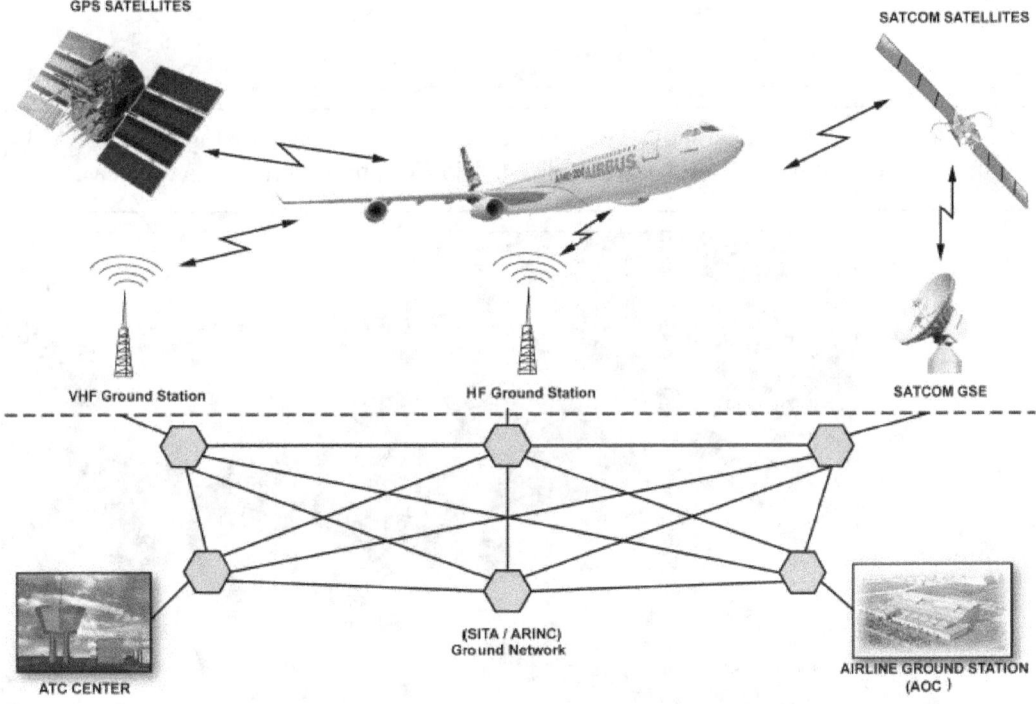

ARINC es también un suministrador de servicios de red para distribución terrestre de datos a efectos de COMM y NAV entre aeronaves, bases de compañías aéreas y centros de control de tráfico aéreo ATC. En particular, proporciona cobertura dentro de todo el territorio norteamericano.

Sistemas de Comunicaciones y Navegación en las Aeronaves

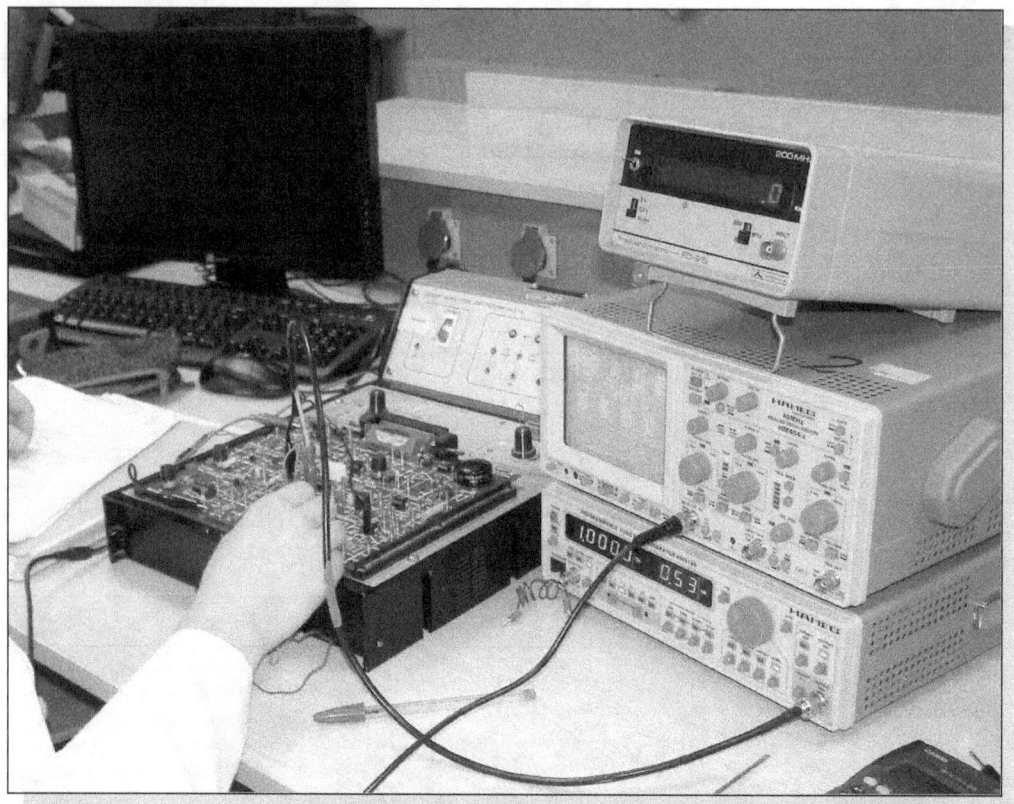

Practicas de comunicaciones con entrenador y tarjeta analógica de AM (transmisor/receptor) en el IES Barajas de Madrid (Mantenimiento de Aviónica).

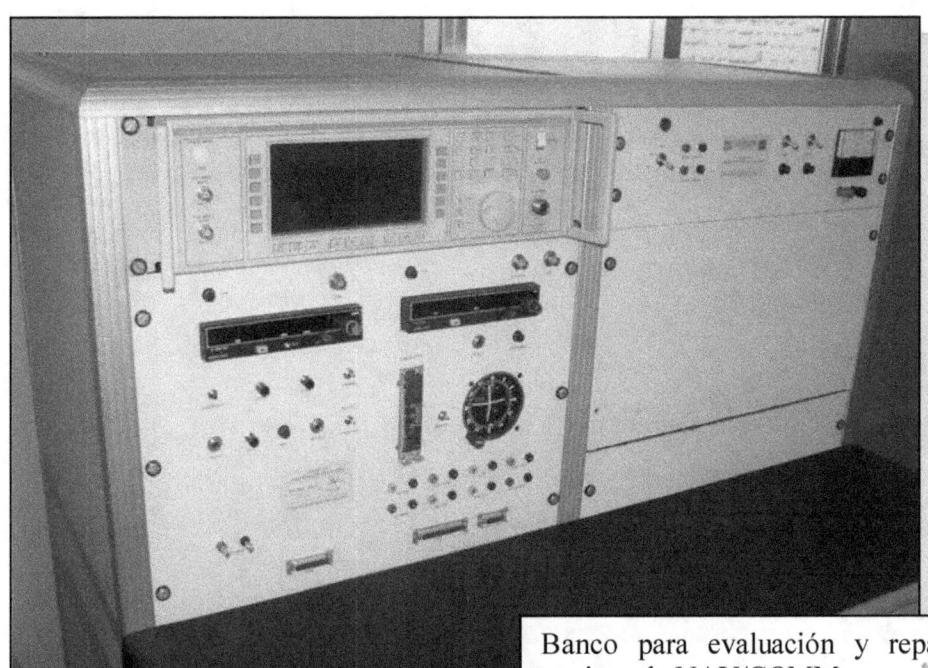

Banco para evaluación y reparación de equipos de NAV/COMM.

Incluye Generador NAV750c (módulo superior), y secciones de NAV y COMM por separado

SISTEMAS DE COMUNICACIONES Y NAVEGACIÓN EN LAS AERONAVES (VOL1)

COLECCIÓN MANTENIMIENTO DE AERONAVES

2ª Edición

www.lulu.com/spotlight/inercia

www.avionicabarajas.blogspot.com

© Javier Joglar Alcubilla. Febrero_2014

www.ingramcontent.com/pod-product-compliance
Lightning Source LLC
Chambersburg PA
CBHW080909170526

45158CB00008B/2048